U0382171

本书得到：
国家社科基金项目(项目号13BMZ057)的资助

武陵山片区生态环境保护长效机制研究

何伟军　主编

中国社会科学出版社

图书在版编目(CIP)数据

武陵山片区生态环境保护长效机制研究／何伟军主编．—北京：中国社会科学出版社，2019.1

ISBN 978-7-5203-3628-4

Ⅰ.①武…　Ⅱ.①何…　Ⅲ.①山区-区域生态环境-环境保护-研究-湖南　Ⅳ.①X321.264

中国版本图书馆CIP数据核字(2018)第260309号

出 版 人　赵剑英
责任编辑　宫京蕾
责任校对　秦　婵
责任印制　李寡寡

出　　版　中国社会科学出版社
社　　址　北京鼓楼西大街甲158号
邮　　编　100720
网　　址　http：//www.csspw.cn
发 行 部　010-84083685
门 市 部　010-84029450
经　　销　新华书店及其他书店

印刷装订　北京君升印刷有限公司
版　　次　2019年1月第1版
印　　次　2019年1月第1次印刷

开　　本　710×1000　1/16
印　　张　17
插　　页　2
字　　数　280千字
定　　价　75.00元

凡购买中国社会科学出版社图书，如有质量问题请与本社营销中心联系调换
电话：010-84083683

项目负责人

何伟军　三峡大学校长，教授、博士

主要参加人

袁　亮　三峡大学经管学院讲师、博士

安　敏　河海大学商学院博士研究生

秦　弢　宜昌市委政研室（改革办）

张兆方　河海大学商学院博士研究生

申长庚　工商银行三峡分行

杨　淼　恒大集团金碧物业有限公司重庆分公司

戴楚洲　湖南省张家界民宗局

彭华超　三峡大学硕士研究生

邹广东　三峡大学硕士研究生

孔　阳　三峡大学硕士研究生

本书写作分工

主　编　何伟军

副主编　袁　亮　安　敏　秦　弢

参与调查及撰写人员：（排名不分先后）

何伟军　主持撰写调研方案并组织实施，编写撰写提纲，负责全书统稿及审稿，撰写前言、后记

袁　亮　协助组织调研工作和全书的统稿，撰写第三篇第九、十、十一章

安　敏　协助全书的统稿，撰写第四篇第十三、十四章

秦　弢　协助组织调研工作，撰写第二篇第四、五、六章

张兆方　负责协调联络工作，撰写第一篇第一、二章

申长庚　负责协调联络工作，撰写第十五章、合作撰写第四篇第十四章

杨　淼　撰写第二篇第七章

彭华超　合作撰写第一篇第一章、撰写第一篇第三章

邹广东　撰写第二篇第八章

孔　阳　撰写第一篇第四章

（[illegible]比站着[illegible]）

24. 这个能吃，那个不能吃。

[illegible]

（这个吃得，那个吃不得。）

25. 他吃过了，你饭吃了吗没有？

[illegible]

（他吃了饭了，你吃了饭没有呢？）

26. 他上海去过，我没去过。

[illegible]

（他去过上海，我没有去过。）

27. 给我给一本书。

[illegible]

（给我一本书。）

28. 这是他的书，那一本是他哥哥的。

[illegible]

（这是他的书，那一本是他哥哥的。）

29. 把那一本书给我拿来。

[illegible]

（把那一本书拿给我。）

30. 看书的看书，看报的看报，写字的写字。

[illegible]

（看书的看书，看报的看报，写字的写字。）

31. 好好儿地走，不要跑。

[illegible]

（好好儿地走，不要跑。）

32. 来闻闻这朵花香不香。

[illegible]

（来闻闻这朵花香不香。）

33. 香得很，对不对。

[illegible]

（香得很，是不是？）

34. 我告诉你，不大[illegible]

前　言

随着改革开放的不断深入，我国民族地区经济社会发生了巨大的变化，正在逐步迈入小康社会；同时，受资源、环境、技术、观念等因素的制约，少数民族和民族地区可持续发展也面临一系列重大挑战，其中，日渐凸显的生态环境问题可能成为掣肘民族地区社会持续发展的重大问题，已引起社会各界广泛关注。

武陵山片区是国家“十二五”期间重点扶持的连片贫困区，是典型的“老、少、边、山、穷”地区，涉及湘鄂渝黔边区 71 个县市区，国土总面积 17.18 万平方公里，总人口 3645 万人，有 30 多个少数民族，总人口 1422 万，约占全国少数民族总人口的 1/8。在地理上，正好位于我国第二级阶梯向第三级阶梯过渡的地带，是长江干流沅水、乌江、清江、澧水主要流经地区，也是长江中上游、珠江上游重要水体补足区和长江中下游的生态屏障，生态安全极为重要。同时，此地区也是云贵高原向洞庭湖平原延伸地带，地形垂直落差大，且大多是喀斯特地貌，水土流失严重，生态极为脆弱，大部分区域属于国家划定的限制开发和禁止开发主体功能区。

本书从分析武陵山片区生态环境保护中面临的困境入手，对国内外生态环保的实践进行梳理和总结，通过对武陵山片区生态资本的计量与运营来构建少数民族地区生态环境保护的长效机制；通过探讨武陵山片区生态资本运营的相关理论，分析现有的生态资本计量方法，寻求提升生态资本价值的计量方法；课题划定生态资本的覆盖范围、运用计量的方法对武陵山片区的空气和水进行价值估算；通过分析武陵山片区生态环境保护带来的边际收益和损害程度，从而得到武陵山片区生态环境保护的真正意义和实际价值；从政府和市场的角度建立生态补偿和环境产权市场交易机制，从而构建了武陵山片区生态资本化的具体路径；兼顾发展与保护的关系，妥善处理生态环境保护与当地经济发展诉求的矛盾，提出了相应对策，规避生态资本化过程陷阱，为生态资本化的实施和运营提供思路和支撑，对探讨适合内陆少数民族地区经济发展和脱贫致富的现实路径有所启示，对构建少数民族地区生态环境保护长效机制有所助益。

本书运用相关经济学、生态学等理论开展对贫困地区的生态问题研究，在研究过程中始终坚持理论指导实践的原则，提出要以生态资本化的方式来平衡武陵山片区民众脱贫致富的诉求与片区生态环境保护之间的关系。这些理论成果为构建少数民族地区生态环境保护长效机制提供理论参考。武陵山片区作为国家连片特困地区，其地理区位及环境具有特殊性，研究其生态保护问题，为国家其他民族贫困地区开展环境保护提供借鉴和参考。特别是对片区内部分地区的“十三五”规划的编制提供宝贵的参考价值，并对《武陵山片区区域发展与扶贫攻坚发展规划》和《武陵山片区区域发展与扶贫攻坚规划（2015—2020年）》提供了一定的理论支撑。

本书围绕武陵山片区生态环境保护长效机制的现实问题对片区经济、社会、文化发展状况和生态环境保护现状进行深入调查，对武陵山片区政府官员、专家学者和片区居民采取走访和座谈等形式，多角度、深层次对武陵山片区经济发展、生态环境保护和可持续发展进行研究，在学术期刊、各类党报上撰写发表学术论文20余篇，这些调研活动与研究成果较好地产生了扩散效应和正外部性。

(1) 有效推动了片区相关政策的制定和规划的实施。通过课题理论研究和相关实地调研，特别是武陵山片区作为国家和政府重点扶贫区域，片区得到了国家和政府的高度重视，进一步加强了片区内政府间的交流和合作，为国家和政府制定相关规划和出台相关政策提供依据和参考。

(2) 为内陆少数民族地区经济发展和环境保护提供了现实路径。基于资本的基本属性，生态资本同样具有收益性。武陵山片区虽然经济基础薄弱、物质资本匮乏，但有着良好的生态资源和丰富的生态资本，通过获得生态资本的合理收益，既是转变经济发展方式的有效手段，也为少数民族地区找到一条经济发展和生态环境保护的新路径。

本书共分为4篇15个章节，第一篇分析武陵山片区生态环境现状和生态环境保护现状，揭示武陵山片区在生态环境保护上取得的成绩和不足；第二篇介绍了国外生态环境保护的相关理论和成功实践，在此基础上为武陵山片区生态环境保护长效机制的构建提供借鉴和参考；第三篇主要研究生态环境保护的机制构建问题，以生态资本化为研究重点，从机制构建的总体思路、生态资本化与计量方法、生态补偿机制、环境产权市场交易机制以及保障机制五个方面进行研究分析，构建武陵山片区生态环境长效保护机制；第四篇是第三篇的延续和补充，从生态产业发展的角度出发，变“输血”为“造血”，寻求武陵山片区的产业发展新路径，以此来支撑武陵山片区生态环境保护长效机制的顺利实施。

目　录

第一篇　武陵山片区生态环境保护现状

第二篇　国外生态环境保护的经验借鉴

第三篇 武陵山片区生态环境保护长效机制的构建

第四篇　武陵山片区生态产业发展战略研究

第一篇
武陵山片区生态环境保护现状

生态文明建设是国家发展大计。面对当前生态环境破坏严重的现状，必须秉承可持续发展理念，突出生态文明建设。武陵山片区作为国家连片特困地区，生态环境脆弱，如何更好地保护武陵山片区的青山绿水，实现可持续发展，成为国家关注的焦点问题。近年来，该地区在生态环境保护方面采取了一些措施，但是依然无法从根本上解决问题，需要构建武陵山片区生态环境保护长效机制，才能实现其长远发展。

第一章

武陵山片区基本情况

武陵山片区涵盖湖北、湖南、贵州、重庆四个省市的交界地区，国土面积大，历史悠久，自然资源丰富，是国家重点主体功能区之一。

第一节 概况

据史书记载，武陵山片区首个行政区划可追溯到战国时期，现包括湖北、湖南、贵州、重庆四个省市的 71 个县（市、区），片区总人口三千余万人，农业人口为主，少数民族居多。

一 行政区划

武陵山片区跨越湖北西南地区、湖南湘西地区、贵州东北地区和重庆东南地区四个区域的 71 个县（市、区）①，具体包括湖北省宜昌市的五峰、长阳和秭归 3 个县，恩施土家族苗族自治州的恩施、建始、利川等 8 个县市，湖南省的常德、邵阳、张家界、怀化、益阳、娄底及湘西土家族苗族自治州下辖区域的 37 个县市区，贵州省的遵义市、铜仁市下辖区域的 16 个县区，重庆市的丰都、石柱、秀山、酉阳、彭水、黔江和武隆 7 个县区。截止到 2013 年年末，区域总人口达 3688.74 万人，其中城镇人口 863.23 万人，农业人口 2825.51 万人。该片区也是少数民族聚居区，以土家族、侗族、苗族和白族等 9 个少数民族为主，少数民族人口达 1234.9 万人。②

---

① 国家民族事务委员会：《武陵山片区区域发展与扶贫攻坚规划（2011—2020 年）》。http：//www.seac.gov.cn/art/2013/3/18/art_ 6497_ 179231.html，最后访问日期：2017 年 12 月 21 日。

② 刘艳芳、刘俊亮：《武陵山片区义务教育均衡发展机制研究初探》，《当代教育理论与实践》2014 年第 6 期。

武陵山片区位于北纬 27°10′—31°28′，东经 106°56′—111°49′，以跨越鄂、湘、黔、渝四省市的武陵山大山脉为主，国土总面积约为 17.18 万平方公里。武陵山是绵延于我国中部地区的一条重要山脉，属苗岭分支，其主体部分位于贵州省东北部和湖南省西北部，东北至西南走向，由岩溶地貌发育而成，长约 320 公里，宽约 120 公里，既是我国第二、三阶梯的过渡地带，也为乌江和沅江、澧水的分水岭。

二 历史沿革

根据史书记载，战国时期武陵地区的首个行政区划是楚国黔中郡，被楚威王纳入版图。在秦代仍设黔中郡。西汉时期则改黔中郡为武陵郡，共辖 13 个县，郡治设在义陵县，即今日怀化市的溆浦县。东汉建立后，武陵郡治迁至临沅县，在今湖南省常德市。东汉末期，“州”成为一级行政区划，武陵郡辖于荆州。赤壁之战后，蜀占荆州武陵郡。219 年吴国夺得荆州，此后，武陵郡长期属吴，武陵郡治仍在临沅县。两晋南北朝时期，仍设武陵郡。据《隋书·地理志》记载，589 年，隋灭陈而改武陵郡为“朗州”，607 年隋炀帝又更名朗州为武陵郡。唐建立后，太宗将全国划分为 10 个道，起初武陵郡属“山南道”，后又属“江南西道”，玄宗继位后改属“江南东道”，天宝 742 年改为武陵郡。此后宋代鼎州、元代常德路、明清时期常德府、新中国成立后的常德地区均与天宝年间的武陵郡管辖区域一致。

第二节 自然环境

武陵山片区地形复杂，千沟万壑，层峦叠嶂，自然景观独特。片区气候差异大，降雨量相对较多，日照时数整体不高。

一 地形地貌

武陵山绵延于湘、鄂、黔、渝四省市境内，夹在成都、江汉两大平原与湘中盆地之间，岩溶地貌发育，主要为泥盆纪石英砂岩，质地坚硬，呈垂直节理发育状态。经过长期的风化，武陵山腹地呈现出千山万岭、峰峦叠嶂、沟壑纵横、河流跌宕、溪水蜿蜒和道路崎岖的大山区景观。武陵山山体呈东北至西南走向，属华夏系第三隆起带，一般海拔在 1000 米左右，山脉峰顶平坦，坡体陡峭，位于贵州省的佛教主峰梵净山更为壮观，海拔高达2491米。武陵山山脉地貌发育分为北、中、南三支，北支位于湖北、湖南和四川省边境的八大公山、八面山、青龙山、东山峰及壶瓶山；中支位于澧水的北侧，包括天星山、红星山、朝天山、白云山和张家界等；南支则由贵州省边境延伸至湖南省境内，包括羊峰山、腊尔山、天门山、大龙山和六台山等。三支山脉均消失于洞庭湖平原。武陵山脉盘踞于贵州省东北部和湖南省西部，成为东西交通的屏障，局部地段有较低的山隘和洞口。①

二　气象气候

由于海拔悬殊和地形、坡向等不同，武陵山片区区域气候类型存在较大差异。总体而言，武陵山片区属中亚热带季风湿润气候，具有明显的大陆性气候特征：冬暖夏凉、四季分明，冬夏长、春秋短；降水充沛；光、热、水基本同季；气候类型多样，立体特征明显，适合动植物的生长和人类居住。

例如，湖南地区大多属于中亚热带气候，张家界属于中亚热带山原型季风性湿润气候，怀化市属于中亚热带季风气候。该地区无霜期在280天左右，年平均气温在13℃—16℃，年平均降水量1110—1600毫米，六至八月是全年雨水、热能最丰富的季节。武陵山片区光热资源整体不够丰富，湖南所属武陵山片区的地区日照相对较多，年平均日照时数可达到1500—1800小时，贵州所辖武陵山片区及重庆地区年平均日照时数为900—1200小时。

第三节　自然资源

武陵山片区自然资源禀赋整体较好，土地资源相对丰富，水能蕴藏量高，矿产资源储量大，旅游资源开发价值高，生态容量较小。

一　土地资源

武陵山片区土地资源较为丰富，以农业用地为主，农业用地总面积达

① 龙岳林、熊兴耀、黄璜等：《张家界市武陵源核心景区生态安全分析与理性化建设》，《建筑学报》2006年第3期。

499.59 万亩。其中，耕地面积 137.99 万亩，草地面积 22.47 万亩，水浇地面积 34.36 万亩。

二 能源资源

武陵山片区水能资源丰富，有乌江、清江、澧水、沅江、酉水河、资水等几大河流，沅江和澧水干流的分水岭位于湖南西北部及黔、鄂、湘三省边境。

武陵山片区矿产资源丰富，储量巨大，整个片区拥有至少 460 种矿产资源，富含硒、锰、锌、锑、汞、铝等多种矿物质，其中能源矿产主要为煤炭、石煤等，金属矿产至少达 60 种，非金属矿产至少达 90 种。武陵山片区内典型县市的优势矿产资源分布如表 1-1-1 所示。现仅在重庆市境内就已发现 68 种矿产，其中查明 54 种资源储量，其潜在价值达 3800 多亿元。恩施州的硒矿尤为著名，被誉为“世界硒都”，硒矿储量世界第一，境内硒矿储量多达 50 亿吨，属于高硒区，其硒产品和硒矿床的开发利用前景十分广阔。

表 1-1-1　　武陵山片区部分地区优势矿产资源分布

地区	优势矿产资源
湖北省恩施州	硒、铁、磷
湖北省宜昌市	磷、铁、锰、石墨
湖南省湘西州	钒、锰
湖南省怀化市	金、铜、钒
湖南省张家界市	煤、铁、镍、钼
重庆市黔江区	铜、铁、硫、煤
贵州省铜仁市	汞、锰
贵州省遵义市	铝土矿、钛

资料来源：通过整理《湖北省重要及优势矿产资源基本情况》《湖南省重要及优势矿产资源基本情况》《重庆市重要及优势矿产资源基本情况》《贵州省重要及优势矿产资源基本情况》而得。

三 生物资源

武陵山片区森林资源、动植物资源丰富，森林覆盖率高达 53%，生物物种多样，享有“华中动植物基因库”的盛誉。片区内已知有维管束植物209科897属2206种，木本植物106科320属850种，森林树种171科645属1264种。国家重点保护的珍稀树种有银杏、木莲、樱花等40余种，包括世界闻名植物水杉、银杏、南方红豆杉等名贵树种30多种，有乔木1000多种，竹类17种，尤以“金山四绝”银杉、杜鹃王树、大叶茶、方竹笋闻名中外。

武陵山片区内有党参、天麻、当归等药用植物186科854属2088种，其中茅岩莓、灵芝杜仲、何首乌等20余种属国家保护名贵药材。重庆还是中国重要的中药材产地之一，山区生长着数千种野生和人工培植的中药材，在中国产量最大的有黄连、五倍子、金银花、厚朴、黄柏等。

武陵山片区野生动物种类繁多，各类动物资源380余种，属国家和省政府规定保护动物达200种，其中珍稀动物主要有娃娃鱼、苏门羚、华南虎等；一类保护珍稀动物有金丝猴、云豹、金钱豹等，二类保护珍稀动物有黑熊、大鲵、穿山甲等20余种。其中仅张家界境内就有国家级保护动物40种。

四　旅游资源

武陵山片区自然生态景观资源融于山石、水、洞、森林之中，区域内峰峦叠嶂，自然风光旖旎。片区历史文化遗存丰厚，民俗风情独特，旅游资源类型多样且各类型资源数量丰富，开发潜力极大。区域内有国家级自然保护区、五大佛教圣地之一的梵净山，世界自然遗产武陵源，国家森林公园张家界、天门山，享誉“千里乌江，百里画廊”的乌江画廊，古代南长城湘西凤凰，世界著名地震遗址黔江小南海，土家族的发源地——恩施清江河及黔江的阿蓬江、西水河等一系列丰富的旅游资源。

五　生态容量

生态容量是指生态系统所能支持的某些特定种群的限度。结合武陵山片区生态系统特征，以重庆市秀山县为例，通过计算得出该区域的生态盈余状况，对其生态环境容量进行评价。若秀山县的生态承载力小于生态足迹，则说明该区域出现生态赤字，人类对自然资源的消耗超出了生态承载力，生态安全受到胁迫，必须加强生态环境保护，以保证该区域生态可持续发展。

表 1-1-2　　重庆市秀山县 2011 年生态足迹分析

人均生态足迹需求				人均生态足迹供给			
土地类型	人均面积（hm^2）	均衡因子	生态足迹需求（hm^2）	土地类型	人均面积（hm^2）	产量因子	生态足迹供给（hm^2）
耕地	0. 2014	2. 8	0. 5641	耕地	0. 1011	1. 66	0. 4700
草地	1. 0419	0. 5	0. 5209	草地	0. 1738	0. 19	0. 1740
林地	0. 0037	1. 1	0. 0041	林地	0. 1592	0. 91	0. 0151
化石能源地	1. 1645	1. 1	1. 2809	化石能源地	0	0	0
建筑用地	1.7×10^{-6}	0. 5	8.5×10^{-7}	建筑用地	0. 0193	0. 19	0. 0018
水域	0. 1234	0. 2	0. 0246	水域	0. 0061	1	0. 0012
总和			2. 3949	生物多样性保护（-12%）：0. 07932			
总的生态需求：2. 3949				总的生态供给：0. 5817			
生态赤字/盈余：-1. 8132							

以重庆市秀山县为例，通过生态足迹法计算可以得出以下结果，如表 1-1-2 所示。

由此可以得出 2011 年重庆市秀山县处于生态赤字状态，相关部门必须采取措施改善区域生态环境，重视该区域生态环境的保护。

第四节　政策与机遇

武陵山片区作为国家连片特困地区，在生态文明建设过程中，既有机遇，又面临挑战。武陵山片区在发展过程中受到了国家政策大力扶持，但是随着经济发展，该片区生态环境受到了一定威胁。因此，需要充分利用国家政策支持，变“输血”为“造血”，构建武陵山片区生态环境保护长效机制。

一　国家主体功能区政策

武陵山片区作为国家主体功能区，大部分地区为限制开发区或禁止开发区，经济发展受到了限制。为此，国家出台了一系列政策措施促进武陵山片区的发展。

（一）国家主体功能区

国家主体功能区，指的是以国家重点生态功能区为主体，推动各地区严格按照主体功能定位发展，构建科学合理的城市化格局、农业发展格局、生态安全格局的国家重点区域。加强主体功能区建设、促进生态文明建设，是实现中华民族永续发展的重要战略任务。

按开发方式分类，国家主体功能区规划将我国国土空间分为以下四个功能区：优化开发区域、重点开发区域、限制开发区域和禁止开发区域。各类主体功能区在经济社会发展中具有同等重要的地位，只是在主体功能、开发方式、发展首要任务、保护内容和国家支持重点等方面存在一定差异[①]，详见图 1-1-1。

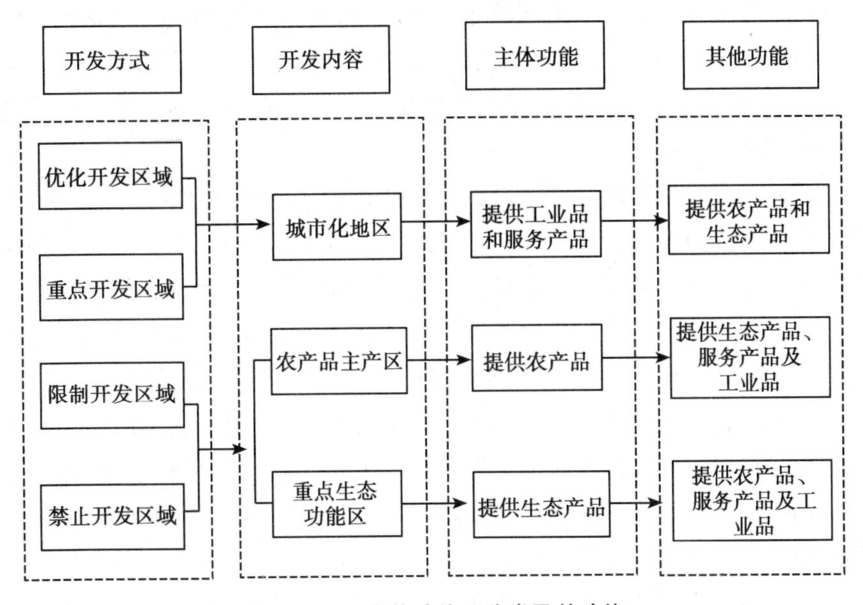

图 1-1-1　主体功能区分类及其功能

关于限制开发区，限制开发并不是限制所有的开发活动和发展。限制开发区是全国生态系统中的重要组成部分，其主体功能是为全国提供生态产品和生态安全保障[②]。这些区域的生态环境相对脆弱，而生态功能十分重要，资源环境的承载能力较低，不具备大规模、高强度的工业化和城镇

① 中华人民共和国中央人民政府：《国务院关于印发全国主体功能区规划的通知》。http：//www. gov. cn/zwgk/2011 - 06/08/content _ 1879180. htm，最后访问日期：2015 年 8 月 20 日。

② 湖北日报：《限制开发不等于限制发展》。http：//www. chinadaily. com. cn/hqgj/jryw/2013-03-01/content_ 8379179. html，最后访问日期：2014 年 2 月 3 日。

化开发的条件，故将这一类区域划分为限制开发区域。

（二）武陵山片区主体功能区的规划

武陵山片区国土总面积为17.18万平方公里，国家级贫困县42个，其中土家族、侗族和苗族等30多个少数民族共计1200余万人，约占总人口的40%。片区由于地理位置、科技水平和自然条件等因素的限制使其在经济发展的速度和质量上远远落后于中东部地区城市。并且随着武陵山片区生物多样性与水土保持生态功能区和三峡库区水土保持生态功能区两大国家级重点生态功能区的建设，使得该片区大部分地区规划成为限制开发区或禁止开发区。这些地区禁止与主体功能定位不相符的开发活动，限制大规模高强度的工业开发，对资源与能源的开发也有一定的限制，尤其是对开发区污染排放的“零容忍”以及对人口的有序转移，进一步限制了当地经济的发展。

武陵山片区在限制开发区域的县域数达到28个，总面积为73504.23平方公里，人口数达到1252.19万人，各省详细情况见表1-1-3。这些地区生态系统脆弱，环境承载力较低，出于可持续发展的考虑，限制这些区域进行大规模高强度的工业化开发及城镇化开发。按照国家主体功能区规划的要求，这些地区原则上不再新建开发区，严格控制现有开发区的面积，并且要积极调整现有的开发区，使其转变为低能耗低污染的生态型工业区，尽可能减少对自然环境的干扰，不得进行对生态系统产生破坏的生产活动，严格实施准入制度并控制开发强度，在不破坏生态环境的前提下，根据资源禀赋和特色把增加生态产品供给作为地区发展的首要任务。

武陵山片区中禁止开发区的县域个数达到35个，总面积为9637.6平方公里。其中世界文化遗产1个，国家级自然保护区14个，国家风景名胜区4个，国家森林公园17个，国家地质公园2个。对于禁止开发区，国家相关法律法规对其实施强制性保护，禁止一切人为因素对生态环境的破坏，对环境污染行为“零容忍”，地区的开发活动必须与其功能定位相吻合，禁止工业化和城镇化开发。

表1-1-3 武陵山片区的限制开发区域

地区	县域范围	面积（平方公里）	人口数（万人）
湖北省	利川市、建始县、宣恩县、咸丰县、来凤县、鹤峰县、秭归县、长阳土家族自治县、五峰土家族自治县	24664	346.59

续表

地区	县域范围	面积（平方公里）	人口数（万人）
湖南省	永定区、武陵源区、慈利县、桑植县、泸溪县、凤凰县、花垣县、龙山县、永顺县、保靖县、古丈县、石门县、辰溪县、麻阳苗族自治县	31429.23	590.50
重庆市	酉阳土家族苗族自治县、武隆县、彭水苗族土家族自治县、石柱土家族自治县、秀山土家族苗族自治县	17411	315.10

资料来源：《全国主体功能区规划》。

另外，武陵山片区是典型的“老、少、边、穷”地区，自身经济实力不强，对外开发程度不高，主体功能区规划的实施将阻碍片区工业化和城镇化，使得地区的发展受到了极大的阻力。这种为了保护环境而忽视经济发展的形式不具有可持续性，片区内少数民族人口约占全国少数民族总人口的1/8，对地区的稳定也带来一定的影响。那么如何避免其陷入“经济社会落后—破坏性开发—生态环境恶化—经济社会再落后”的恶性循环，保证片区经济发展与环境保护的可持续性就成为一个严峻的问题。

（三）国家主要扶持政策

武陵山片区是我国中部民族众多、经济发展滞后的一块特殊地区，由于受地理位置、自然条件以及资源等多种因素的影响，该地区一直处于欠发达状态。近年来，为了实现共同富裕这一目标，国家对该地区的扶持力度不断加大，从中央政府到地方政府，都采取了一系列的扶持政策。

从2004年开始，在全国政协民族和宗教委员会组织带动下，国务院相关部门以及湘、鄂、渝、黔四省市政协负责人连续四届召开座谈会，提出了加快武陵山片区经济发展，把武陵山片区纳入国家发展总体规划的建议。2007年，国务院明确要求按照西部大开发有关政策来实施的，中部六省县（区）中武陵山片区有十余个。

2009年，国家有关部委协调渝、鄂、湘、黔四省市毗邻地区成立“武陵山经济协作区”，开始组织编制《武陵山片区区域发展和扶贫攻坚规划》。[①] 2011年10月，国务院批复了该规划；同年11月15日，武陵山

① 戴楚洲：《加快武陵山经济协作区经济文化发展的思考》，《三峡论坛·理论版》2010年第1期。

片区区域发展与扶贫攻坚试点启动会在吉首市召开，规划开始正式实施。

2011年4月，武陵山片区被确定为国家今后十年的扶贫攻坚主要对象。2012年5月，国家民委为全面贯彻落实《武陵山片区区域发展与扶贫攻坚规划》精神，提出了《关于推进武陵山片区创建民族团结进步示范区的实施意见》。2012年至2015年，中央财政安排武陵山片区四省市少数民族发展资金13.23亿元，其中2015年安排4.06亿元，重点支持少数民族特色村寨、传统手工艺品的发展，改善少数民族群众生产生活条件，落实民贸民品优惠政策①。

二　地方扶持政策

在生态环境保护过程中，国家和地方政府都出台了相应的政策并采取了一些措施，武陵山片区也不例外。湖南、湖北、重庆和贵州地区地方政策的出台不仅有助于当地生态环境的保护，还为整个武陵山片区的生态环境保护提供了政策支持和制度参考。

（一）湖南省

2013年3月，湖南省国土资源厅出台了《关于加强国土资源管理支持武陵山罗霄山等地区区域发展与扶贫攻坚的若干意见》，支持片区经济社会发展②。2013年6月，湖南省制定下发《关于对我省武陵山片区农村基层教育卫生人才发展提供重点支持的若干意见》，确立一系列重点支持片区农村、教育、卫生和人才优先开发的重大政策措施。2014年8月，发改委等六部门将湖南武陵山片区纳入第一批国家生态文明先行示范区，为探索武陵山片区保护与发展提供制度保障③。

---

① 中国经济网：《我国3年安排武陵山片区四省市少数民族发展资金13.23亿》。http://www.ce.cn/xwzx/gnsz/gdxw/201512/29/t20151229_7944238.shtml，最后访问日期：2015年12月30日。

② 湖南省人民政府：《中共湖南省委办公厅　湖南省人民政府办公厅转发〈湖南省国土资源厅关于加强国土资源管理支持武陵山罗霄山等地区区域发展与扶贫攻坚的若干意见〉的通知》。http://www.hunan.gov.cn/2015xxgk/fz/zfwj/swszfbgtwj/201303/t20130327_839771.html，最后访问日期：2014年10月8日。

③ 湖南省发展和改革委员会：《我省湘江源头区域与武陵山片区纳入第一批国家生态文明先行示范区》。http://www.hnfgw.gov.cn/zt/zt2011xxwls/53044.html，最后访问日期：2014年10月8日。

（二）湖北省

2011 年 2 月，湖北省启动了武陵山片区少数民族经济社会发展试验区建设；同年 9 月，发布了关于《推进湖北武陵山少数民族经济社会发展试验区建设的意见》，并提出了针对武陵山片区的 20 条优惠政策；2013 年 4 月，编制了《湖北武陵山片区产业扶贫实施规划》（2013—2015 年），该规划编制过程为实现武陵山片区区域发展和扶贫攻坚规划总体目标、探索扶贫攻坚新机制和新模式提供了借鉴；2015 年，湖北省在加大对片区各县市基本财力保障补助的基础上，安排片区财政扶贫资金 7 亿元、财政调度资金 26. 33 亿元、重大产业发展基金 15 亿元、中小实体经济发展资金 7. 22 亿元、农业综合开发资金 5000 万元、小农水重点县资金 1. 6 亿元和中央现代农业资金 5400 万元，有力支撑了片区开发和精准扶贫工作[①]。

（三）重庆市

2013 年 1 月，重庆市制定了《重庆市武陵山片区区域发展与扶贫攻坚实施规划（2011 — 2020 年）》；2013 年 3 月，重庆市扶贫开发领导小组印发了《关于武陵山、秦巴山片区扶贫攻坚措施到户到人的工作意见》《关于推进行业扶贫工作的意见》以及《关于进一步加强片区扶贫开发工作的意见》的通知。2015 年 7 月，重庆市通过了《关于加快武陵山片区土家族苗族文化生态保护实验区建设的意见》，提出到 2020 年，基本形成区域文化环境、社会环境、自然环境协调发展的民族文化生态保护体系，建成具有示范意义的国家级民族文化生态保护实验区[②]。2015 年，重庆市提出，将重庆市武陵山片区“一区四县”（黔江区、石柱自治县、酉阳自治县、秀山自治县、彭水自治县）和全市 13 个民族乡作为扶贫攻坚主战场。2015—2018 年，重庆市民宗委将安排筹集资金 13 亿元，中央和市级民族发展资金的 90% 投向少数民族和民族地区扶贫攻坚，确保少数民族和民族地区扶贫攻坚任务的完成[③]。

---

① 湖北省民宗委：《省财政厅落实财政政策大力支持武陵山片区精准扶贫》。http：//www. hbmzw. gov. cn/zwdt/ywdt/32176. htm，最后访问日期：2016 年 1 月 10 日。

② 重庆市民宗委：《重庆市出台加快武陵山民族文化生态保护实验区建设意见》。http：//www. seac. gov. cn/art/2015/7/14/art_ 53_ 231510. html，最后访问日期：2015 年 9 月 13 日。

③ 国家民族事务委员会：《重庆市民宗委出台〈关于推进少数民族和民族地区扶贫攻坚的实施意见〉》。http：//www. seac. gov. cn/art/2015/8/5/art_ 53_ 233400. html，最后访问日期：2015 年 9 月 13 日。

（四）贵州省

2011年11月，武陵山片区扶贫攻坚试点工作启动，贵州16个县市区纳入试点范围。贵州省铜仁地区10个县市区及遵义市道真自治县、务川自治县、正安县、湄潭县、凤冈县、余庆县6个县区列入武陵山片区范围，这是继西部大开发后，国家对连片特殊困难地区实施的又一战略性政策支持[①]。

2012年4月11日，贵州省扶贫开发办公室、国家开发银行贵州省分行和贵州省铜仁市在石阡县举行开发性金融支持武陵山片区扶贫攻坚合作项目启动仪式，暨石阡县人民政府、国家开发银行贵州省分行扶贫攻坚合作备忘录签约仪式。2014年9月24日，贵州省民宗委与国开行贵州省分行联合下发了《关于支持贵州武陵山片区区域发展和扶贫攻坚工作的意见》，为进一步做好开发性金融支持片区扶贫攻坚试点工作提供支持[②]。

三　国家优惠政策

通过梳理，国家对武陵山片区的政策优惠主要体现在以下八个方面[③]。

一是财政政策方面：中央财政转移支付向片区倾斜，加大中央财政转移支付力度，提高转移支付系数，提升转移支付额度。

二是税收政策方面：对鼓励类产业企业减征企业所得税；企业从事符合规定的项目所得，可依法享受所得税“三免三减半”等政策。

三是金融政策方面：鼓励大型金融机构在片区中心城市设立分支机构；搭建跨省融资平台；支持符合条件的企业上市融资；大力发展扶贫小额信贷；鼓励地方政府出资引导建立中小企业贷款担保基金。

四是投资政策方面：中央财政投资向农业产业、民生工程、基础设施和生态环境等领域倾斜。

---

① 胡倩茹：《贵州16个县市区纳入武陵山片区扶贫攻坚试点范围》。http：//www.gz.xinhuanet.com/2008htm/xwzx/2011-11/28/content_24216617.htm，最后访问日期：2013年5月24日。

② 国家民族事务委员会：《贵州省民宗委与国开行贵州省分行制定出台〈关于支持贵州武陵山片区区域发展和扶贫攻坚工作的意见〉》。http：//www.seac.gov.cn/art/2014/9/24/art_36_215297.html，最后访问日期：2015年1月20日。

③ 湖南省商务厅：《武陵山片区区域发展和扶贫攻坚规划优惠政策》。http：//jss.xiangxi.hunancom.gov.cn/zcfg/309855.htm，最后访问日期：2014年12月19日。

五是产业政策方面：实施差别化产业扶持政策，重点发展旅游业、民族文化产业、特色农业和生态环保型产业，并给予政策倾斜；设立武陵山片区旅游产业投资基金。

六是土地政策方面：完善建设用地审批制度，保障重点工程建设用地；土地利用年度计划指标向片区倾斜；加快推进农村集体土地确权登记发证工作，规范农村集体土地流转试点，深化集体林权制度改革。

七是生态补偿政策方面：继续实施重点生态修复工程；加大中央财政对生态林的生态补偿力度，提高补偿标准；对贫困村具有水土保持和碳汇生态效益的经济林进行生态补偿；鼓励片区建立健全流域性生态补偿机制；探索通过市场机制引导企业进行生态补偿的具体途径。

八是帮扶政策方面：实行集团式帮扶，落实帮扶资金和措施；建立定点帮扶机制和人才交流机制；加大扶持力度。

四　片区发展机遇

目前国家和政府都非常重视武陵山片区的发展。首先，党和国家高度重视片区的协调和可持续发展，随着我国综合国力的日益增强，国家对片区的扶持力度正逐步加大，并且为片区的扶贫开发做出了一系列战略部署，激发片区民众脱贫致富的积极性和创造性；其次，国家正处于经济转型的重要时期，为片区的生产力布局调整和产业结构优化升级提供了机遇；再次，在多年的发展实践中，片区内各级政府和群众形成了区域协作发展的共同意愿，开展了相关探索，积累了一定经验，为加快片区发展奠定了思想基础；最后，武陵山片区自然旅游资源丰富，民族众多，文化遗产独具特色，是民族文化的璀璨之地①。但由于受经济发展水平的制约，生产力落后，片区内许多县市处于贫困状态。当地耕地少，交通不便，许多地区处于限制开发区和禁止开发区，二、三产业发展后劲不足，生态环境遭到破坏，这些不利因素都是武陵山片区发展的绊脚石，如何更好地规划片区发展机制，是今后努力的方向和重点。

---

①　国务院扶贫开发领导小组办公室、国家发展和改革委员会：《武陵山片区区域发展与扶贫攻坚规划》。http：//hnsfpb. hunan. gov. cn/xxgk_ 71121/ghjh/201505/t20150511_ 1937789. html，最后访问日期：2014 年 12 月 19 日。

第五节　经济与社会发展情况

受自然和社会双重因素影响，武陵山片区经济发展缓慢，地方政府在发展经济时，片面发展工业，忽视了环境保护，导致生态环境质量下降，影响了整个片区的生态发展。

一　经济总体状况

2001 年到 2010 年，武陵山片区地区生产总值增长 3.57 倍，财政收入增长 3.73 倍，城镇居民收入增长 2.34 倍，农村居民收入增长 2.36 倍，金融机构存款余额增长 5.92 倍，贷款余额增长 3.6 倍，一、二、三产业结构比例由 35∶30∶35 调整为 22∶37∶41，与全国 10∶47∶43 相比，第一产业比例明显偏高。片区年人均地区生产总值仅 9163 元，明显低于全国平均水平。城镇化率较全国平均水平低 20 个百分点。缺乏核心增长极和具有明显区域特色的大企业、大基地，产业链条不完整，产业或产业集群没有形成核心市场竞争力[①]。

二　产业发展

产业结构是衡量地区经济发展水平的重要指标之一，从武陵山片区整体经济结构来看，其经济结构不够合理，经济转型较慢。

按地区分类，经济发展情况如下：

（一）湖南省

以张家界市、湘西土家族苗族自治州和怀化市为例，其产业发展情况如表 1-1-4 所示。

表 1-1-4　　2013 年湖南武陵山片区主要城市产业发展情况

地区	地区生产总值（亿元）	第一产业（亿元）	第二产业（亿元）	第三产业（亿元）	人均地区生产总值（元）
张家界市	410.02	49.33	99.8	260.99	27051

① 国家民族事务委员会：《武陵山片区区域发展与扶贫攻坚规划（2011—2020 年）》。http：//www.seac.gov.cn/art/2013/3/18/art_6497_179231.html，最后访问日期：2015 年 12 月 21 日。

续表

地区	地区生产总值（亿元）	第一产业（亿元）	第二产业（亿元）	第三产业（亿元）	人均地区生产总值（元）
湘西土家族苗族自治州	457.0	69	156.8	231.2	17508
怀化市	1181.01	171.47	516.52	493.03	24363

资料来源：通过整理《张家界市 2014 年国民经济和社会发展统计公报》《湘西土家族苗族自治州 2014 年国民经济和社会发展统计公报》和《怀化市 2014 年国民经济和社会发展统计公报》而得。

由表 1-1-4 可以看出，2013 年张家界市、湘西州主导产业是第三产业，怀化市主导产业是第二产业，三个城市产业结构都有进一步优化的空间。

（二）湖北省

湖北省中属于武陵山片区的有恩施自治州和宜昌市的秭归县、五峰土家族自治县和长阳土家族自治县。以恩施州为例，其产业发展情况如图 1-1-2所示。

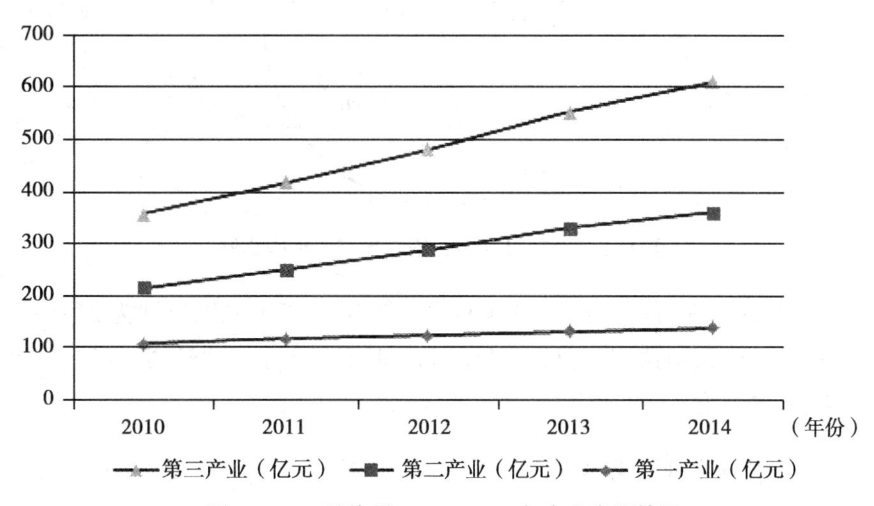

图 1-1-2　恩施州 2010—2014 年产业发展情况

由图 1-1-2 可知，2011—2014 年，恩施州第三产业占比不断提高并占据主导地位，第一产业比重有所降低，产业结构不断优化。

（三）重庆市

重庆市是武陵山片区的重要组成部分，共有 7 个县区属于武陵山片区，分别是黔江区、丰都县、武隆县、酉阳土家族自治县、秀山土家族苗族自治县、彭水苗族土家族自治县和石柱土家族自治县。由于受自然和社会因素的影响，这7个县区的经济发展情况不尽相同。以黔江区和酉阳县为例：2014年，黔江区实现地区生产总值186.31亿元，比上年增长10.7%，三次产业占比由上年的10.1：56.8：33.1调整为9.3：56.5：34.2[①]，产业结构不断优化；酉阳土家族自治县实现地区生产总值为110.42亿元，比上年增长7.5%。

（四）贵州省

贵州16个县市属于武陵山片区的贫困地区，其经济发展关系到整个武陵山片区的发展，主要包括铜仁地区和遵义市，2011年11月，铜仁地区撤销设立地级铜仁市，以铜仁市为例，其2014年的产业结构如图1-1-3所示。

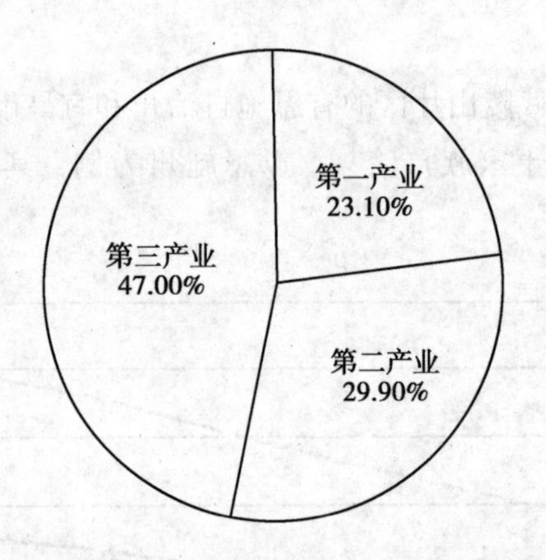

图1-1-3　2014年贵州铜仁市产业结构比例

由图1-1-3可以看出，2014年铜仁市三大产业占比分别为23.10：29.90：47.00，虽第三产业为主导产业，但第一产业占比较高，产业结构有待进一步优化。

三　社会事业与公共服务

一个地区的发展不仅需要经济做支撑，更需要基础设施的配套建设来完善，离开了社会建设的相关内容，一个地区就无法健康发展，武陵山片

① 黔江区统计局：《重庆市黔江区2014年国民经济和社会发展统计公报》。http：//www.qianjiang.gov.cn/qj_content/2015-03/17/content_3712672.htm，最后访问日期：2015年12月24日。

区的发展也不例外。如何更好地促进该地区相关配套设施的建设，是今后发展需要重点考虑的问题。

（一）交通与邮电

交通是制约武陵山片区经济发展的一大障碍：一是快速网络建设严重滞后；二是公路网络建设比较落后；三是内河水运网络不健全。表 1-1-5 为武陵山片区部分县市 2014 年的交通发展情况。

由表 1-1-5 可知，武陵山片区的交通状况发展相对滞后，以公路为例，湖南两地公路交通发展差距不大，但由于张家界市是国家旅游城市，全年旅客接待量大，交通运输供求矛盾还是很大。湖北和重庆相比，湖北的交通条件相对较好，但是重庆却远远落后于其他两个地区，一是受地形影响，二是开发力度不够。因此，在今后的发展过程中，要以武陵山片区扶贫攻坚规划为契机，加大交通投入力度，为武陵山片区经济发展和建立生态环境保护长效机制提供保障。

表 1-1-5　　武陵山片区部分县市 2014 年交通情况

地区	公路线路年末里程（公里）	旅客周转量（亿人公里）	邮电业务总量（亿元）
湖南—张家界市	8773. 91	34. 57	14. 4
湖南—湘西自治州	12572	37. 12	22. 98
湖北—恩施州	18778. 914	22. 6005	22. 79
重庆—黔江区	2757	6. 16	3. 57

资料来源：通过整理《张家界市 2015 年国民经济和社会发展统计公报》《湘西土家族苗族自治州 2015 年国民经济和社会发展统计公报》《恩施州 2015 年国民经济和社会发展统计公报》和《黔江区 2015 年国民经济和社会发展统计公报》而得。

（二）医疗卫生

武陵山片区由于经济落后，交通闭塞，目前片区医务人员数量严重不足，从医人员整体素质不高；医学高等教育层次偏低，医学本科招生规模偏少。

（三）文化体育

武陵山片区由于地处边远山区，国家和地方政府重视不够，地区文化体育意识不强，导致文化体育事业发展滞后。

（四）人民生活水平

由于该片区受自然和经济因素的影响，人民生活依然很贫困，自

《武陵山片区区域发展与扶贫攻坚规划》实施以来，在各地区政府和人民的共同努力下，人民生活水平有一定程度的提高，但与经济发达地区相比，依然存在很大差距。

第六节　教育与文化发展

武陵山片区71个县市区一半以上是国家扶贫开发重点县，当地经济发展和教育较滞后，但文化资源丰富。由于经济基础比较薄弱、缺乏统筹领导和文化自觉意识较差，导致了武陵山片区教育与文化发展明显落后于经济发达地区，教育潜力和优秀的文化资源尚未被开发出来，尤其是文化资源形成了“养在深闺人未识”的局面，以至于旖旎的自然风光、独特的民族风情、悠久的历史文化和深厚的人文底蕴未被世人所熟悉，这无疑有悖于当前的经济社会发展形势。

一　教育事业

百年大计，教育为本，社会的进步靠人才，人才的输送靠教育。教育的发展关系到社会的方方面面，党的十八大报告指出：教育是民族振兴和社会进步的基石。努力办好人民满意的教育，大力促进教育公平，合理配置教育资源，重点向农村、边远、贫困、民族地区倾斜[①]。十八届三中全会也进一步提出要全面深化教育领域综合改革。这些都说明了教育在社会发展中的重要性，而其在民族地区发展中更是发挥着先导性、基础性和全局性作用。

目前，武陵山片区具有三个显著特点：一是跨地区，二是多为少数民族地区，三是各地区经济发展不平衡，这些导致了教育的发展不平衡问题。因此在发展过程中，既要注重跨省际协作，又要具体问题具体分析，对于不同的少数民族采取不同的政策措施。目前该地区存在的主要问题除了教育层次结构有待改善、应用型人才缺乏外，也存在着教育经费投入不足、教师队伍整体数量和质量不高等问题，这些都严重影响了武陵山片区教育的发展。表1-1-6为武陵山片区四省市高校具体数量。

---

① 胡锦涛：《胡锦涛十八大报告（全文）》。http：//news. china. com. cn/politics/2012-11/20/content_ 27165856_ 6. htm，最后访问日期：2017年12月21日。

表 1-1-6　　2014 年武陵山片区四省市高校分布情况

地区	县（市、区）数目	高校数目
湖北省	11	3
湖南省	37	8
贵州省	16	2
重庆市	7	2
武陵山片区	71	15

资料来源：通过整理各地 2015 年统计年鉴而得。

由表 1-1-6 可知，湖北、湖南、贵州和重庆所属武陵山片区县市区高校数量分别为 3、8、2 和 2，合计 15 所，这充分说明片区教育资源极其匮乏，急需加大对教育的投入力度，强化片区教育基础。

二　文化遗产与人文风俗

武陵山片区少数民族众多，民族文化多样，拥有丰富的文化遗产和人文风俗，文化产业发展较快。具体包括以下几个方面。

（一）物质文化遗产资源

武陵山片区有丰富的物质文化遗产旅游资源。但是，该片区没有世界文化遗产、世界文化与自然双重遗产、世界文化景观、全球重要农业文化遗产、汉族地区佛教全国重点寺院、道教全国重点宫观、中国历史文化名街、中华老字号、生态博物馆和国家文化遗产公园。

（二）非物质文化遗产资源

武陵山片区有丰富的非物质文化遗产资源，国家级和省级的高达 368 项，涉及少数民族的共计 188 项。以国家级非物质文化遗产为例，具体情况见表 1-1-7。片区有 2 个国家级非物质文化遗产生产性保护示范基地，但没有其专属的世界非物质文化遗产，也没有列入世界非遗《优秀实践名册》的项目。

表 1-1-7　　武陵山片区国家级非物质文化遗产

种类	项数	主要非物质文化遗产
民间文学	7	苗族古歌、屈原传说、都镇湾故事
传统音乐	17	桑植民歌、石柱土家啰儿调、靖州苗族歌鼟
传统舞蹈	8	龙舞、狮舞

续表

种类	项数	主要非物质文化遗产
传统戏剧	10	高腔、灯戏、花灯戏
曲艺	4	丝弦（常德丝弦、武冈丝弦）、南曲
传统体育	1	赛龙舟
传统美术	6	滩头木版年画、剪纸（踏虎凿花）、挑花
传统技艺	7	土家族织锦技艺、蓝印花布印染技艺
传统医药	1	苗医药（癫痫症疗法、钻节风疗法）
民俗	7	端午节（屈原故里端午习俗）、仡佬毛龙节

资料来源：通过整理《国家级非物质文化遗产名录》而得。

由表 1-1-7 可知，仅国家级非物质文化遗产就有 10 类共计 68 项，足以说明武陵山片区非物质文化遗产资源相当丰富。

三　文化产业

文化是民族的灵魂，产业发展是经济发展的强劲动力，党的十六大报告中首次提出发展文化事业和文化产业。而武陵山片区民族文化资源丰富，近年来，武陵山片区各省市贯彻落实民族政策和文化政策，发挥民族文化和旅游资源优势，促进民族文化和旅游产业融合发展，民族文化产业发展势头较好。但受资金、技术、人才和交通等因素制约，总体规模较小，竞争力不强[①]。

① 戴楚洲：《武陵山片区民族文化产业发展研究》。http：//www.iwuling.com/column/wulingyanjiu/chanyekaifa/2012/0918/3581.html，最后访问时间：2016 年 12 月 21 日。

第二章

武陵山片区生态环境状况

武陵山片区生态环境整体较好，尤其是水环境、旅游资源以及动植物资源。例如，在水环境方面，武陵山片区内水资源蕴含量丰富、水质优良，水能利用率整体水平较高，绝大部分地区饮用水源地的水质良好，满足水域功能比例为100%；动植物种类繁多，且相对保护得当；旅游资源相当丰富，以自然风光特色为主题的旅游尤为著名。但在矿产资源方面，武陵山片区内多为生态脆弱区，尽管矿物资源丰富，但仍需对矿物开发进行限制。由于矿产资源的开发易造成土壤问题，前些年更是由于对矿物开发管制不严格而导致当地环境和居民健康受到了严重的威胁，各地区已经对矿物开发进行了一系列条款限制，现在情况有所好转，仍需进一步严格管制。

武陵山片区在生态环境保护上仍有许多方面亟待改进，尤其需要重视大气环境以及土壤方面。在大气环境方面，近年来，武陵山片区内大多数地区空气质量下降，年空气质量环境达标城市比率逐年下降。在工业发达地区，更有频繁酸雨现象，最严重的重庆地区，酸雨频率更高达80%，而近年来全国雾霾情况都很严重，武陵山片区也不例外，不论是宜昌市连续8天的雾霾现象，还是重庆市超过30%天数空气质量超标的情况，都应该引起足够的重视。在土壤方面，水土流失情况严重，治理成效不高，例如重庆市连续9年投入大量资金治理水土流失，但每年仍有上亿吨泥沙流入长江。

第一节　武陵山片区生态环境资源现状

生态环境由所有生物和非自然因素组成，是人类及动植物等生物群落赖以生存的家园，生态环境的好与坏，处处影响着人类的发展与生存。生态资源则是生态系统中存在的各种资源成分，它们以不同的形式存在并维持着人类的生命，水环境、大气环境及自然保护区等都是生态资源的重要组成部分。

一　水环境

水是人类赖以生存的重要物质，没有水，人类和其他生物都不可能生存。天然水资源包括河川径流、地下水、积雪、冰川、湖泊水、沼泽水和海水，而武陵山地区位于内陆，主要水资源来源为河川径流、湖泊以及地下水。

武陵山片区整体水资源情况良好，各级县市的水资源都非常丰富，年降水量基本都在1000毫米以上。湘西州境内核算总水量213.7亿立方米，年平均径流量为132.8亿立方米；干流长大于5公里、流域面积在10平方公里以上的河流共444条。仅怀化市的地表水就有212.88亿立方米/年。更有甚者，彭水苗族土家族自治县的地表水含量高达481.48亿立方米/年。每个县市基本都有河流，较为丰富的是湖北省宜昌市长阳县，共有大小溪流433条。其河流多为外流河，地表水补给以雨水为主。

二　大气环境

在武陵山片区地级及以上的行政区范围内，2013年空气质量环境达标城市比例为88%，超标城市比例为12%，较2012年，达标城市有所下降。以宜昌市为例，宜昌市的生态指数高达78%，在湖北省居第三位。2014年，宜昌城区空气质量按照《环境空气质量标准》（GB 3095—2012）评价指标超过国家二级标准。其中二氧化硫年均值49微克/标立方米，较2013年下降7微克/标立方米；二氧化氮年日均值36微克/标立方米，较2013年上升1微克/标立方米；可吸入颗粒物年日均值136微克/标立方米，较2013年上升33微克/标立方米。按照空气质量指数评价，优良天数比例为48.5%，较2013年（85.2%）下降36.7%[①]。经调查研究发现，在武陵山片区工业发达的地区，酸雨频繁。如常德市城区，2014年的酸雨频率为58.5%，比上年下降了23.5%，城区降水pH年均值为

① 湖北省环保厅：《湖北省环境质量状况（2014）》。http：//report.hbepb.gov.cn：8080/pub/root8/auto588/201503/t20150306_ 75707.html，最后访问日期：2015年12月24日。

4.96，较上年有轻微上升，酸雨问题有所缓解①。

三　自然保护区状况

自然保护区可以分为多种类型。依据保护的主要对象划分，可分为生态系统类型保护区、自然遗迹保护区和生物物种保护区 3 类。武陵山片区内各类自然保护区共 218 个，其中国家级自然保护区 14 个，省级保护区 60 个，州（县）级保护区 77 个，保护面积共 130.1859 万公顷。

武陵山片区国家级自然保护区有：湖北的五峰后河国家级自然保护区；湖南的壶瓶山国家级自然保护区、张家界大鲵国家级自然保护区和八大公山国家级自然保护区；重庆的缙云山国家级自然保护区和大巴山国家级自然保护区；贵州的梵净山国家级自然保护区和宽阔水国家级自然保护区；长江上游珍稀、特有鱼类国家级自然保护区则分布在贵州和重庆等地。②

由于人类过度开发旅游资源及矿产资源，武陵山片区现成为生态脆弱区，且矿产资源的开发在很大程度上造成了环境污染，并且破坏了当地的土壤质量与土地资源。贵州、湖南等地区曾由于对矿产资源的开发管束力度不强，不符合条件的开发对当地生态环境和居民健康造成了严重的影响。例如，铜仁万山特区的汞污染事件。中科院地球化学所 2010 年的数据显示，该地区成人通过稻米平均每天摄入汞 49 微克，而这种元素在人体内积攒到一定量后，就会对脑组织造成伤害。事件发生后，当地政府已经采取停止开矿等一系列措施，避免开矿对人和自然环境的继续影响。

第二节　面临的主要生态环境问题

生态环境问题是指由于生态平衡遭到破坏致使生态系统的结构和功能失调，从而威胁人类生存和发展的现象。武陵山片区本就属于生态脆弱区，加上之前几十年在发展经济时没有考虑到与环境的协调问题，如今面临着较大的生态环境问题，接下来将从水土流失、水环境污染、空气污染

---

① 湖南省统计局：《常德市 2014 年国民经济和社会发展统计公报》。http：//www.hntj.gov.cn/tjgb/szgb/201503/t20150324_115621.htm，最后访问日期：2015 年 12 月 24 日。

② 孙志国、钟儒刚、刘之杨等：《武陵山片区特产与遗产资源的农村扶贫开发对策》，第三届全国农林高校哲学社会科学发展论坛，2012 年。

和工业污染对生态环境的破坏等方面来具体阐述。

一 水土流失

由于本身地形地貌缘故，武陵山片区土地荒漠化和水土流失现象严重。土壤流失有三种程度，分别为表土流失、心土流失和母质流失，母质流失最终会使岩石暴露。水土流失，主要由人为因素和自然因素造成。自然因素造成的水土流失往往过程漫长，人为因素造成的水土流失是由于对水土资源不合理的开发和经营而导致的，这将会使土地的生产力下降甚至丧失，泥沙淤积会污染水质，影响生态平衡。

例如重庆地区，重庆市水利局 2006 年 6 月首次发布的《2005 年重庆市水土保持公报》显示：2005 年全市水土流失面积为 4 万平方公里，约占全市总面积的一半，土壤侵蚀总量达 1.46 亿吨，流入长江的泥沙约 1 亿吨。而据《2012 年度重庆市水土保持公报》的数据显示，2012 年年底，重庆全市现有水土流失面积 3.14 万平方公里，占幅员面积的 38.02%[①]，水土流失比重较 2005 年年底减少 10.49 个百分点，三峡库区重庆段水土流失面积为 1.99 万平方公里，流失比例较 2005 年降低 8.44 个百分点[②]。近些年来，重庆市政府一直致力于治理水土流失，并且每年投入大量资金，但水土流失依然很严重，没有得到根本治理。

湖南的水土流失情况则更为严重，南方红壤区是我国水土流失情况最严重的区域之一，红壤又是湖南省主要的地带性土壤之一，由于受降雨、地形等方面的影响，湖南是长江中游水土流失严重的省份之一，而湖南的水土流失地区主要分布在湘中丘陵区和湘西武陵山片区这两个区域内。湘西州吉首市西北部的洽比小流域是典型的喀斯特地貌发育区，该流域的溶洞、暗河较多，容易渗漏，水土流失十分严重，危害巨大。

二 水环境污染

依照《地表水环境质量标准》（GB 3838—2002），中国地面水分为五大类，详见表 1-2-1。

---

① 紫杉：《水土流失 · 重庆成“石城”》。http：//cq.qq.com/a/20081219/000538.htm，最后访问日期：2015 年 1 月 15 日。

② 人民网：《重庆幅员面积三分之一存在水土流失情况》。http：//cq.people.com.cn/news/20131129/20131129145541867887.htm，最后访问日期：2015 年 5 月 15 日。

表 1-2-1　　地表水质量标准分类表

类型	参考标准	适用范围
Ⅰ类	水质很好。经简易净化处理、消毒后即可供生活饮用者	主要适用于源头水，国家自然保护区
Ⅱ类	水质良好。经常规净化处理，其水质即可供生活饮用者	适用于集中式生活饮用水、地表水源地一级保护区，珍稀水生生物栖息地，鱼虾类产卵场，仔稚幼鱼的索饵场等
Ⅲ类	水质受轻度污染	适用于集中式生活饮用水、地表水源地二级保护区，鱼虾类越冬、回游通道，水产养殖区等渔业水域及游泳区
Ⅳ类	水质不好。水体存在某些天然缺陷或受到人为轻度污染	适用于一般工业用水区及人体非直接接触的娱乐用水区
Ⅴ类	水质很不好。水体有严重的天然缺陷或受到人为严重污染	适用于农业用水区及一般景观要求水域

资料来源：《地表水环境质量标准》（GB 3838—2002）。

2014 年，长江干流重庆段总体水质为优，15 个监测断面中，长江支流总体水质为良好，水质满足水域功能要求的断面占 86. 3%。库区 36 条一级支流回水区呈富营养的断面比例为 44. 4%。全市集中式饮用水源地水质良好，61 个城市集中式饮用水源地水质达标率为 97. 3%①。遵义市中心城区集中式饮用水水源地北郊水库、南郊水库和海龙水库水质均达二级水质标准，水质达标率 100%，其余 12 个县（市）县城集中式饮用水水源地水质达标率均为 100%②。

但工业的发展和“三废”的排放，不可避免地污染了片区内多条河流，使得水资源受到了严重破坏。近年来，恩施市在工业发展和经济发展的同时，水污染治理工作也迫在眉睫，2014 年 10 月，恩施将水务有限公司作为主要的污水处理专业单位，有针对性地集中处理城区生活污水和工业废水，这足以反映水污染的严重性和解决水污染问题的紧迫性③。

---

① 重庆市环保局：《2014 年重庆市环境状况公报》。http：//www. cq. gov. cn/publicinfo/web/views/Show！detail. action？sid = 399495，最后访问日期：2015 年 12 月 24 日。

② 遵义市环保局：《饮用水水源水质月报》。http：//www. zyepb. cn/news34/news_more. asp？lm2 = 457，最后访问日期：2014 年 1 月 24 日。

③ 恩施市环保局：《恩施市城市污水处理厂尾水消毒工艺升级改造即将完成》。http：//www. eshbj. com. cn/Management/wrfz/201508/t20150827_ 150689. htm，最后访问日期：2015 年 11 月 16 日。

三 空气污染

空气质量是通过空气污染指数来进行反映的。根据空气中各项污染物对生态环境和人体健康的影响程度，将城市空气污染指数分为五个等级，并用0—500的数字来表示空气污染指数的数值，不同的取值区间对应不同的空气质量等级。

我国目前空气污染情况十分严重，主要表现为煤烟型污染。城市大气环境中总悬浮颗粒物浓度普遍超标，二氧化硫污染较严重，氮氧化物污染呈加重趋势，导致雾霾频发。重庆市在2013年，就有84天轻度污染，26天中度污染，10天重度污染，超标天数比例达到33.1%[①]；湖北省宜昌市更是在2013年1月13日至20日连续出现8天雾霾，导致市区“灰”了10多天[②]；除了雾霾之外，酸雨、温室效应等问题也是需要关注和改善的。

四 工业污染

随着城市规模扩大，人口越来越密集，工业污染问题逐年加剧，工业“三废”问题最为突出。工业“三废”中的有毒有害物质若不经过妥善处理，排放不达标，超过了环境自净能力的承载量，环境就会受到污染，生态平衡就会遭到破坏，影响工农业生产和人民的健康。2013年，贵州省流经的乌江水系水质达到中度污染，污染指标为总磷、氨氮和化学需氧量，同时导致贵州地区的水质超标，对重庆的水质也有所影响。

第三节 生态环境问题的成因

对于我国这样一个人口众多、资源相对不足、环境较为脆弱的发展中国家而言，生态环境问题更是一个严峻的挑战。目前，生态环境的恶化已经成为制约我国经济发展的一个重要因素，如何处理好经济与环境相协调的问题是我国现代化建设中的一项基本任务。

---

① 人民网：《2013年空气质量情况：超标天数比例为33.1%》。http://env.people.com.cn/n/2013/1231/c1010-23986127.html，最后访问日期：2014年1月24日。

② 王英，向倩：《宜昌持续遭遇雾霾，连续8天空气污染近年少见》。http://hb.qq.com/a/20130125/000502.htm，最后访问日期：2014年1月26日。

一　工业过度发展

随着经济的发展，人类工业发展也得到了巨大的提升，越来越多的城市开始依靠工业来带动地区经济的发展。这种发展趋势使得生态环境也面临了更大的威胁和挑战。废物的乱堆乱弃、废水的超标排放和其他污染物过量的流入，超出生态环境自调能力的负荷，使得生态环境不再平衡甚至崩溃。早年冰箱采用制冷剂氟利昂，是破坏臭氧层的元凶，臭氧层的破坏会导致地球的生物受到宇宙射线或紫外线等高能光波的辐射发生基因突变。随着工业的快速发展，也加大了氟污染物的排放，使得臭氧层的破坏更加严重。工业产生的垃圾等因处理不当（如焚烧或填埋）容易产生浓度很高的渗滤液污染地下水，焚烧易产生剧毒气体；还有白色污染如塑料袋等污染物，会对自然界造成长期污染，如被一些动物误吞，会有致命的危险。而农业生产中使用的农肥，由于大量的氮磷污染物未经充分利用即排至地下，给饮用水源也造成了极大的危害。随着工业的发展，雾霾现象也日益严重。

二　旅游过度开发

旅游是拉动经济增长的重要环节之一，近年来人们越来越注重提高生活质量，而各地政府也在抓紧进行旅游开发，但忽视了旅游的发展可能会破坏自然环境，出现了旅游发展以牺牲自然环境为代价的情况。目前我国相当一部分热点旅游区域污染严重，主要表现为水污染、空气质量下降、局部生态环境遭到破坏和旅游资源受损等。在一些地方，垃圾随处可见，旅游区人满为患，拥挤不堪，不仅不利于管理，更会产生污水、废弃物等污染物。在开发旅游资源的过程中，会有不合理的资源利用，这样会破坏生态平衡，使得旅游资源受到直接的影响。例如，砍伐森林等人类活动会造成水土流失、自然风景遭到破坏等情况。旅游资源经常在城市发展规划中被忽视，使得城市发展方向与旅游业发展无法协调。例如湖北省恩施州，基础设施薄弱，缺乏总体规划和合理的市场引导机制，导致不少人为了获利大肆砍伐森林，使生态环境遭到破坏，旅游资源没有得到合理的开发。

三　环保意识淡薄

自然因素虽然会造成一系列环境问题，但根本原因在于人为因素。人类的不合理活动会直接造成生态环境的破坏，从而导致生态问题的出现。因此，环境保护的首要任务是提高人们的环保意识。

环保意识的淡薄、不积极的执法都会直接或间接影响着生态环境的建设。改革开放以来，人类为了追求经济效益而无节制开发自然资源，破坏了自然整体结构，政府部门不够重视环境问题，保护和执法力度不够，往往为了追求 GDP 的增长而忽略环境保护。同时，关于环保的政策法规不完善，基本法和各种环境法之间的冲突严重，不合理的法律法规让不法分子有机可乘，为了经济利益而不惜破坏生态环境的事件也比比皆是。武陵山片区的土地资源丰富，且主要利用方式为农业，但过度砍伐和开垦会对森林资源造成严重的破坏，过度放牧开垦又会造成草原的退化，围湖造田等行为会使湿地严重萎缩，而萎缩后的湖泊会加快沼泽化的程度，且会丧失原有的调蓄功能，造成水旱灾害面积呈逐年增长的趋势，同样会使湖区生态环境劣变，鱼类减少。人类破坏了森林、草原、湿地等生态环境，使得生物多样性锐减。这一切不合理的行为不仅仅使可持续发展政策的执行遇到了重重困难，也同样带来了巨大的经济损失，让灾害更频繁地发生。

由于生活水平不高、为了经济发展去破坏环境，反过来，自然资源受损导致生产力下降，生产力下降导致人民的生活水平无法提高，一个恶性循环只会导致现状越来越不堪，所以片区必须对生态问题有着清醒的认识，要着眼于未来而不是眼前的蝇头小利，这样才能确保生活水平不断提高。

第三章

武陵山片区生态环境保护状况

按照《全国主体功能区规划》的要求，武陵山片区作为国家生态功能区的重要组成部分，片区在发展过程中要统筹经济社会发展与生态环境保护，推进生态文明建设，发挥亚热带森林系统核心区和国家生物多样性宝库的作用，使其成为长江流域重要生态屏障①。为此国家和地方相关部门采取了诸多保护环境的措施，如国家层面制定了《武陵山片区区域发展与扶贫攻坚规划（2011—2020年）》，各个地区也推出符合本地区实际情况的环境保护措施，主要包括生态建设与环境保护措施、生态产业发展措施、生态环境保护的文化宣传体系建设以及生态补偿措施，等等。目前在武陵山片区，已实施了天然林资源保护、退耕还林、生物多样性保护、长江防护林工程、石漠化综合治理等生态保护工程，并享受重点公益林补偿、重点生态功能区转移支付等补偿政策。

虽然武陵山片区各级政府采取了诸多措施来进行环境保护，但是依然无法从根本上解决生态环境问题。武陵山片区的生态环境保护存在诸多不足和需要改进之处，如法律法规不健全、环境保护动力不足、生态产业发展不完善和生态补偿机制不健全等，急需通过创新和完善保护环境的方法和措施，促进生态环境保护事业更好地发展。

第一节　生态环境保护措施

生态环境保护由生态建设和环境保护两个方面组成。生态建设，主要包括农村生态环境建设和生态城镇建设两个方面；环境保护，主要包括水

① 中华人民共和国中央人民政府：《国务院关于印发全国主体功能区规划的通知》。http：//www.gov.cn/zwgk/2011-06/08/content_1879180.htm，最后访问日期：2014年5月24日。

生态环境、大气生态环境、土壤生态环境以及生物多样性等方面。武陵山片区虽然实施了一系列生态建设和环境保护措施，但是效果并不明显。

一 水生态环境保护

水是生命的源泉，是人类生产和生活过程中不可或缺的物质之一，随着人类改造自然能力的提升，对水资源的不恰当使用造成了多种多样的水污染问题，各级政府和相关部门高度重视水环境保护。具体到武陵山片区，针对水环境保护采取的措施主要有饮用水源地的保护、水污染控制、境内河流的整治等。

以重庆市酉阳土家族苗族自治县为例，该县主要采取了三个方面的措施：一是制定《酉阳土家族苗族自治县城省供水保障体系规划》等相关规划设置饮水保护界碑；二是实施水污染控制工程；三是实施节能降耗工程。虽然取得了一定的成绩，但是效果并不明显。从整个武陵山片区来看，由于片区过度发展工业，开发矿产资源，再加上受地形地貌的影响，水污染以及水土流失现象依然严重。

二 大气生态环境保护

当今社会最为关注全球性大气环境问题，主要是全球变暖、臭氧层破坏和酸雨污染等，由于空气质量下降所造成的影响不受行政区划的限制，大气环境的保护需要多地区共同行动采取对策。不同地区的重要污染物可能存在很大的差异，如 SO_2、NO_2、O_3、CO、PM2.5、PM10 和扬尘污染等。

在武陵山片区，由于大量的矿石燃料的燃烧，过度发展工业，空气环境质量依然严峻。以重庆市酉阳土家族苗族自治县为例，该县对大气保护采取了治理措施。一是大力实施清洁能源工程。二是实施大气污染控制工程。三是实施城区扬尘控制工程。相关措施的实施取得了一定成效，但是该地区 PM10 依然严重，空气质量依然不高。

三 土壤保护

在很长的一段时间内，土壤问题并未得到应有的关注和重视，直到 1989 年发布的《中华人民共和国环境保护法》中才明确提出了防治土壤污染的相关规定。土壤退化是我国土壤环境的主要问题，土地荒漠化、土壤侵蚀、土壤盐碱化、土壤贫瘠和土壤污染是土地退化的五种类型。武陵山片区存在的主要问题是土壤侵蚀、水土流失、土地荒漠化和耕地退化等。针对这些问题，该地区也采取了一定措施进行保护。以湖南省为例，湖南省各级部门联合组织召开“连片推进土地整治示范县”评选会议，共有25个县区成功申报“连片推进土地整治示范县”项目，项目建设期限为3年，总投资2亿元，将对项目地约10万亩耕地进行综合整治，通过整体推进、集中投入的方式充分发挥农村土地整治项目的规模效益和投资效益，项目的实施将极大改善农村生产生活条件，为促进社会主义新农村建设奠定良好基础。

四　湿地生态保护

被冠以“地球之肾”的湿地是指天然或人工、长久或暂时性形成的沼泽地等带有静止或流动的成片浅水区，也包括在低潮时水深低于6米的水域。常见的滩涂、湖泊、河流、稻田、池塘都属于湿地。以贵州省铜仁市为例，其湿地面积占全市国土面积的1.2%，共计22268公顷，其间栖息着500多种野生动物，湿地生态系统最为完整的是乌江和锦江流域。此外，由于免受环境污染和人为破坏，全市湿地资源良好，开发潜力巨大，前景广阔。铜仁市坚持市政府主要领导牵头，专人从事湿地公园的申报创建工作，计划到2020年，在全市建成14个国家级湿地公园和16个省级湿地公园，并建成一批湿地保护小区，超过9成湿地受到良好保护。2013年，在全国申报国家湿地公园的140多处中，贵州省共申报16处，其中，铜仁市申报6处。

但是由于武陵山片区工业化、城市化进程不断加快，该地区湿地生态保护工作依然面临很大挑战。一是湿地生态保障机制不尽完善；二是围湖开发造成湿地面积不断缩小；三是湿地生态保护面临工业污染威胁。湿地污染会对水质和生物多样性造成严重危害，破坏生态平衡。

五　植被生态保护

植被是人类生存环境的重要组成部分，是显示自然环境特征最重要的标志。植树造林、封山育林是国家长期坚持的一项重大举措，然而在某些地区，年年栽树不见树。尤其是西部地区，水土流失、荒山沙化等问题仍侵袭着人们的生存环境。武陵山片区在这一方面采取了一定的保护措施，主要有退耕还林、植树造林、实施森林工程建设等，在注重森林资源再造的同时也不放松对现有植被的保护。截至2011年年底，武陵山片区累计完成封山育林83.1万公顷，有效管护天然林资源42.3万公顷；退耕还林工程412.2万公顷；公益林保护和森林生态效益补偿32.2万公顷；石漠化综合治理工程林业建设5.8万公顷；中幼林抚育1.2万公顷；造林补贴1.3万公顷；同时结合城乡绿化和绿色村镇、绿色通道建设每年完成义务植树1400多万株，完成湿地植被恢复15.0万公顷。

但是武陵山片区森林资源林龄构成中幼林居多，成熟林较少，林龄结构不合理，森林资源总体数量虽保持增长，但质量呈下降的趋势，生态功能衰退。

六 节能减排

自从我国在"十一五"规划中提出"节能减排"这一概念之后，环境污染的综合防治就与节能减排密不可分了，虽然节能减排侧重于产业结构调整、鼓励发展循环经济、促进节能技术发展等方面，但由于"节能减排"任务是"约束性指标"，对各级政府来说存在着执行上的压力和动力，各级政府更注重节能减排任务的完成与否，这也从另外一个方面促进了环境污染防治工作的开展。

重庆市酉阳县认真落实结构减排、工程减排、管理减排等多项措施。一是实施生活垃圾无害化处理工程，政府投资5297万多元，建成了日处理120吨的垃圾填埋场。二是实施工业固体废物的处置及综合利用工程，投资5000万元，实施煤矸石、粉煤灰等固体废弃物的综合利用工程，综合利用固体废物35万吨。三是加强对危险废物的核查处置及辐射放射的环境管理，对医疗机构的医疗废物加强检查，贯彻落实联单制度，集中处置医疗废物。这些措施都有助于该地区节能减排。

但是节能减排并不是一蹴而就的，需要产业结构的不断优化升级。而武陵山片区在产业结构上并没有完全实现转型升级，因此目前还无法从根本上解决这一问题。

第二节 生态环境建设现状

随着国家和地区对生态环境的日益重视，武陵山片区已经开始了以农村生态环境建设、生态城镇建设和生态产业建设为核心的生态环境建设。近些年来，在国家和地方政府的指导和支持下，农村生态环境得到改善，生态城镇建设初具规模，生态产业稳步发展，但仍存在不足之处。

一　农村生态环境建设

农村生态环境是地区经济社会可持续发展的基本保障。由于现代农业生产污染加重、小城镇和聚居点基础设施与环境管理滞后以及乡镇企业布局不当等原因，农业和农村生态环境问题也日益突出。武陵山片区在农村生态环境建设方面采取了相应的积极应对措施。以重庆市酉阳县为例，该地方采取了一系列措施对农村环境进行治理，取得了一定成绩，一是强化农田、耕地保护建设工程；二是控制农业化肥、农药使用量；三是大力推进农村新能源利用，以沼气建设为纽带，带动农户完成“改厨、改厕、改圈”及经济园建设，建立“猪、沼、菜（果）”能源型经济模式，改善农村居住环境和卫生状况，减少疾病传播；四是加强生态农村建设。启动农村改厕工作，项目覆盖 28 个乡镇，83954 户，210900 人，建设无害化卫生厕所 42915 座；五是加强畜禽养殖及面源污染管理，强化畜牧技术支撑，构建疫情监测网，制定了重大动物疫病防控应急预案，强化管理，彻底根治面源污染。通过农村环境整治，农民生产生活环境得到了一定的改善（见表 1-3-1）。

表 1-3-1　2008 年和 2012 年重庆市酉阳县农村生态环境质量对比

名　称	2008 年	2012 年
秸秆综合利用率（%）	50	>95
畜禽粪便处理率（%）	80	95
畜禽粪便资源化率（%）	30	50
化肥施用强度（折纯、公斤/公顷）	234	<280
农林病虫害综合防治率（%）	90	95
农药施用强度（折纯，公斤/公顷）	2.2	<3
农用薄膜回收率（%）	60	90
受保护基本农田面积（%）	80	>85
村镇饮用水卫生合格率（%）	61.22	100
卫生厕所普及率（%）	36	>50

资料来源：《酉阳县生态农业发展情况的调研报告》。

但是农村环境保护工作长久、艰巨而复杂，需要抢抓国家重大机遇，积极推进农村基础设施建设。如全面落实农村污水和垃圾收集处理设施、院庭式畜禽养殖场污染处理设施的建设，逐步改善农村环境现状；优化农村工业布局，加强工业污染监管力度；严格执行环境准入制度，防止城市污染向农村转移。

二 生态城镇建设

近年来，我国政府提出要走新型城镇化道路，出台实施了国家新型城镇化规划[①]。对于城镇化进程中的资源、环境、生态等问题，我国先后开展了绿色生态城镇、绿色基础设施和绿色居住区等重点项目建设，大力推动绿色建筑发展，力争探索出一条新型城镇化发展道路。武陵山片区也不例外，以重庆市酉阳县为例，从2010年起，共计投资10.2亿元，全面加强了中心镇“156”工程建设、集镇“十个一”工程建设以及农民新村、巴渝新居和农村危旧房改造工作。大力实施城市绿化工程，投入资金达6.2亿元，深入开展绿化九大工程，狠抓城市森林工程和城市公园建设，全力开展城周森林屏障建设，加大工程造林的工作力度，建成城周生态林5万余亩。

但是由于武陵山片区大多数地区经济发展落后，在城镇化进程中，更多地考虑经济发展，而忽视了整个生态系统建设，从而不利于生态城镇的持久发展。

三 生态产业发展

生态产业是继经济技术开发、高新技术产业开发之后的第三代产业。武陵山片区作为国家重要的生态功能区，构建生态经济体系是武陵山片区生态保护与建设的重点工作之一。武陵山片区生态产业建设的总体设想是各个地区根据当地的自然地理和气候条件，坚持因地制宜、突出特色、科学经营、持续利用原则，使生态产业在经济发展中逐步占据主导地位，形成具有武陵山特色的生态产业格局。在武陵山片区，生态产业建设主要包括生态农业、生态工业与生态旅游业三个方面。

---

① 新华网：《新型城镇化规划呼之欲出 改革红利将持续释放》。http://news.xinhuanet.com/house/bj/2013-12-04/c_118404755.htm，最后访问日期：2015年5月24日。

生态农业是以生态学和生态经济学为依据，运用现代科技方法和系统工程组建起来的综合农业生产体系。生态农业提倡顺应自然、保护自然，强调生态环境安全、稳定以及农业生产系统的良性循环。武陵山片区在发展生态农业方面取得了一定的成绩，以湘西州龙山县为例，2012 年全县共收获百合 6.65 万亩，总产量达 6.15 万吨；其中外销鲜百合 1.98 万吨，加工百合干片 0.6 万吨（消耗鲜百合 1.86 万吨），留种 2.31 万吨。经调查统计，全县鲜百合销售均价为 18 元/公斤，百合干片为 52 元/公斤，实现产值 10.84 亿元，首次突破 10 亿元大关。百合产业成为促进龙山县农民增收、农业增效的第一大支柱产业。但是，武陵山地区受自然和经济社会发展的影响，农业生产能力薄弱，机械化程度不高，并未形成规模和体系，因此生态农业发展依然比较滞后。

生态工业是一种生态经济协调发展的工业模式，具有低消耗、低投入、高质量和高效益等特征。武陵山片区大力发展生态工业，走新型工业化之路。以湘西州为例，湘西州泸溪县蓝天冶化公司作为循环经济企业通过省里验收。该公司废渣的利用率从 85%提高到 90%，不仅提升了废渣资源综合利用价值，而且降低了生产成本，提高了效益。但是，有些地区由于在发展工业的过程中不注重产业协调发展，甚至过度开发工业，从而导致了一系列的环境问题，不利于生态工业的建设。

生态旅游业是建立在旅游服务设施之上，依托生态旅游资源，为生态旅游者创造生态旅游活动条件，并提供服务和商品的综合性行业。随着传统大众旅游业的发展，环境问题日益突出，生态旅游业应运而生。位于湖北省恩施州建始县花坪集镇附近、地处野三峡景区核心地带的小西湖，因旅游开发而声名鹊起。小西湖是花坪集镇的后花园，未开发前，这里是一个被遗忘的角落。近年来当地政府捆绑各类项目资金 500 余万元，修建环湖路，治理湖堤，保护湖泊湿地，投资过亿元的野三峡景区国际旅游接待中心拔地而起，“醉西湖”“望湖楼”“湖畔楼”和“西湖山庄”等农家乐星罗棋布，极大促进了当地旅游业的发展。

但是武陵山片区在发展生态旅游业的过程中，也存在不结合当地实际情况而盲目投入大量人力物力开发旅游资源的问题，造成很多旅游景点没有得到合理利用，未发挥出其实际效益，造成资源的浪费。

第三节 生态环境教育现状

在调研的过程中发现，对于生态环境建设的重要性，普通民众并没有全面的理解，更多的是依靠行政力量对民众行为进行约束，这种被迫情形下的保护并不会持久，即使持久保护的局面得以维持也需要政府加大对监管等方面的投入。在保护的初期进行生态环境重要性的宣传，利用少数民族文化对生态环境保护的作用加以引导，可以有效解决“被迫环保”的尴尬局面。武陵山片区内各级政府也采取了诸多措施开展这项工作，主要包括注重生态保护的科普宣传、加大生态教育普及力度以及合理引导居民生活方式。但是由于当地民众整体教育水平较低，环保意识淡薄，环境保护并未真正深入人心。

一 生态保护中的宣传科普

环境保护离不开民众的共同努力，加强宣传是必要的。近几年，重庆市酉阳县开展了一些生态保护的宣传科普活动，深入开展环境宣传教育，群众环保意识有一定增强。并开通了“酉阳环保”官方微博并进行及时更新，积极组织《中国环境报》的征订，充分利用《中国环境报》《酉阳环保》和酉阳公众信息网等平台，大力开展动态宣传工作，编制、上报各类环保信息、简报 90 余条（篇），被中央、省、县各级媒体采用 50 余条；认真谋划开展“6·5”世界环境日和“4·22”地球日等重大纪念日活动，发出宣传资料 10000 余份，接受群众现场咨询 200 余人次；组织人大代表、政协委员及市民代表召开座谈会，及时了解他们对环保工作的意见和建议；深化环保课进党校、进中小学课堂，组织企业开展环保知识培训，深入推进全民环保教育。但是由于地方财力和教育基础不同，导致各地区对生态环境保护的宣传科普的重视程度不同，各地区普遍存在宣传方式单一、受众群体不足、宣传时间固定等问题。

二 生态教育的普及

教育是立国之本，经济的发展离不开教育，社会的进步也离不开教育，加强生态教育建设有助于提高国民环保意识，促进环境保护的长效发展。武陵山生态环保联合会在张家界国家森林公园学校举行“武陵山生态环保联合会少儿环境教育基地”授牌仪式，张家界国家森林公园学校为少儿环境教育基地专门制定了相关“创绿”行动纲要，其内容主要包括：把建立武陵山生态环境保护联合会少儿环境教育基地和创建绿色生态文明示范校纳入张家界国家森林公园学校的发展规划和年度工作计划之中；建立雨水收集储存系统和生活污水的净化处理装置，利用人工湿地和生态水池，为有机农场和四季果园提供浇灌，也可用于厕所冲洗，做到水资源循环利用。通过这些措施的制定和实施，培养学生保护生态环境的意识，使学校成为溪水之源，通过学校影响带动社会生态环境保护。但是片区的生态教育都集中于少儿环境教育，对成年人的生态教育严重不足。

三　合理引导生活方式

武陵山片区民族众多，各民族文化和信仰差异较大，因此在环境保护的过程中要尊重各民族信仰，合理引导各民族生活方式。以酉阳县为例，酉阳建县两千多年，人文底蕴深厚，在充分继承和保护土家族民族文化等传统文化精华的基础上，培育以土家族文化为核心的酉阳自治县山地生态文化体系。一是实施生态文化工程，充分挖掘和保护历史文化资源。大力发展生态文化产业，合理利用和开发历史文化资源，建设具有地域特征的生态文化体系。保护和继承土家民间文化，保护民间文化载体和民间文化媒介。二是实施生态文化教育行动，重视全民生态教育。在学校、社区等地方通过公益广告、展览等方式开展生态文化宣传教育活动，并争取在学校开设相关环境保护课程，将其纳入日常教学内容。三是加快生态文化基础设施建设，并加大对其扶持力度，建设酉阳自治县生态文化网站，实现生态文化资源和信息的共享。四是实施绿色消费行动计划，倡导“绿色消费”。培育“绿色市场”，加强绿色消费保障，以绿色消费推动生态建设。但是由于片区内的民众整体教育水平较低，环保意识淡薄，生态环保的生活方式很难被接受。

第四节　生态补偿现状

国家在2006年制定的“十一五”规划中提出“按照谁开发谁保护、谁受益谁补偿的原则，建立生态补偿机制”。2007年，国家发布了《国家环境保护总局关于开展生态补偿试点工作的指导意见》（环发〔2007〕

130号)，该文件指出，我国将针对四个领域进行生态补偿的试点研究，实现生态补偿机制的全面推进，这四个领域中很重要的一部分就是重点生态功能区的生态补偿。近几年生态补偿政策取得一定的成效，但是更多的是起到了“输血”功能，而要实现武陵山片区生态保护的长期目标，则要进一步建立具有“造血”功能的长效保护机制。

一　生态补偿政策

生态补偿难以真正付诸实施的一个重要原因就是生态补偿政策的缺项，缺少对生态补偿机制建立的基本环节阐述，生态补偿的定量分析尚难完成。同时制定针对不同区域生态保护标准比较困难，使得生态补偿立法落后于生态问题的更新和生态管理的要求，缺少相应法律法规来规范生态管理和促进补偿模式上的创新，导致生态补偿在环境保护中难以顺利开展。

（一）生态补偿法律法规

一方面，国家在法律法规和政策上没有构建统一的补偿体系，武陵山片区内不同地区立法水平参差不齐，各地在立法数量上就存在着较大差异[①]；另一方面，农林及环保等部门大多仅从部门职责和局部利益出发开展生态补偿工作，这就直接造成政策混乱和管理失效，因此，尚处于构建形成阶段的补偿机制难以发挥作用，系统的生态补偿体制更是难以形成。

通过梳理可见，截至2014年10月1日，我国以生态补偿为关键词的关于生态补偿的法律法规不尽健全，见表1-3-2。

表1-3-2　　我国关于生态补偿的法律法规及规范性文件

法律法规效力级别	数量
地方性法规及文件	1
部门规章及文件	2
地方政府规章及文件	54

资料来源：中国知网，中国法律知识资源总库法律法规库。

（二）生态补偿标准范围

我国目前进行生态补偿，其领域主要包括十大领域，有流域、水资

① 汪劲：《中国生态补偿制度建设历程及展望》，《环境保护》2014年第5期。

源、饮用水水源保护、农业、森林、草原、湿地、矿产资源、自然保护区、区域及重要生态功能区。武陵山片区补偿方式主要为政府转移支付，包括一般转移支付和专项转移支付（节能环保类、农林水事务、国土资源气象等事务），采取逐级划拨的方式，从中央到地方，再从地方到县市区。但是，武陵山片区在生态补偿范围的确定上缺乏准确而科学的方法，标准不明晰，并且补偿标准偏低，不能弥补地区在保护环境过程中的机会成本。片区大部分地区的经济发展水平不高，发展基础薄弱，从国家规划层面上看，大多属于限制或者禁止开发的区域，在开展环境保护工作的环节中，不仅投入了大量的资金，同时产业发展受到一定的限制，从而影响到地方经济发展和农民的增收致富，很难调动生态环境保护的积极性。如经营杉木用材林每亩年均收入达 175 元，而公益林补偿标准是自 2013 年提升之后才实行每年 15 元/亩的补助标准，如果个人得不到因为环境保护而应得的补偿，不能满足其基本的生活需要及弥补其因改变土地利用方式的机会成本，必将导致其改变土地利用方式，甚至破坏生态环境进行开发。这种脱离实际的生态补偿政策不具有稳定性，政府与个人之间的委托代理关系一旦被打破，会严重威胁到片区的生态安全。

（三）生态补偿监督体系

目前我国对生态补偿资金的使用情况缺少有效的监督，武陵山片区也是如此。这就造成资金的使用效率与环境保护效果脱节，生态补偿资金的运作情况难以得到量化的评估与反馈，奖惩措施难以实施，责权难以明晰。在这种情况下，尽管国家和地方政府投入了大量的财政资金，但环境保护与区域发展的尖锐矛盾仍然没有得到有效缓解，生态退化的问题并未得到解决，补偿资金没有发挥其应有的作用。

二　生态补偿方式

生态补偿是一项系统工程，是国家和政府对生态环境脆弱地区采取的一种“输血”方式。对于武陵山片区的生态补偿而言，生态补偿的主体不仅包括政府和企业，还包括个人，他们通过投入大量的资金、时间和项目来对片区生态环境进行恢复改善。客体是指在武陵山片区享受到生态环境效益和破坏生态环境的组织和个人。就生态补偿方式而言，主要依靠国家财政转移支付进行生态补偿，它包括一般性转移支付和专项转移支付两种，我国一般性转移支付主要是为了缩小地区间的财力差距，逐步实现基本公共服务均等化。[①] 当前，根据国家法律法规及各项政策的规定，国家确定了与环保工作密切相关的多类专项转移支付，如退耕还林补助金、天保工程资金、退耕还林还草工程等。这些专项转移支付分为可配拨款和配套拨款，后者要求资金接收方必须提供一定比例的配套资金，所以片区内自然林保护工程、天保林工程需要地方财政大量的配套资金来支持。由于生态环境保护项目的经济效率需要一定的时间才能得以体现，所以地区政府更倾向于将地方财政用于可以带来直接经济利益的项目，从而限制了地区经济与生态环境保护的协调发展。

三 生态补偿力度

作为经济不发达地区的代表，武陵山片区的生态补偿资金来源较单一，主要来自中央财政。因此，作为重要生态屏障的武陵山生态功能区，丰富其生态补偿渠道与方式是生态环境保护建设的客观要求，而完善的资金筹措渠道才能确保补偿资金的充足。就目前的现状而言，片区过于依赖中央财政支持的补偿模式已经难以满足区域环保需要，补偿模式面临着改革与完善的需求。片区内现行的生态补偿采取“一刀切”的方式，导致生态补偿的政策脱离实际，没有考虑片区在自然环境和经济基础上的差异，也忽视了环境保护参与者的受偿意愿，影响政策的实施效果。

总之，依据《全国主体功能区规划》中的界定，作为限制开发区的武陵山片区，其基本功能是保持水土和维护生物的多样性。从环境经济学及生态补偿政策的角度来看，构建在国家主体功能区框架下的生态补偿机制是十分必要和紧急的[②]。生态服务天然的外部性与公共产品属性决定了限制开发区域在进行生态服务供给的过程中，必然面临着生态浪费、供应过量或者不足等现实问题，而生态补偿制度作为调解生态主体之间利益的有效制度，能缓解生态服务透支开发、使用，限制生态服务的无节制供给，从而确保生态环境的和谐与稳定，为人类社会的可持续发展提供保障。

---

① 宋小宁、陈斌、梁若冰：《一般性转移支付：能否促进基本公共服务供给》，《数量经济技术经济研究》2012 年第 7 期。

② 国家民族事务委员会：《武陵山片区区域发展与扶贫攻坚规划（2011—2020 年）》。http：//www. seac. gov. cn/art/2013/3/18/art_ 6497_ 179231. html，最后访问日期：2015 年 12 月 21 日。

第五节　生态环境保护存在的问题

生态环境保护关系到整个生态系统的正常运行，也关系到每个人的切身利益。武陵山片区在生态环境保护中采取了一系列的措施，但是受各种因素的影响，并不能实现该地区生态环境保护的长效发展，主要存在以下几个方面的问题。

一　环境保护动力不足

环境保护不是靠个人就能够实现的，是需要依靠全社会共同的力量来完成的。而在武陵山片区，有些政府部门更加注重经济发展，忽视环境保护。有些地区甚至依然坚持走先发展后保护、先污染后治理的老路，环保措施得不到贯彻实施。许多企业也把追求经济效益放在首位，不合理开采资源，破坏环境，不注重环境保护。由于该地区民众大多受教育程度低，环保意识不足，从而导致环境保护动力不足。

（一）民众环保意识薄弱

目前，民众对武陵山片区生态环境保护的重要性和紧迫性认识不足，习惯于政府的行政力量约束，缺乏主动保护生态环境的意识。在生态教育过程中，缺乏将思想教育与实践教育相结合的具体措施。企图通过单方面的宣传教育进行思想熏陶，而不采取与民众实际生活密切相关的措施，在这种背景下想要达到提高公众环境保护意识的目标显然是不现实的。

（二）企业社会责任欠缺

企业生态责任是指企业在经济活动中，充分考虑自身行为对自然环境产生的影响，并尽量将企业对环境的负外部性降至最低水平，实现建成“资源节约型和环境友好型”生态企业的目标。部分企业为节约成本随意排放废水、废气、固体废弃物等污染物，造成生态环境严重污染。企业以营利为目的无可厚非，但不应以牺牲生态环境为代价。《中华人民共和国环境保护法》虽然明确指出企业有保护环境的义务，并且对自身所造成的损害承担责任，但在实施过程中并未严格执行，部分企业仍以牺牲生态环境为代价谋取经济利益。

（三）政府管理体制不健全

一是环境监管体制有缺陷。地方环保部门的人事任免权和财权均由当地政府掌握，其首要工作目标是服务经济发展而非环境保护；地方环境保护职能由环保、发改、经信、农林、交通、国土等多个职能部门联合履行，环保部门难以进行统一监督管理；部分部门不重视自身环保任务，敷衍现象较严重。以上原因导致地方环保部门不能真正发挥环境保护职能，实现保护环境目的。二是地方政府不作为。地方政府对环境基础设施投入不足，导致污水处理、集中供热等环境基础设施落后，严重污染环境；地方政府对环境违法企业存在偏袒行为，对环境执法进行干预；环境信息公开不及时、不全面甚至不准确，尤其是污染信息。三是行政分割的阻碍。武陵山片区涉及4个省市71个县市区，行政分割比较普遍。在相邻地区竞争合作中，当地企业利益作为首要考虑范围；在产业规划中，污染大的企业工厂往往布局在地区交界的地方，然而在环境执法中，边界地区执法力量较弱。

二 生态产业发展不完善

环境保护不能单纯依靠生态补偿和宣传教育，必须变“输血”为“造血”，但是在发展过程中，由于武陵山片区产业结构不尽合理，加上产业发展转型升级缓慢，从而严重影响片区在生态环境保护上的长效性。

一是生态农业基础薄弱，生态环境脆弱。片区内人均耕地面积为0.81亩，低于全国平均水平，区内土壤贫瘠，耕地中土质退化的土壤面积较大，低产田的比重超过60%。

二是生态工业发展滞后，特色产业规模小，产业集群能力弱。武陵山片区受自然条件、历史发展等多方面因素的制约，工业发展基础设施薄弱，支柱产业缺乏，地方配套能力不足，片区整体工业发展水平落后于全国其他地区。

三是生态服务业缺乏区域合作机制，协作能力差。受自然和社会经济因素影响，交通网络不健全导致各地区联系不畅，区域发展不平衡。大量劳动者前往东部沿海发达地区，人才及劳动力缺乏，也是制约第三产业发展的一大重要因素。

三 生态补偿机制不健全

生态补偿是国家为了鼓励和支持各地区加强环境保护而建立的投入机制，目前主要是纵向补偿，但是在武陵山片区，生态补偿机制不尽合理和完善，主要表现在以下几个方面。

（一）生态补偿政策不完善

首先，中央关于武陵山片区生态补偿的配套政策缺乏，使得武陵山片区的生态补偿缺乏法律政策依据，补偿措施无法得到持续性的贯彻执行。其次，各地方的补偿政策不健全，武陵山片区作为国家重点生态功能区，生态补偿的资金主要来自于国家转移支付，省级财政和地方财政在补偿中的支付比例较小，各地没有制定合理的补偿政策，没有充分有效利用环境资源来实现生态资本运营的市场化。再次，生态补偿资金分配缺乏政策保障，由于片区生态环境涉及发改委、财政局、环保局、水利局、林业局、国土资源局、社会保障、社会管理等多个部门，各个部门在生态环境保护方面的职责属于条块分割，这就导致资金使用的分散和重叠，不利于资金形成合力，大大降低了资金的使用效率。最后，各地区在生态补偿上没有形成强有力的监督体系，不同层级政府之间事权不明晰，生态补偿资金用途不公开透明，社会公众无法参与到利益分配中来，不利于生态环境保护整体效果的提升。

（二）生态补偿结构不合理

武陵山片区大部分地区的经济发展水平不高，发展基础薄弱，而且被划分为优势开发区、重点开发区、限制开发区、禁止开发区，在决定各地区的补偿标准时，没有将各地经济、社会、环境等因素作为补偿依据，确定转移支付额度，导致补偿标准不科学，不利于当地生态环境的保护。

从补偿的主客体角度而言，武陵山片区的生态补偿资金唯一来源是政府财政支付，并以中央对地方的转移支付为主，没有形成市场补偿机制，补偿方式以纵向转移支付为主，导致片区的生态补偿缺少灵活性，受到国家财力和分配政策的制约。生态环境的受益者没有为其生态产品的消费付费，生态环境的破坏者没有因为其破坏行为受到惩罚，没有体现出生态补偿的权、责、利关系，也没有解决生态服务这种公共产品的供需问题。[①] 片区生态补偿公共负担的原则影响补偿资金的稳定，不利于环境保护的长期性。

从补偿方式来看，武陵山片区主要依靠政府财政转移支付和专项支付，分配方式单一且不合理。以环境保护专项资金支付为例，由于环境保

① 杨晓萌：《中国生态补偿与横向转移支付制度的建立》，《财政研究》2013 年第 2 期。

护专项资金涉及的部门较多，导致资金在使用和管理上存在分散和重复，带来管理成本的增加和资金的流失，严重影响资金的使用效率，在限制开发和禁止开发的前提下，现行的专项转移支付大多是一种“就事论事”的成本性补偿方式，这样一种“输血”式的财政补偿不能从根本上调动片区进行生态环境保护的积极性。

（三）生态补偿力度不够

国家转移支付只规定了应补助的数额，但未规定资金分配比例和用途。国家重点生态功能区转移支付主要用于生态环境保护和基本公共服务两方面，在资金的实际运用中，转移支付资金在两个方面之间的分配比例差异巨大，用于基本公共服务的资金远远超过了用于生态环境保护的资金，在一定程度上导致生态环境保护滞后。

四 法律法规不健全

法律法规是环境保护的有力保障。而在武陵山片区，由于涉及4个省市，71个县市区，地域差别大，政令不统一，法律法规不能得到有效贯彻实施，从而不利于环境保护的长远发展。

（一）价值取向不统一

各省市对环境保护的立法目的不统一，如《湖北省环境保护条例》和《贵州省环境保护条例》立法目的都为促进经济和社会发展，偏重于经济社会的发展，体现的是“人本位”思想；《重庆市环境保护条例》直接把“促进人与自然和谐发展”作为立法目的，强调人与自然的和谐发展；而《湖南省环境保护条例》则未明确说明立法目的。

（二）法律体系不健全

一个完整的部门法体系需要宪法、基本法、单行法和行政法规作支撑，最终形成金字塔状的法律规范体系。《环境保护法》由全国人大常委会通过，立法层次相对较低，权威性不够。首先，主管部门能够以生态保护适用专项法为由而拒绝适用环保法；其次，农业、国土等部门均强化了本部门资源保护和污染防治工作，抵触甚至否定环保部门的工作；最后，各级地方政府在制定地方法律法规时缺乏统一的指导思想、方法、措施及手段。另外，武陵山片区缺乏综合性区域立法。武陵山片区地域辽阔，涉及4个省市71个县市区，跨越多个不同级别的行政区域，各行政区域都有自己的环境资源法律法规，并且在边界区域容易出现生态保护的真空地带，缺乏综合性区域法律法规来实现对该区域环境资源的全面保护。

武陵山片区的生态环境问题，与我国现阶段基本国情、社会发展阶段和体制机制不健全等因素密切相关。部分地区片面追求经济发展速度，忽视了对生态环境的保护，所以片区必须加大环境监管力度，吸取国外生态环境污染的教训，保护生态环境免受破坏。对于生态环境遭到破坏的地区，要做好打攻坚战和持久战的准备，同时借鉴国外生态环境保护的经验，坚持不懈治理环境污染，大力推进生态文明建设。

第二篇

国外生态环境保护的经验借鉴

随着经济全球化进程的加快，环境问题已成为制约全球经济和人类社会发展的重要因素。从国外环境治理经验来看，各国生态环境保护各具特色。尤其是欧洲和美洲最具代表性，其以市场为导向，以政府资金作为保障，全民参与生态治理和维护的生态环境保护实践取得了良好成效。亚洲一些地区在生态环境保护制度的建设和环保意识的教育上颇有建树，这些地区在生态环境保护上的先进经验对我国武陵山片区生态环境保护长效机制的构建具有借鉴意义。

第四章

欧洲生态环境保护实践

纵观欧洲的生态环境保护历程，基本上都经历了先污染后治理的过程。两次工业革命给欧洲各国造成了生态环境的破坏，在经过各国人民几个世纪不断的努力后得到极大的恢复与改善。欧洲在生态环境保护方面取得的成就为世界其他地方的生态环境保护树立了典范。本章主要介绍了欧洲生态环境保护概况、欧洲生态环境保护实践和欧洲生态环境保护对武陵山片区生态环境保护长效机制构建的经验借鉴。

第一节　欧洲生态环境保护概况

欧洲环境污染可以追溯到七八百年前开始使用燃煤的年代。蒸汽机的发明与使用，在把工业革命推向高潮的同时也导致生态环境质量急剧下降。经过第二次工业革命，煤炭、石油等化石燃料和电力逐渐成为生产生活的主要能源，环境污染问题成为经济发展面临的一大挑战。

一　欧洲环境污染的历史

18 世纪下半叶，工业革命从英国开始，随后扩展到法国、德国等欧洲其他国家，以蒸汽机的使用为标志，以煤炭等化石为燃料的机械动力逐渐取代手工劳动。工业发展的同时也带来了一系列的环境问题。这一时期欧洲的环境污染源相对较少，污染范围不广，污染事件只发生在局部地区或国家，环境污染尚处于初发阶段。[①] 20 世纪 30 年代后，内燃机成为比较成熟的动力机械，以其为动力的汽车、拖拉机和机车等在世界先进国家

---

① 梅雪芹：《工业革命以来西方主要国家环境污染与治理的历史考察》，《世界历史》2000 年第 6 期。

普遍地发展起来，石油制品在人类能源构成中的比重大幅度上升，在这一时期，大型火力发电也应运而生，二氧化硫和烟尘的排放量迅速增加，此阶段英国的伦敦、比利时的马斯河谷、美国的多诺拉相继发生了烟雾事件。20世纪50年代，工业化与城市化进程加快，城市化过程中工业和城市生活废弃物也大大增加。工业生产的废水、废气、废渣及城市生活垃圾任意排放到大气、河流、海洋、土壤中，使得生态环境日益恶化。随着环境问题日益突出，人们逐渐认识到生态环境破坏的危害性。其中，具有代表性的是1962年蕾切尔·卡尔逊出版了《寂静的春天》一书，在书中作者对生态环境破坏做了深刻的描述，阐述了生态环境正在遭受工业污染所带来的危害，引起了人们对环境保护的重视。

在遭受了严重的生态环境破坏之后，发达资本主义国家逐渐认识到生态环境对人类生存发展至关重要。于是欧美发达资本主义国家逐步制定了应对生态环境污染问题的措施，区域性的和民间的环保组织不断涌现，环保制度和法律逐步制定和完善，公众的环保意识不断增强。

二　欧洲生态环境保护背景

欧洲的生态环境保护是在欧洲地理概况和经济发展背景下采取的最具针对性的措施。欧洲在生态环境治理的发展过程中实现了水资源和森林资源的有效保护。了解和分析欧洲水资源治理和森林资源保护措施的背景是分析欧洲生态环境保护的重要前提。

（一）欧洲水资源保护背景

欧洲的河流大都跨越地域边界或疆域，例如莱茵河发源于阿尔卑斯山，流经许多国家，流域面积广，经过列支敦士登、奥地利，主要支段在德国、法国，在荷兰鹿特丹港流入北海，全长1390公里，流经的国家主要有9个。莱茵河流经的上游、中游、下游的国家间水资源的使用以及水环境保护的政策具有一定的差异性，不同国家对水资源的使用以及管理存在许多分歧，国家间为了各自利益经常制定对自己有利的环境保护政策，针对水资源的保护，国家间甚至会出现“踢皮球”的现象，导致流域系统水资源质量不高或难以实现效用最大化，甚至有可能给弱势流域的国家带来损害，国家间经常出现相互诘难，甚至为了自身利益不惜发动战争。[1]

---

① 周刚炎：《莱茵河流域管理的经验和启示》，《水利水电快报》2007年第5期。

自20世纪70年代以来，欧洲各国都出台了一系列关于水资源保护的政策，制定这些政策的目的是减轻水资源给经济发展带来的压力，并尽可能消除人类对水资源污染的可能性，保护公民的身体健康和社会经济持续性发展。20世纪70—80年代，欧洲开展了第一批水立法工作，制定各种用水的水质标准。90年代之后制定的第二批水立法更加重视源头控制。到21世纪，欧洲制定了更为完善的水资源及水环境全方位综合管理的有效政策，使欧洲水资源保护工作进入新常态。

（二）欧洲森林资源保护背景

20世纪90年代起，欧洲各国逐年加强对森林资源生态保护的财政支持力度，形成了森林生态补偿的战略协议，建立了科学合理的森林保护行动框架，加强了对森林资源的可持续管理。2003年起，欧盟借助农业政策实行了“绿箱”措施，农业管理中心的工作重点逐渐转为环境保护；[①] 同时，加强对农业环境的改善，促进欧洲森林生态补偿的建设和创新。在各种相关举措和机制的共同作用下，形成了较为完善的森林生态补偿体系。

三　欧洲生态环境政策体系发展

随着环境污染状况的发展变化，欧洲生态环境政策也做出了相应的调整，先后经历了萌芽阶段、初步形成阶段、发展完善阶段以及当前针对生态环境保护需要的新发展阶段。

（一）欧洲生态环境政策的萌芽阶段

这一阶段欧共体的大多数成员国已进入了近代工业社会，但是人们对环境保护的认识还不够深刻。技术进步促进了社会生产力的发展和生态效率的提高，同时也带来了一系列的环境问题，如水资源污染、土壤污染、空气质量下降、生物逐渐消亡等，自然、社会与人之间的矛盾日益突出。此时，环境保护的政策法规还处于萌芽阶段，环境问题该如何应对，包括欧共体在内的西方发达国家对此缺乏深刻的认识，只是进行了一些末端的污染治理立法，无法从根本上解决问题，例如，英国1956年颁布了《清洁河流法》、荷兰在1962年制定了《公害法》、意大利在1966年实施了

---

① 姜双林：《欧盟农业环境补贴法律制度的嬗变及其对中国的启示》，《法治研究》2008年第6期。

《大气清洁法》。随着环境污染的日益恶化，欧共体在 1972 年 10 月 19 日至 20 日的巴黎政府首脑峰会上强调了欧共体制定实施环境保护政策的重要性，要求共同体成员在一年后制定出具有可行性的环境保护政策。经过西欧国家不断的努力，制定实施的一系列环境政策才初见成效。

（二）欧洲生态环境政策的初步形成阶段

1972 年至 1987 年是欧洲环境政策的初步制定阶段，其中 1972 年是欧洲环境政策发展的标志性一年。欧洲及世界其他发达国家都意识到污染大多来源于人类在生产中的不当活动，需要环境法律和环境政策来规范人类的行为，此阶段施行的相关法律法规如表 2-4-1 所示。

表 2-4-1 欧洲生态环境政策初步形成阶段的相关法律法规

时间	政策法律
1971 年	《人类环境宣言》
1973 年	《欧共体第一个环境行动规划（1973—1976）》
1977 年	《欧共体第二个环境行动规划（1977—1981）》
1983 年	《欧共体第三个环境行动规划（1982—1986）》

资料来源：唐秀丹：《欧盟环境政策的演变及其启示》，大连理工大学，2005 年。

（三）欧洲生态环境政策的发展完善阶段

经过欧共体成员国的认可和大力支持，从 1987 年《单一欧洲法》到 1992 年《欧洲联盟条约》，欧盟在此期间颁布的关于环境政策的法令有一百多项，正因为这些法律措施的落实，才使得欧洲在环境保护方面取得了重大成果，环境政策和机制也逐渐走向成熟。这些政策和机制深刻地阐明了环境和经济之间的辩证关系，明确了采用多种手段来处理环境问题的重要性。

（四）欧洲生态环境政策新发展

近年来，欧洲生态环境政策的改革和发展备受关注，在第六个环境行动计划结束之后，欧洲又提出了一系列环境行动指南和计划，包括生态创新行动计划、生态管理和审计计划、资源效率路线图计划、海洋战略框架指令等（见表 2-4-2）。[①] 其目标是将欧洲建设成为具有可持续性、战略性、深度和广度的一个经济体，提升欧盟各成员国的就业水平，提高欧盟

① 邓翔、瞿小松、路征：《欧盟环境政策的新发展及启示》，《财经科学》2012 年第 11 期。

生产力水平和社会综合能力。在此背景下，欧洲环境部门也提出了关于大气保护、生物多样性、海洋资源、社会创新、科技水平等许多方面的一系列环境行动指南和计划。

表 2-4-2　　欧洲环境行动指南和计划

计划名称	内容
生态创新行动计划	这是欧洲委员会 2011 年年底提出的一个最新行动方案，旨在加快各成员国的生态创新进程，并推动各项创新技术进入市场，从而实现提升资源利用效率和保护环境的目标。
生态管理和审计计划	这是面向欧盟企业和其他社会组织来自愿参加评估、报告、改善各自环保表现的一种管理工具。企业与环境保护计划严格要求组织进行初始环境评审，加入这一计划，企业和组织自愿参与并接受民众的监督，从而降低行政成本。①
资源效率路线图计划	路线图涵盖了生态系统服务、生物多样性、矿物和金属、水、空气、土地、海洋资源七大方面的资源利用效率规划，并详细设定了各自 2020 年应实现的中期目标。它的最终目标是要在 2050 年实现欧洲经济有竞争力的包容性和可持续增长，并同时推动全球经济的转型。
海洋战略框架指令	采用了以生态系统为基础的方法管理人类对海洋环境的利用，其目标是为了降低人类活动对海洋环境影响，实现海洋资源保护和可持续利用，最终保持欧洲的良好环保状态。

第二节　欧洲生态环境保护实践

欧洲地势较为平坦，海拔较低，对水资源需求量大，其中工业用水量大，地下水遭到过度开采，出现地面下沉等问题。同时，早期工业发展带来的废水未经处理便直接排放到河流和地下，造成了严重的水体污染，此外，欧洲工业化和城市化的发展，导致森林资源遭到严重的破坏，给欧洲经济发展、公众生存的环境带来了威胁。经过各国政府的不懈努力，采取了一系列应对生态环境破坏的措施，欧洲在水资源和森林资源的保护和治理上已经形成了较为完备的补偿机制，为全球尤其是武陵山片区的生态环境保护提供了借鉴与参考。

一　欧洲水资源生态保护举措

欧洲的河流大多流经多个国家，国家间的具体水资源保护政策也不尽

---

① 黄进、侯珊、林翎：《环境管理体系阶段性实施指南（ISO14005）促进欧盟生态管理与审核计划（EMAS）与环境管理体系体系（ISO14001）的协调实施》，《标准科学》2012 年第 8 期。

相同。他们根据本国的基本国情及行政管理制度制定了各种水环境保护政策。

（一）法国水资源治理

1964年之前，法国对水资源按行政区域划分并进行管理。随着工业化、城市化的深入发展，工业废水的大量排放，水污染不断加剧。旧的管理模式已不适应日益加剧的环境变化。于是，法国于1964年对水资源管理体制进行了重大改革，颁布了全新意义的水法，开展以流域为核心的组织管理，在各流域建立流域委员会和水管局，统一规划和管理水资源，在保护环境的前提下实现流域水资源的高效开发利用。

法国水资源治理特点：一是成立流域委员会，明确提出了以自然水文流域为单元的流域管理模式。它既具有“议会”的特点，又是一个权力机构，由各利益方的代表组成，通过协商，确定流域水资源管理的大政方针；同时，它又是一个“银行”，能够为地方工程提供资金，实现全流域的治理，也能获得利息回报。二是流域委员会提供水资源治理技术服务。流域委员会提供各种相关技术支持，为流域水资源管理部门举行各类专业技术知识培训。三是流域委员会制定具有实践性的规划。通过流域立法，为流域委员会提供法律保障，为实现对流域全面规划、统筹兼顾、综合治理提供物质基础。流域发展规划5年制定一次，包含战略目标、阶段目标和建设重点。因此，流域委员会对流域水资源可持续利用、流域生态环境保护和流域社会经济可持续发展起了重要作用。①

（二）英国水资源治理

英国的工业用水和生活用水主要来自地表水，地下水在英国总需求中约占30%，且近些年需求量呈下降趋势。虽然英国的河流年径流量不大，但因其国土面积较小，人口总量不多，河流主要流经英国的人口密集地区，水资源人均占有量较多，且地下水资源丰富。在英国，水资源开发利用主要是满足城乡生活用水、工业用水、水力发电和航运的需要。水污染防治是英国水资源开发利用面临的主要问题。

目前，英国是中央政府按流域对水资源实行了统一管理与水务私有化相结合的政策。因此，各流域的水务公司都是供排水一体化的垄断者，为

① 韩瑞光、马欢、袁媛：《法国的水资源管理体系及其经验借鉴》，《中国水利》2012年第11期。

流域提供区域内取水、供水以及废水的收集、处理和排放等服务，其他小型水务公司仍继续为原有用户供水。中央政府依法对水资源进行宏观调控，通过环境署发放取水许可证和排污许可证，实行水权分配、取水量管理、污水排放和河流水质控制。通过水服务办公室颁布费率标准，确定水价，水服务办公室的主任全权负责水服务办公室的工作，不受任何部长的支配。

英国水资源保护具有以下特点。一是流域的水资源统一管理主体是政府，由政府对境内的水资源进行统一的管理，制定相关的政策法规，并对地方提供资金支持。二是公民广泛参与到水资源管理中，英国在每一个流域都成立了消费者协会，它主要由地方政府官员和自愿参加的公民代表组成，他们是地方水管理的参与者，地方水资源消费者协会对供水公司提供的服务以及运行状况进行监督，并为其提出意见和建议，当发现问题时能够督促供水公司及时纠正。三是英国水资源管理资金充沛，来源稳定。国家环境部门每年根据上一年的资金使用状况进行预算，对流域水资源机构进行管理、提供必要的服务等。四是英国水资源经营管理的另一个重要的主体是私有企业。私有供水公司在政府的监督指导下获得水资源管理权后，对政府批准的流域水资源进行经营和管理，并为社会提供水服务。①

（三）德国水资源治理

德国河流水系发达，径流量大，在德国或流经德国的主要河流有莱茵河、多瑙河、易北河和埃姆斯河等。其中莱茵河流域面积最大，约占德国总面积的40%，是德国的摇篮和命脉。德国水资源充沛，完全能够满足工业用水和城市居民用水。为构造一个生态型的国家，改进水资源的原生态，德国制定了严格的法律，严格控制工业污水和城市居民废水的排放，十分注重培养公民的节水意识，倡导全民节约用水、保护水资源。

德国水资源保护具有以下特点。一是重视水资源保护和开发利用。德国每个州都设立环保部门，对水资源进行严格的管理，在水资源的周围都会设立三级保护区，主要目的是防止水质受到污染，一般面积在500平方公里以上的一、二级区域内不准任何公民在此种植和使用农药、化肥，在

① 矫勇、陈明忠、石波等：《英国法国水资源管理制度的考察》，《中国水利》2001年第3期。

第三级保护区内不准堆放垃圾或施用硝酸盐类及硫磷类化合物，防止有害离子随水渗入供水源。德国对污水处理有很高的要求，没有达到政府规定的排放标准的工业污水、城市居民用水以及公路上的雨水不能直接排入河流，各类工厂的工业废水必须经过处理达标后才可以排放，否则将会收到高额的处罚。二是加强乡镇一体化建设。德国水资源管理和使用主要有两方面的措施：一方面实行乡镇一体化、区域集中供水模式，从中央到地方建立了统一的供水管理组织，中央设环保部，地方设环保局，主要负责水资源管理、分配和统一调度。另一方面在州、地、县、乡、村各级建立多个供水公司或供水协会，德国供水管理实行国有制，其中国家控制51%的股份，以保证掌握控制权，主要向企业和公民提供供水服务。供水协会是非营利组织，其经营管理费用及日常开支主要来自供水服务所获取的收入，如果不够则由国家进行补贴，国家的补贴主要用于治理污水。三是德国具有先进的农业灌溉技术和设备，最大程度地提高水资源的利用率，现代农业较为发达。四是注重运用经济手段进行调节。德国政府在水资源保护方面主要采用经济手段与行政手段相结合的方式，但更多的是采用合理控制自来水的价格和收取污水排放费等经济手段来进行水资源的治理。

（四）莱茵河流域治理

莱茵河发源于瑞士境内阿尔卑斯山，自北向南流经瑞士、奥地利、德国、法国、卢森堡、比利时和荷兰鹿特丹港口后流入北海，流域面积约170000平方公里，在欧洲仅次于伏尔加河和多瑙河，居第3位。20世纪70年代莱茵河流域管理走的是先污染后治理的道路。第二次世界大战后，工业复苏，城市重建，水资源受到过度开发，带来了很多严重的后果。工业污染导致水生物种群的数量大幅度缩减；河流丧失了应有的生命活力，灾害频发；河流生态系统逐渐恶化，经过多年的水污染治理，莱茵河的水质现已逐渐净化。

莱茵河治理具有以下特点：一是实时监测保护。欧盟成员国在莱茵河上游、中游、下游以及支流上建立水质监测站，对流域水质进行实时监测，一旦发现水质不符合要求及时报告，根据水质情况及时查处污染源，并采取相应的措施。二是把生态环境保护作为政府的一个重要目标。欧盟成员国加强对流域生态系统的保护，制定科学的生态法律、法规和政策，加强流域的综合治理。三是有成熟完善的流域合作机制。各成员国之间加强合作，对流域内的水质监测实行严格的管理，着手莱茵河生态系统的建立，加强对流域污染源的监控。

二　欧洲森林生态补偿举措与机制

利用先进的科学技术和各项政策，欧盟逐渐形成了比较完善的森林保护体系。例如，森林发展战略、环境金融工具、共同农业、农村发展政策等。其中，环境金融工具对森林的保育和修复产生了巨大作用，而林业补贴、生态标签认证和林业碳汇交易也对欧盟生态森林资源保护和价值利用做出了很大贡献。

一是利用欧洲环境金融工具促进森林生态建设。通过使用先进的环境金融自助工具，大大提高了欧洲环境政策和立法的科学化水平，有利于实现欧洲环境相关项目的价值。先进的管理工具不仅能够有效解决环境补贴问题，同时也实现了政府支付补贴形式的多元化，利用经济和金融措施创新林业的补贴方式。

欧洲环境金融工具主要从以下几方面发挥作用。第一，加大对森林修复的支持力度，利用环境金融工具资助了部分森林修复项目。比如野鸟指令，清理针叶林和阔叶林区域，治理杜鹃花和蕨菜以控制其生长，控制放牧活动等森林修复项目。环境金融工具通过对森林的修复，使之发挥最大的效能。第二，实现对生物多样性的保护。森林资源是目前拥有生物多样性最多的生态系统，绝大多数的生物都直接或间接地与森林有着密切的联系，通过使用先进的环境金融工具加强对森林生态系统的修复和管理，根据各生物的具体特点和生存繁殖条件，制定适合生物生存的保护措施，促进森林系统生物多样性的建设。第三，提高森林管理水平。通过使用环境金融自助工具促进森林管理方式的灵活性，实现项目资金使用透明化、管理水平标准化、后续保障持续化，对欧洲森林生态补偿制度建设起到了不可替代的作用。

二是政府加强林业补贴的力度。20世纪六七十年代欧洲和北美开始施行现代林业补贴政策。林业补贴是政府及其关联机构实施的有利于林业生产者的公共财政支持措施。林业补贴的主要对象有：对林业生产者的补贴，对林产品消费的补贴以及为提高林业管理水平而实施的服务补贴。其中，直接林业补贴是根据政策目标要求通过签订契约的方式执行，提高对林业部门和林业贡献者的费用补贴，给予其技术、资金、设备等直接的支持，以及政府采购或进行价格补贴支持，而间接的林业补贴主要是通过对林业的减免税费来实现的。①

三是采取森林生态标签认证措施（森林认证体系）。森林生态标签认证是一种通过市场手段实现森林生态补偿的途径，在自愿的基础上，运用到森林及其林业相关的产品上而形成的森林认证体系。此措施的目的在于减少商业产品和服务对森林环境的破坏。

自生态标签颁布以后，被授予生态标签的商品在获得消费者高度认可的同时，也帮助消费者做出更为理性的选择，调动各个利益相关方的积极性，从而通过市场鼓励机制来推动森林可持续发展。泛欧森林认可体系的施行对欧洲森林生态补偿制度的完善起到了不可替代的作用，该认可体系的作用主要体现在以下几个方面：一是维护森林生态系统的健康与活力；二是提高生态系统的多样性；三是加强森林土壤和水管理的保护；四是加强和鼓励森林木材和非木材的生产；五是发挥森林资源和全球碳循环的作用；六是加强社会经济功能建设。②

四是落实林业碳汇交易。林业碳汇交易是指通过造林、再造林吸收空气中的二氧化碳，降低空气中二氧化碳的含量，通过碳汇交易来帮助发达国家减排的同时帮助发展中国家减贫。碳汇交易作为森林生态补偿的一个主要组成部分，已经成为保护生态环境必不可少的措施。在全球经济迅速发展的同时，碳汇交易的发展也日趋成熟。

欧洲实行的林业碳汇交易体系是可以有效减少工业温室气体的重要举措，也是欧洲应对气候变化的关键决策。通过市场手段控制温室气体的排放额度，对吸收温室气体的林场经营者给予一定的经济补偿。然而，这并不是简单的经济补偿，而是森林生态服务的购买者与造林主体的一种商业交易行为。欧洲林业碳汇交易制度在环境保护和提升森林经营者的生活水平方面都有非常重要的意义。一方面，通过提高森林覆盖率来实现森林可持续经营；另一方面，通过市场手段对吸收温室气体的生态服务经营者给予应有的经济补偿。

---

① 吴柏海、曾以禹：《林业补贴政策比较研究——基于部分发达国家林业补贴政策工具的比较分析》，《农业经济问题》2013 年第 7 期。

② Michael、Lammertz、赵文霞：《适合德国小规模森林经营的泛欧森林认证体系》，《林业与社会》2002 年第 1 期。

第三节　欧洲生态环境保护经验借鉴

欧洲国家的生态环境保护做法各具特色，方法多样。水资源的保护方面，法国在各流域建立了流域委员会和水管局，统一规划和管理水资源，对水资源按行政区域划分并进行管理；英国实行中央与地方相结合的水资源管理体制，吸引公民及私有企业参与到水资源保护中去；德国自身非常重视生态环境问题并大力实施水资源保护措施，引入经济手段实施水资源保护，莱茵河治理工程是其合作机制的成功案例。森林资源保护方面，利用环境金融自助工具、采用森林生态标签认证、落实林业碳汇交易等举措，形成了比较完善的森林生态保护体系。

一　欧洲水资源生态环境保护经验借鉴

在分析了法国、英国、德国及莱茵河水资源现状及保护特点后，归纳出以下可供借鉴的欧洲水资源管理经验，可为武陵山片区生态环境保护提供经验借鉴。

一要对水资源管理进行立法保护和监测。依法对武陵山片区水资源进行管理，形成完整的水法规框架体系，对不同的环境阶段，制定不同的法规制度进行管理。

二要建立统一的水资源管理机构。欧洲委员会和管理委员会对于跨地区的流域水资源管理和保护意义较为重大，成员国在管理机构的管理和帮助下实施环保措施，我国武陵山片区同样需要一个统一的区域性水资源保护机构对流域内的水资源进行综合治理和保护。

三要搭建信息共享平台。在欧洲的水资源治理中，欧洲委员会组织编制了一系列的指导性文件，总结水资源管理和保护的经验及案例。同样，武陵山片区流域内各个地区都要提交工作报告，进行评价并做经验总结。对试点进行综合评价，为开展新的示范工作提供经验借鉴，为进一步完善水资源管理积累宝贵的经验。在此基础上，再由武陵山片区统一的水资源治理机构不断修改完善，制定出具有参考价值的指导方针和政策建议，提供更多更有效的水资源管理措施，实现信息的共享。

四要实行自主灵活的管理。欧洲委员会针对不同成员国的不同阶段制定了不同政策，水资源管理保持持续性和周期性，明确各类目标完成的时限。武陵山片区在保证基本原则的前提下，应给予各地区充分的自主权，尊重每个地区的差异，协调管理，充分调动各地区流域管理的积极性。根据各个地区的水文状况、地理环境、经济发展水平等因素制定统一的管理办法，明确水资源管理的基本目标，因地制宜地制订水资源治理方案。①

五要构建生态环境约束机制。主要包括公众参与、反馈和监督机制。各成员国要定期提交报告，促进成员国之间的经验交流，完善欧盟水资源法律的修订，实现欧洲水资源管理规范化、法制化的建设。武陵山片区执法机构要加强在生态环境保护管理上的规范化和法制化，加强执法水平和管理能力建设，充分调动公众、媒体和环保组织对片区环境保护的积极性；各地区之间加强交流与合作，完善跨区域环境保护合作。

二 欧洲森林生态效益补偿经验借鉴

欧洲通过利用环境金融自助工具、采用森林生态标签认证、落实林业碳汇交易等举措形成了比较完善的森林生态保护体系。我国的森林效益补偿政策及实践存在以下问题：政策制定过程中主体单一、管理不集中、保护实践中公民参与度不高、环境金融工具落后等。我国武陵山片区的森林生态补偿实践可以从中汲取经验：

一要制定健全的法律政策体系。我国现有森林生态补偿的环境政策和法规基本是由人大和政府等相关部门制定的，政策法律制定主体较为单一，公民参与程度不高。而在欧洲，环境政策决议是有公众参与的，从而保证了政策制定的合理性、公平性、合法性。我国可以借鉴欧洲的政策，调动政府、社会组织和公众的积极性。

二要鼓励公民积极参与，制定合理的林业补偿标准。我国关于林业补贴的大部分标准都是由政府部门来制定，很少有公民能参与，不能充分反映林业经营者的意志。因此，在结合我国林业具体情况的基础上，学习欧洲的森林生态实践经验制定我国的林业补贴标准。

三要落实林业资源的保护补贴。虽然我国也有类似的依靠国家财政补贴的林业经营者，但是由于分布不集中导致管理上存在相当大的难度，通过政府补贴而进行的森林生态补偿措施作用不明显。因此，可以根据我国

① 鲍淑君、翟正丽、高学睿等：《欧盟流域管理模式及其经验借鉴》，《人民黄河》2013年第3期。

国情，借鉴欧洲的自愿性林业协议与大洋洲所实施的林业补贴申请审批制度来解决我国的林业补偿问题。

四要将政府财政支出与环境金融工具创新支付相结合。环境金融工具在欧盟森林生态补偿制度中功不可没，是一种非常有效的公共财政补贴手段。当前我国的森林生态补偿依然还是一种比较传统的方式，仅仅依靠政府的公共财政支持，并不能满足环境政策的需要。

第五章

美洲生态环境保护实践

以美国为代表的美洲地区在土壤、水环境和生态功能区保护方面做出了不俗的成绩：土壤保护方面，以美国农村土地保护性储备项目计划（CRP）和棕色地块治理项目为典型；水环境保护方面，美国营养元素交易和纽约清洁工水项目较具代表性；生态功能区保护方面，哥斯达黎加生物多样性保护工程和美国缅因州林区保护项目举世闻名。在这些项目实施过程中，由政府主导，地方政府执行，社会组织和公众广发参与，同时以法律和制度规范为保障，充分利用市场的作用建立补偿机制是美洲生态环境保护取得成绩的关键因素。本章将在深入分析美洲地区生态环境保护实施背景和过程的基础上，总结相应的经验教训，为武陵山片区建立生态环境保护长效机制提供经验和借鉴。

第一节　美洲生态环境保护背景

美洲的生态环境保护历史源远流长，特别是美国，20 世纪初认识到环境的破坏将会制约经济和社会的发展，美国政府和公众对生态环境采取了一系列的措施，实现了生态环境与社会发展的可持续；哥斯达黎加的生态功能区保护取得不俗成就主要是因为因地制宜地制定了有效措施。

一　美国生态环境保护背景

1930 年以来，美国农业基本实现了全面机械化，农业生产效率得到了极大的提高，但是，成片的荒地被开垦，森林草场覆盖率下降，土地抗风蚀能力降低，沙尘暴天气增多。继机械化之后开始大规模使用化学药品导致土壤有机质含量下降，土壤生产力越来越差，而且进入了“生产能力下降→加大化学药品使用力度→生产能力下降”的恶圈。最终造成美国西部平原农业区出现地下水供给不足、大规模沙尘暴、作物不生等生态环境问题，区域内的生产和生活受到了严重影响。美国政府为了改善这一局面，开始大规模实行美国农村土壤保护工程，其中以1985年开始实施的土地保护性储备计划最为典型。[①] 20世纪中后期，美国的工业进行了较大调整，实现向郊区转移，向南部和西部转移，其间许多工厂被荒废，它们不仅占用了城市用地，而且这些地块在不同程度上被工业的废弃物所污染，形成城市棕色地块。美国政府于1980年颁发了《环境应对、赔偿和责任综合法》（超级基金法），该法案统一规范了棕色地块治理方案。1997年5月，政府推动棕色地块全国合作行动议程，该议程强调要在治理棕色地块上实行公私合营，主张将经济发展和社区环境恢复结合，从源头上解决环境问题。1997年8月，通过了《纳税人减税法》，该法规进一步明确了污染的责任主体，并对棕色地块的治理实行税收减免的优惠政策，并制定了适用于该法的区域评估标准。1998年3月，联邦成立合作部门开展多方合作，在全国确立了16个棕色地块治理的示范社区，吸引了9亿多美元的经济开发基金。2000年10月，振兴棕色地块经济计划出台。

美国水资源总量为29702亿立方米，人均水资源较丰富，但是地域分布不均，东多西少。基于美国水资源分布概况，水资源管理起源于19世纪，发展经历了四个阶段，由单一的治理到可持续的自然式管理，其间经历了多目标开发及流域综合治理阶段，水质优化发展阶段。在美国的明尼苏达州，Rahr麦芽制造公司必须资助农业保护项目才被允许在严格管制的流域地段增加排放量。在北卡罗来纳州的Tar-Pamlico流域，点源污染者们成立了一个协会，内部成员在规定的排放量基础上，可以进行内部交易。若内部成员的排放量超过了额定排放量，就会被罚款，款项用来资助政府相关治污项目。同时政府实时更新法律规定，引入市场化机制的治理模式，在此基础上形成了水营养元素交易制度。

二　哥斯达黎加生态功能区保护背景

哥斯达黎加位于中美中南部，陆地面积51100平方公里，是中美洲第

---

① Siegel P B, Johnson T G, "Break-even Analysis of the CRP: the Virginia Case," *Land Eeonomies* 67 (1991): 447-461.

二小国。境内近一半国土面积是山地和高原，火山活动频繁。同时，位于赤道附近，属于典型的海洋性暖、湿季风气候，年均降雨量 3300 毫米，是世界上最湿润的国家之一，特殊的地理位置和多样的气候造就了哥斯达黎加丰富的生物资源。

多山地的地形决定了该国不适合耕作，但是受历史传统和劳动力素质的制约，哥斯达黎加 90 年代前主要靠种植咖啡和香蕉创收，到 90 年代，香蕉产值占整个农业产值的 35%，农业耕地占国土总面积的 10.32%，畜牧用草场占 45.24%，大规模的毁林开荒使得国家森林覆盖率锐减，水土流失加重，土壤肥力下降。同时，大规模地使用禁用化学农药和杀虫剂，导致种植园附近的土壤、空气和水受到严重污染。

哥斯达黎加单一的传统农业发展方式一方面使得国民经济过分依赖种植业，而且受国际市场的影响很大，另一方面种植业和畜牧业的过度发展严重破坏了生态环境和区域内人民的身体健康，不利于可持续发展。鉴于此，1990 年当地政府根据自身的资源和交通优势，出台了《国家经济结构调整计划》，开始走上了生态环境保护的可持续发展之路。

哥斯达黎加在进行生态保护的战略上坚持践行生态补偿制度，政府以经济的手段来实现森林生态保护的利益分配，从而调节生态保护利益相关者之间的权利义务关系。其突出的贡献在于：第一，禁止改变土地利用方式；第二，创立国家森林办公室；第三，成立了国家森林基金；第四，提出了生态有偿服务概念，并规定了资金来源。此后逐渐形成了比较完善的森林生态补偿机制，也得到了国际上的广泛认可。①

第二节 美洲生态环境保护举措

美国的土壤环境保护措施具有很强的针对性，农村的土壤保护是为了达到改善土壤、提高水质、保护野生动植物栖息地环境的目标，因此在农村主要实施休耕保护计划，退耕还林和还草工程。城市的土壤治理侧重地块的恢复，以达到重新利用的目的，因此在城市主要实行有计划的治理，私有地块实行“谁来发，谁保护”，公有地块实行“谁受益，谁补偿”的

---

① Daniels A E, Bagstad K, Esposito V, et al, “Understanding the impacts of Costa Rica’s PES: Are we asking the right question,” *Ecological Economics*, 2010, 69 (11): 2116-126.

方针。水土资源的防护与治理是武陵山片区生态环境治理的重点，美国的先进水土生态治理模式对于我国的水土治理具有重大的借鉴意义。在生态功能区的保护实践中，由于南美洲地理环境的差异，导致生态系统独具特点，其中哥斯达黎加的生物多样性保护工程具有较强的代表性，该国的生态功能区定位与武陵山片区地域生态环境和生态功能区的定位相对契合。因此，该地区的生态旅游业发展方式和森林生态补偿机制的成功经验可为武陵山片区的生态功能区的保护提供重要的参考依据。

一　美国土壤环境保护实践

美国的土壤环境保护主要是针对农村实施的土地保护性储备计划和针对城市的棕色地块治理。

（一）农村土地保护性储备计划项目

农村土地保护性储备计划是一项从 1986 年开始实施的全国性的农业环保项目，项目采取土地所有者自愿参与的原则，政府通过财政补贴鼓励土地所有者开展 10—15 年的退耕还林还草工程。土地保护性储备计划由农业部管理，农场服务局具体实施，其具体的实施过程如下。

首先，农场服务局发布当期土地保护性储备计划方案。在申请期前农场服务局会根据农作物生长周期，发布当年退耕还林、还草申请期和当期土地保护性储备计划面积、补偿标准等具体信息，通常每年有 2 个或者 3 个申请期。

其次，土地所有者提出补贴申请。土地所有者可以根据作物生产情况和农场服务局公布的信息决定是否参与退耕项目，若参与则需要提交一份退耕申请书，申请书内容包括退耕面积、退耕土地类型、期望的退耕补助标准、具体的退耕还林、还草计划，等等。

再次，农业部审核申请书。县农业局首先对土地所有者提交的土地保护性储备计划项目申请书进行审核，县农业局通过后再交由农业部审核，通过两级审核后即参与退耕项目。审核的主要依据是环境效益指数，农业部根据环境效益指数对每份申请书进行打分，按照综合打分从高到低筛选退耕申请。但是针对河岸缓冲带、防风林等重要的生态功能区，凡申请者都可以进入退耕项目。

最后，双方签订并履行退耕合同。通过审批的土地所有者需同县农业局签订退耕合同，合同期为 10—15 年。合同期内，被列入保护性储备计划的土地不仅要休耕不种植粮食，而且要采取绿化措施种植草和树木。对于满足保护性储备计划规定的退耕参与者，农场服务局每年会发放补贴。补贴分为两部分：一部分是土地租金补贴，该补贴是年度土地租金补贴价格与保护性储备计划项目土地面积的乘积，其中年度土地租金补贴价格根据当地的旱地租金价格和土地平均生产率确定。另一部分是进行植被保护措施的实施成本，农场服务局根据土地所有者实施植树造林等植被保护活动的成本，向其给予不少于成本50%的现金补贴。对于担负了特别维持责任的参与者，每年还将享受9.9美元/hm^2的鼓励补助，为激励持续性签约，农场服务局每年将提供不超过年租金20%的持续性签约资金补助。

（二）城市棕色地块治理

美国环境保护署认识到，原来颁布的《综合环境治理法》中强制清洁责任的规定严重打击了非政府组织的参与积极性，为改变治理主体对污染地块的污染程度认识不清和责任界定不清导致的治理无显著成效的现状，联邦政府在20世纪90年代主要从以下几方面着手治理棕色地块问题。

一是联邦政府环境保护署——政策、立法和财政支持。首先，明确责任。环境保护署设计了一套科学的方案来明确棕色地块治理过程中利益相关主体的责任，其中包括政府部门、棕色地块的产权所有者、棕色地块发展商、地块预期购买者和贷款机构等主体责任。其次，资助棕色地块评估论证工作。截至2000年10月，以两年为期限，环境保护署共斥资7200万美元扶持了360多个棕色地块，为各个区域棕色地块的评估和开发新发展模式的工作提供了强有力的资金保障。然后，进行居民教育培训，环境保护署每年拨付10万元的教育经费用于区域内从事清洁棕色地块工作的居民培训。最后，建立贷款基金，主要用于资助棕色地块的环境清洁工作。

二是州政府——监督工作。州政府作为污染地块的清洁和恢复的主导，呼吁志愿清洁计划，制定清洁标准，鼓励社会大众参与，监督区域内居民开展棕色地块治理工作。

三是地方政府与社区——建立公众对话机制。地方政府和社区建立公共对话机制。以社区讨论为基础的公众参与机制，确保环境治理过程利于区域经济的振兴。美国市长同盟和全美县域联合会共同成立了一个公共组织——地区可持续发展联合中心，支持如棕色地块振兴等工作的可持续发展计划。

四是非政府组织——全面参与地块治理。在棕色地块治理的过程中，许多私人资本投资棕色地块，通过购买棕色地块基金支持治理工作。环境保护署通过召开全国棕色地块治理大会来号召社会非政府组织参与到治理中来，形成社会号召力，集中治理力量。

二　美国水资源环境保护实践

美国的水资源环境在经过不断地完善法律法规，加强经济刺激，优化管理机制和创新管理方法之后得到了很大改善，地表水污染问题得到有效解决，湿地面积锐减问题得到了有效控制。本节将以美国营养元素交易项目和纽约清洁供水项目为例，深入分析美国的水环境管理措施，争取在武陵山片区的水资源保护中得到推广。

（一）水营养元素交易制度

美国设计出的水营养元素交易制度是为了应对早期的很多河流出现水质污染问题。这些污染大多呈现点状扩散或者随径流的非点状扩散，点状扩散则主要追究污染源的责任，但是非点状的污染扩散，责任主体不容易界定，污染源治理范围不明晰。这一模式能以经济手段有效降低治理成本和改善水环境。

美国营养元素交易制度，是针对污染主体所拥有的水污染权进行的一种交易制度，具体的操作方式与碳排放交易制度类似。营养元素交易主要有两种方式，第一种方式是点污染源与非点污染源之间交易，以联邦政府规定某种营养元素的最高排放为标准，让污染治理难度大的点源污染者以等价或者等比例的方式向排放较低的非点源污染者购买营养元素的排放权。这一交易方式灵活运用了经济手段来刺激点源污染单位和非点源污染单位主动开展控污活动。第二种方式是点污染源之间交易，点污染主体形成联盟，联盟成员之间通过协商进行交易，此种交易方式不需要建立等价或比例关系。水营养元素交易制度能有效降低成本、改善水环境，其中，在美国点源污染者—非点源污染者交易模式应用前景广阔。

（二）纽约清洁供水项目

美国纽约清洁供水项目源自 1989 年的美国环境保护署对所有的地表

供水都必须过滤的规定，该项目是为解决纽约市的主要饮用水来源——卡茨基尔和特拉华河流域的水质问题，项目实施目标是通过改进农林业措施来降低水中微生物病原体和磷素含量。

项目的具体运行前提：第一，运营者责任明确，卡茨基尔流域开发公司主要负责卡茨基尔流域的项目管理，纽约市流域农业委员会负责当地经济的恢复，流域内的当地政府主要负责配合流域农业委员会落实改进农林业措施工作；第二，运营资金保障，启动资金由纽约市政府提供，资金主要是通过对用水公民征收为期 5 年的附加税所得（税率是 9%）；第三，运营模式科学合理，纽约清洁供水项目建立了健全的公共支付体系，通过生态补偿、政府购买和政策帮扶的方式实现水资源的治理和回报收益，同时在保护流域生态环境的基础上，促进流域内经济的发展。

三　哥斯达黎加生态旅游业开发

哥斯达黎加加强经济结构调整的力度，积极发展生态旅游。在发展中坚持责任性、知识性、公平性的原则，使经济发展与生态保护相结合、旅游体验与知识学习相结合，实现旅游收益在政府与民众之间合理分配。哥斯达黎加的生态旅游发展有以下独特之处。

首先，在奇特的景观资源和便利的地理位置的先天条件下，大力发展生态旅游业。哥斯达黎加作为世界上生物多样性密度最高的国家之一，加上得天独厚的自然环境，当地政府与科学和环境保护组织建立了100多个保护区，占国土面积的30%。虽然其国土空间和市场较狭小，但东临加勒比海、西接太平洋，外国旅游者来往便利。再加上临近美国这个旅游大市场，为哥斯达黎加政府发展生态旅游业奠定了消费基础。

其次，打造哥斯达黎加的生态旅游名片。一方面，哥斯达黎加政府通过世界知名的传媒机构如 BBC、CNN 等进行全球范围内的宣传，增强自身知名度；另一方面，加强同国际生态环境保护组织和相关科研机构的合作，通过口碑、广告宣传和品牌打造等方式使哥斯达黎加成为欧美旅游机构的重要推荐目的地。

最后，加强生态资源开发推动生态旅游的服务价值开发。哥斯达黎加根据自身生态旅游景观种类众多的优势，在开发生态旅游项目的同时将普及旅游知识结合起来，在旅游项目中发放旅游手册、动植物名录，来介绍相关自然和人文知识，使得旅游者在亲近大自然、愉悦身心时，还开阔了视野、增长了知识。[①] 这不仅提高了生态资源的知名度、推广了“旅游+环境教育式”的组织措施，还吸引了大量生物学家、生态学家致力于生态旅游可持续发展的研究与实践。

目前，哥斯达黎加生态旅游业已经世界闻名，2013 年，前往哥斯达黎加的国外旅游人数超过 250 万，约是 1991 年的 9 倍，产值和创汇额已超过咖啡及香蕉种植业，生态旅游业已成为哥斯达黎加最大的支柱产业和最大的外汇源。

四　哥斯达黎加森林生态补偿实践

哥斯达黎加的森林生态补偿实践开始于 20 世纪 90 年代，起源于 1969 年的《森林法》，之后 1996 年的《森林法》对生态补偿制度做了更加系统的规定，奠定了哥斯达黎加森林生态补偿实践的基础，具体的执行方式如下：

一是确立森林生态补偿主体。哥斯达黎加森林生态补偿制度的主体涉及三方，分别是森林生态服务提供方、生态服务支付方和国家森林基金。森林生态服务提供方指的是哥斯达黎加私有林地的所有者。生态服务支付方有私有企业、国家政府基金、国际国内组织或个人，私有企业（如电力公司、饮料生产公司）主要为森林生态服务支付一定金额的对价，国家政府基金主要来源于化石燃料税。而国家森林基金，作为根据《森林法》成立的公共部门，专门用于填补生态服务支付方的资金缺口，并对整个生态补偿制度实施过程进行监管。

二是限定森林生态补偿客体。《森林法》规定在森林生态系统中，以减少温室气体排放、提供水文服务、保持生物多样性以及提供生态旅游和自然景观保护为目的的服务项目都应该由政府和受益的私人部门提供补偿。

三是拓宽森林生态补偿资金来源。首先是碳补偿获得资金收入。哥斯达黎加的森林生态补偿资金主要来自可确认的贸易补偿，是通过国际间的碳市场交易中获取的资金，国家森林基金还可通过零售碳排放权的方式获

---

① 周少平、陈荣坤：《关于哥斯达黎加可持续发展的思考》，《中国人口：资源与环境》1997 年第 2 期。

得资金。[①] 其次是从水文服务补偿获得资金收入。哥斯达黎加的《森林法》规定所有的被补偿主体要与潜在的服务购买者进行议价，往往水力电气部门和水用户被认为是水文服务补偿的主要支付者。再次是国际环保组织的资金补助，哥斯达黎加政府通过保护本国的生物资源来获得国际环境组织为其提供的补偿，这部分资金被用到了森林生态补偿项目中。最后是国际银行的贷款，近年来，哥斯达黎加获得了世界银行的贷款。

四是确立森林生态补偿法律依据及监督机构。哥斯达黎加的《森林法》是该国森林生态补偿实施的基本法律依据。首先，该法律明确了森林补偿的责任主体、收益主体、相关的支付主体和资金来源，规定了补偿范围和补偿标准，这一法律为生态补偿制度的实施奠定了法学和经济学的基础；然后成立了专门的管理机构。哥斯达黎加政府为此成立了国家森林基金，以第三方的独立性质来管理国内的生态补偿项目，《森林法》规定了该机构的组成、职能、与职务活动相关的合同或采购、禁止行为等。

五是规范森林生态补偿实施流程。哥斯达黎加政府对申请森林补偿的流程有明确的规定：首先，有意将私有林地纳入国家生态补偿中来的私有林地所有者向森林基金提交申请；其次，国家森林基金对符合法律规定的林地所有者的申请进行受理；再次，申请者和国家森林基金双方按照合同履行相应的权利和义务。林地所有者依据不同的合同履行不同的义务，合同大致分为森林保护合同、造林合同、森林管理合同和自筹资金植树合同，四类合同的投入资金依次减少；最后，国家森林基金对申请者是否按照合同规定进行森林生态保护进行监督，同时保障生态补偿的发放。

第三节　美洲生态环境保护经验借鉴

在美洲生态环境的保护实践过程中，形成了以政府主导、地方政府执行、社会组织和公众广泛参与的生态环境保护局面，但美国和哥斯达黎加的生态环境保护举措不尽相同，在此对两国的相关生态环境保护的经验分别进行阐述。

（一）美国生态环境保护的经验

美国以法律和制度规范为保障，充分利用市场的作用建立补偿机制，

---

① 万本太、邹首民：《走向实践的生态补偿——案例分析与探索》，中国环境科学出版社2008年版，第65—93页。

实现土地资源的保护、治理和再利用。水资源的治理和保护则依托完备的法律体系和监管制度保障，通过市场化的运作方式，实行跨流域与全民参与相结合，达到长效的可持续治理和保护。在实施过程中取得的这些经验对武陵山片区的土壤保护有很好的借鉴作用，这些经验主要包括：

一是循序渐进，制定切实可行的法律制度。美国国会针对土壤污染、流失的问题，根据不同阶段的发展目标形成了以《超级基金制度》和《棕色地块法》为核心，《综合环境治理法》《小型企业责任免除和棕色地块振兴法案》等相关法律为辅助的法律制度体系。[①] 对土壤污染防治的实施主体、实施条件、资金来源和资金用途等做了明确规定，还陆续出台了税收优惠政策、部分小企业免责政策、棕色地块治理的技术保障制度等激励政策，从而提高了企业的环境保护意识，保护了土壤安全，使得美国在控制和治理城市土壤污染方面走在了世界前列。

对于美国的水资源环境的污染治理逐步形成了以《联邦水污染控制法》和《清洁水法》为主体的法律体系，《海洋倾倒法》《海岸带管理法》《安全饮用水法》《水质法》《土壤和资源保护法》等法律为辅助的法律规范来保障美国的水资源环境的保护和治理。其中《清洁水法》至今仍在美国的水环境保护中发挥着至关重要的作用。如今美国的水资源管理的法律制度向着源头保护和生态环境恢复的方向发展，将源头河口保护和河流恢复作为主要目标。

二是实行政府和市场双管齐下的保护模式。美国土壤保护取得显著成就主要得益于“政府津贴+私人市场”双向激励的保护模式。一方面，在市场经济条件下通过教育培训、环境保护宣传等途径熏陶公民的环保意识，促使其在无财政补贴的条件下仍然进行土壤保护。[②] 另一方面，政府针对土地所有者的耕地条件和市场情况，以及愿意接受的最低补偿标准，最后由农业部在众多退耕申请项目中选择经济效益最高的项目进行补偿。

美国的水资源环境保护主要表现为多渠道的水工建设资金来源、多样的资金投资回收方式和民主性的水价。水工建设主要是依靠财政资金、发行项目国债和向“水银行”贷款的方式来筹集资金；在治理水污染项目中的投资大多是无偿的，私人的投资回报采取政府政策补贴，城市用水项

---

① 李敏、柳红兵：《中美土壤污染防治立法的比较及给我国的启示》，《职业圈》2007 年第 23 期。

② 刘嘉尧、吕志祥：《美国土地休耕保护计划及借鉴》，《商业研究》2009 年第 8 期。

目则实行交叉补贴的方式和一次性贷款回收的方式，再以电力经营为主、“以电养水”的运营方式来偿还贷款和实现盈利；在流域污染治理中建立完善的水营养元素交易体系，通过明晰水营养元素的排放权，建立“谁受益，谁补偿；谁开发，谁保护”的市场模式，来提升治污主体的积极性。

三是要重视公众参与。美国政府在生态环境治理和保护中非常注重非政府组织和公众的参与。在保证信息公开和共同治理的原则的指导下，美国土壤环境治理和保护污染土壤的风险评估、整治技术和整治中的标准、责任单位以及整治后的土地利用规划等都是由政府和社会大众通过协商方式产生，公民对国会政策或是企业行为有不满的，可以开展自发的环境保护运动。

在国家水资源环境的治理和保护上，联邦政府统一领导，地方联邦政府职责明确，既分工又协作地参与国家水资源的规划、开发和管理工作，两级政府在工作中既相互配合又相互制约；流域水资源治理体制实行“集成—分散式”的管理模式，流域管理部门制定统一的水资源管理政策、法规和标准，各地方依据实情分散治理；区域水资源治理体制则以流域为单位划分自然资源区，将自然资源区内的水土保持、供水、灌溉、地下水保护、防洪、污水排放等职责交由州政府的自然资源委员会统一管理，各区分散执行；市场水价的制定，充分实行民主议定，由用水人民主选择产生的董事会讨论决定并提交政府价格部门批准实施，平衡用水户和企业双方的利益，实现双赢。

鉴于美国在治理土壤污染的经验，针对武陵山片区的土壤污染问题，可建立土壤污染防治专门法，确立土壤污染等级评估制度、土壤污染防治基金制度、土壤污染应急处理和综合治理制度。我国的生态补偿主要是由政府主导自上而下开展的，对于受偿主体的实际情况了解不够，容易犯本本主义。针对武陵山片区的补偿机制设计，相关政府一定要深入各地区，深入了解不同地区的实际情况后确立相应的方案，同时引入有效的市场机制，使得土壤保护和治理的补偿机制更加合理有效。

（二）哥斯达黎加的生态功能区保护的经验

在哥斯达黎加的生态功能区保护的实践中，以政府为主导的环境保护体系，拥有明确的治理主体、客体，资金来源形式多样，补偿体系健全，充分发挥了生态功能区的经济服务价值，将生态效应转化为国民保护生态环境的福利，从而在有效的市场机制下，实现生态功能区的长效保护。

在我国体制机制的背景下，一方面，中央制定纲领和环境法律，地方政府具体施行，但是受地方保护主义和“经济增长优先”发展观的影响，许多环境法律法规在具体执行过程中被忽视甚或是无视；另一方面，中国的环境监管主要是采取自上而下的形式，这种监管体制受限于我国的国情，出现管理幅度宽、管理对象多、管理距离长、管理难度大的问题，[①] 必须充分调动公众参与的积极性，并构建自下而上的诉讼制度才能有效缓解这一难题。为此，可以借鉴公民诉讼制度，任何公民对违法排放污染的企业均有权对其提起民事诉讼，追究其法律责任，或者对环境行政保护机构提起诉讼，要求行政机关依照环境法律法规规定作为或不作为。[②] 这一机制能集结我国公民、司法机构和环保团体的力量，营造良好的环保氛围，进一步提高全社会的环保意识，推进武陵山片区生态环境保护的全民化进程。

在我国设立一些试点区域，推行生态资本化管理。政府给予公众团体参与水资源治理的财政补偿，努力建成全国性的社会团体网络，鼓励各网络团体之间的联盟和知识共享。在治理和保护武陵山片区生态环境中可以以 BOT 和 DDD 的形式向社会融资，广泛吸纳社会资金进入生态环境治理和保护的项目中。按照“谁开发，谁保护”和“谁受益，谁补偿”的原则，武陵山片区作为生态系统服务的提供者应给予相应的经济补偿。不仅要以依靠政府的强制行为和社会公益为支撑，将生态保护成功转化为经济效益，鼓励生态环境保护者，与此同时，更要将生态服务作为一种极具特殊性的公共产品，在市场经济的基本原则要求下，从生态系统中获得效益的主体都需要为该公共产品和服务付费。

---

① 晋海：《我国基层政府环境监管失范的体制根源与对策要点》，《法学评论》2012 年第 3 期。

② 万霞：《国际环境法资料选编》，中国政法大学出版社 2011 年版，第 35—50 页。

第六章

亚洲生态环境保护实践

在生态环境保护实践中亚洲地区也取得了不菲成绩，如日本的环境会计实践、环境教育和新加坡的环境管理制度等。通过对这些案例的研究，总结亚洲主要国家在环境保护中的宝贵经验，可为武陵山片区生态环境保护机制的建设提供有价值的借鉴和参考。

第一节　日本生态环境保护实践

“二战”后，日本从片面追求经济的高速增长逐步过渡到协调经济环境的可持续发展模式，实现了从“公害大国”转变到“环境先进国”的转型发展。日本环境保护的历程，有丰富的成功经验，可以给我国环境保护提供有益的启示。

一　日本环境会计的发展

环境会计可以分为宏观环境会计和微观环境会计，前者以国家和地域为单位，后者以企业等组织为单位。在日本，一般“环境核算”被称为宏观环境会计。而在市场中微观环境会计的中心是企业环境会计，同时，非企业组织的环境会计也被纳入微观环境会计范畴。

微观环境会计，根据功能划分，可以进一步分为环境管理会计（内部环境会计）和外部环境会计。微观环境主体对外公布环境会计信息的会计是外部环境会计；有助于企业管理环境的是环境管理会计。[①] 环境会计的基本分类，见图 2-6-1。

企业实施环境会计制度，可以及时掌握经营过程中环境负荷、资源消

① 大野木升司：《环境会计在日本》，《再生资源与循环经济》2006 年第 4 期。

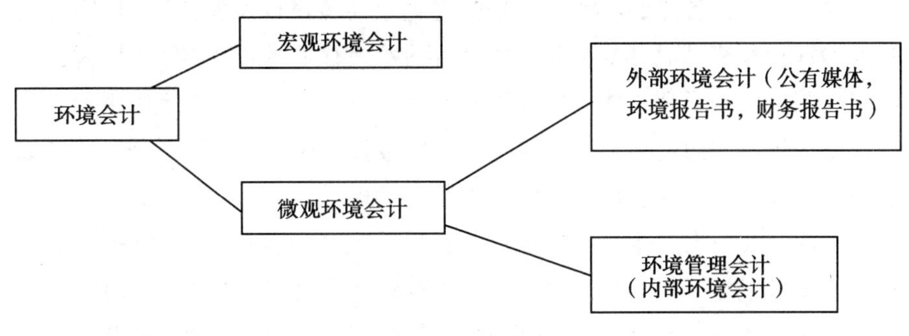

图 2-6-1　环境会计体系

耗信息，促进环境友好产品及服务的生产，引导经济朝着低碳环保、可持续模式发展。如图 2-6-2 所示，经过十几年的发展，日本已形成较为完善的环境会计体系。

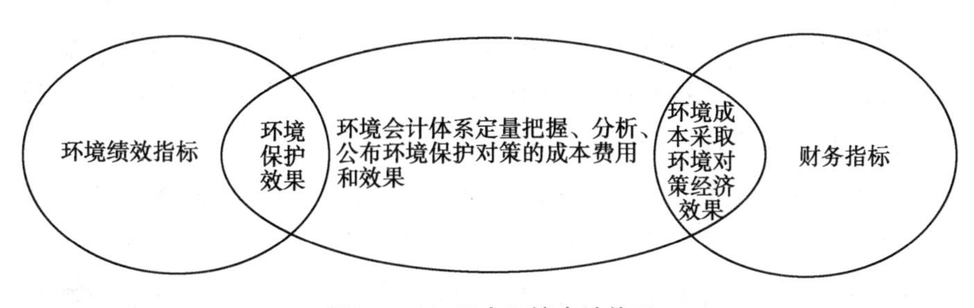

图 2-6-2　日本环境会计体系

（一）环境会计发展的特点

日本环境会计发展能够在日本国内高效率地推行，是其环境会计自身特点与日本的具体国情相结合的结果，日本的环境会计发展特点主要包括：

第一，政府强有力的监督指导是日本环境会计高效率推行的后盾。日本政府建立健全相关的法律、法规体系，环境会计法律基础以强制手段确立，同时，环境部门促进环境会计体系在日本各企业的推广和运用并对企业进行指导和监督。

第二，全面推行环境效益、环境成本核算是日本环境会计的发展保障。随着日本政府健全关于《循环型社会基本法》等各种环境法规，逐步在日本企事业单位和社会组织中推行环境会计。相关的环保机构在政府的领导下积极推进环境会计的学术讨论和研究。

第三，社会各界的广泛参与是促进企业环境报告发展的基础。[①] 社会各界的宣传和奖励对日本企业环境报告的发展有重要激励作用，同时，学术研究等也促进了企业环境报告的发展。此外，一些非政府组织也积极推行环境报告，进而引导公众参与企业环境报告的评价，增强了公众的环境意识，保证了企业环境报告作用得以充分发挥。

第四，大力推广企业环境审计监督，开展环境会计第三方认证工作。1999 年日本公认会计师协会公布了《环境报告书指南试行方案》。2001 年日本环境省的《环境简易企业行动调查》显示，20%的企业表示已经接受了第三者认证，有 35%计划接受第三者认证。随着日本制定执行《循环型社会基本法》等系列环境法规，日益增多的企业引进企业环境会计，公开发表《环境报告书》。

（二）日本环境会计的启示

据统计目前约有 80%的环境污染来自企业，因此我国应加强监管企业环境污染行为，增强市场主体的环保意识，在全社会鼓励推行环境会计与强制、自主披露环境会计信息相结合。

一要优先推行企业环境管理体系。企业环境管理体系是保障企业环境会计实施活动的基础，环境会计规范颁布的主体应该且必须是政府。对于我国来说，政府作为主体更有合理性，政府的影响力可以提高企业环境会计规范执行的意愿，从而增强环境会计实施的效果。

二要先典型、后推广。我国企业目前还未重视环境会计的影响及社会公众对其形象的认识，要提高大型企业建立环保标杆的主动性，并使其标准化，再将此类方法和实践模式推广，与日本的情况相比，统一颁布规范、标准，显得更具有紧迫性与必要性。由于环境会计标准制定难度较大、在环境经营方面处于领先地位的大型企业，可先自行探索适合自身的环境会计方案，进而可以将这些案例作为参考，进一步探讨与我国国情相适应的环境会计的方案。总之，环境会计规范推行应由特殊到一般，由点到面的逐步实施，也可考虑先在部分发达地区建设示范项目。

三要由易到难，由简到繁，从简单的部分着手。环境会计规范的推行应循序渐进，不断总结提高，企业需要花费时间才能消化领会其实质，从

---

① 刘仲文、张琳琳：《日本〈环境会计指南 2005〉借鉴与思考》，《经济与管理研究》2007 年第 12 期。

而进行必要的人员培训，设施添置、改良等准备工作。如果较难开展环境保护的价值评价，可先从相对简单的“环境保护的成本和效益”开始，计算各污染物的减排量，开展环境会计。

四要提高金融机构的引导作用和社会的监督能力。社会和金融市场对企业的环境保护活动的正确评价是环境保护活动的重要动力。通过制定绿色采购法、开展绿色消费者运动、设立中国式的生态金融等方式，形成优先购买环境友好企业产品的社会氛围。同时，能够真实、全面、合法披露企业环境信息的第三方独立机构的建立，是促进环境会计发展的重要措施。

二　日本环境教育

日本长期以来所接受的环境教育培养了公众高度的环保素养和环境意识。通过探讨学习日本环境教育的体系及实施特点，为我国的环境教育建设提供了有益的启示和借鉴。

环境教育作为教育体系中独特的一部分，它既具有教育的一般特点，同时也具有其独特性。日本的环境教育的特点主要是以下几个方面。

一是政府重视环境教育的发展。严重空气污染和水质污染揭示了日本迅速发展背后严重的环境问题，造成了公害事件频繁发生，居民深受其害。为此，反公害问题的居民运动不断发生，在一定程度上促使政府加强对环境治理的力度。公害教育也随之开展，之后逐渐转变为环境教育。

二是制定符合国情的环境教育政策。自治体的环境政策在日本环境教育中发挥着重要作用。相对于政府，自治体更了解居民要求和意愿，从而采取更适宜的对策。作为地区综合行政的主体，将地区的自然条件和社会条件结合，因地制宜，地方自治体的环境政策和环境保护行动为日本的环境保护和环境教育发挥了重要作用。

三是构造完整的环境教育体系。相对于构造完整的环境教育体系来说，环境教育的价值支持系统是实施环境教育的“外围”工作，而构造完整的环境教育体系则是中心环节。日本的环境教育体系充分调动了政府、非政府组织、企业、社区等各界力量。自 20 世纪 60 年代起，日本学校以公害教育为契机开展环境教育。20 世纪 70 年代，日本开始把环境教育融入学校教育体系中。20 世纪 70 年代末，日本大学的环境教育拥有完善的学科设置。据日本国际教育协会的统计，450 所 2002 年注册的日本大学中，共设有1390个学科，其中环境类学科占了129个。由此可见，日本高度重视环境教育，且许多大学中都设有环境保护方向的专门研究机构，日本大学的环境教育更重视专业性和实效性。

四是广泛的公众参与力度。公众参与是日本环境教育的重要力量。在日本公害问题时期，国家重视环境问题的重要原因是公众的运动，公众参与推动了政府和企业采取环境保护措施。环境教育的最终目的是使公众参与到环境保护的行动中，扮演当事者和督促者的角色，缺乏公众参与度的环境管理机制是不健全的。

三　日本生态环境保护的经验借鉴

日本通过环境会计和环境教育在生态环境保护上取得的成功对我国武陵山片区生态环境保护有许多有益的启示。

首先，在日本，全民参与环保事业，社会生产、生活的各方面都融入了环保思想。日本十分重视全民参与环保，注重培养全民的环保节约意识。而我国在动员全民方面做得远不及日本，仅仅认为环保工作是政府的职责。因此，我国应该加强全民环境教育，将环保工作贯彻到全民日常生产生活中。

其次，在日本，政府在环境保护进程中发挥主导作用。一方面政府要有效制定并监督实施环保政策，另一方面政府要带头消费绿色环保产品，遵守环保法律法规等。无论中央还是地方，都设有环保机构，职责明确，并严格实施问责制。此外，独立的环保法人机构在日本环境保护中起到了重要作用。①

最后，日本在立法和执法方面十分严格。环境有完善的立法保护，并严格执法。根据环境问题的变化，不断完善相关的法律、法规，促使环境问题得到实质性的改善。

第二节　新加坡生态环境保护实践

新加坡由于国土面积狭小，资源高度贫乏，人口高度集中，在国家发

① 萨日娜、齐金鹏：《日本环境会计体系分析及对我国的启示》，《环境与可持续发展》2012年第6期。

展的初期面临着基础设施滞后、环境极度恶劣等问题。针对这些问题，新加坡政府制定和实施了振兴国家的全面治国方略，这其中包括对生态环境保护的相关举措。

一　新加坡生态环境保护的有效措施

新加坡环境保护具体措施有很多，从制度层面加以阐述，希望能对我国武陵山片区生态环境保护制度的完善有一定的借鉴意义。

一是制定完善的环境法制体系。首先，政府为缓解日益严重的环境污染，制定和完善了一系列环境保护法及条例。环境保护既有宏观的法律又同时辅以具体的法规，覆盖面广而且可操作性强。新加坡环境保护的另一重要特点在于能够严格、公正地落实环境保护制度。在执法方面，新加坡坚持四项重要原则，即“法律面前人人平等、法律里面人人自由、法律外面没有民主、法律上面没有权威”；最后，法治和德治相结合。在新加坡，执法不受任何单位和个人的影响。新加坡的法制环境并不是简单套用发达国家的经验，而是根据国情巧妙融合了儒家文化与当地华人传统文化，这就形成了新加坡法制的核心价值观。

二是编制合理的规划和高额的环保投入。新加坡政府在环境保护过程中扮演了十分重要的角色，高超的规划水平对新加坡环境保护发挥了重要作用。政府在水源规划方面贯彻“全民水源”的政策，制订了合理使用进口水、新生水、淡化海水、天然降水的计划，这些做法对于水资源短缺的海岛国家来说，具有重要的意义和价值。政府对环保事业实行高额投入制度。立足于环境保护的长远要求，新加坡政府于 2006 年投入 6.4 亿新元修建南部的实马高岛岸外垃圾填埋场。在新加坡，政府对街道及道路两旁的每棵树进行保护，每年的预算是 3 万新元，足见其高额的环保投入。

三是成立科学的环境保护监管机构。在新加坡，环境部、水资源部、国家环境局和公用事业局主管污染和公共卫生。国家环境局职责是控制污染、保护公共健康，公用事业局则是负责利用和管理水资源。此外，土地规划由市建局负责；公园和自然保护区的管理是国家公园局的职责。各监管部门职责明确、分工细致，监管权限较大，利于监管实施。

四是发挥非政府组织的作用。新加坡政府十分注重调动各种非政府组织的环保力量。近年来，在环保领域，新加坡非政府组织在表达民众意愿，动员民众力量方面的作用日益明显，对于弥补政府调控和市场机制失灵具有重要的价值。

五是提高国民环保教育普及度。新加坡将环境教育融入学校教育中，同时，新加坡的学校一般都会设有环境保护俱乐部，并鼓励学生竞选环境形象大使。在社会生活方面，政府鼓励全民参与到环保活动中，1990年以来，“清洁绿化周”活动是新加坡每年重要的全国性公民运动，全国性的公民运动是新加坡全民环保制度的重要体现，这种运动并非政治运动，是指全民参与到城市和社会管理中。政府通过诸如此类的活动动员环保团体、学校、企业都参与环保活动。

二 新加坡环境保护的经验借鉴

从新加坡环境保护的立法体系、执法环境、环保教育、监管机构、环保规划、政府对环保的投入制度、非政府组织的作用等方面总结出以下可供武陵山片区进行生态环境保护的借鉴经验。

一要提高环境违法的成本。在新加坡，入境时携带两盒以上香烟、随地吐痰、吃口香糖、乱扔垃圾等破坏环境行为都会受到重罚。而我国在环境保护方面违法成本过低，甚至在很多方面没有相应的法律制度保障，导致破坏环境的行为无法被有效地遏制。因此，我国应提升环境破坏者违法的成本，给予违法者大额罚款，或以社区劳动为手段，加大处罚力度，增强国民的法律意识，以形成自觉守法与严格执法的社会风气。

二要加强生态环境保护投入。我国各类环境污染都比较严重，而解决环境问题的途径中，资金投入是不可或缺的环节。环境污染问题具有普遍性，因此解决环境污染问题不可能只靠个人或企业，在很大程度上需要政府投资。①

三要加强全民环保教育，提高全民环保意识。武陵山片区要借鉴新加坡的环保经验，注重全民环保教育，通过增强民众的环境意识，把环境教育贯彻于学校教育的全过程。同时，各种媒体是环境保护宣传的重要途径，通过环保宣传使环境保护观念深入人心。要把提高公众参与环境保护的水平作为提高我国环境保护水平的重要渠道。应建立环境信息公开制度，向公众及时公开各类环境及污染事故信息。此外，政府应制定和不断

---

① 岳世平：《新加坡环境保护的主要经验及其对中国的启示》，《环境科学与管理》2009年第2期。

完善环境立法及公众参与环境决策机制，最终通过法律制度保障公众参与环境决策的权利。同时，公众参与的环境保护宣传活动的形式和参与环境决策的渠道应该多样化，并应建立完善的公众环境意见反馈机制。

四要健全立法，严格执法。新加坡环境保护具备明确、具体的立法，并且其执法的公正性和民众的高素质能够保证法律的正常实施。而在中国，环保法律体系依然有很大空间，环境单行法律还需要健全，法律可操作性差，仍然存在很多问题亟待改善。

五要充分利用环境管理的经济手段。自然资源环境的配置在很大程度上与市场机制的发展密切相关。而目前我国的环境管理体系依然是建立在传统计划经济体制的基础上，行政管制依然是主要的手段，这种传统的行政管理手段显然对环境管理有严重的局限性。因此，环境管理必须与经济手段结合，才能全面高效地促进环境管理体系的不断完善。

六要注重整体规划及环境管理和服务的市场化改革。严密的国家中长期规划、高效的法律调控对新加坡的环境建设具有重要意义。在新加坡的整体规划中，工业、人口增长、环境保护等各方面的因素均被考虑在内，正是由于这种严谨的整体规划，新加坡环境和经济才能共同发展。因此，环境保护的政策和措施只有与国家的整体规划和经济政策相结合，才可能得以真正贯彻执行。

第七章

国际生态环境保护下的碳交易实践

碳排放权在国际上特别是在西方发达国家进行了许多颇有成效的探索。在《京都议定书》的整体框架指导下，欧盟、美洲、亚洲等地区的各个国家都进行了碳排放权交易的有效尝试。其中欧盟作为开展碳排放权交易的推动者和标杆，制定了符合其区域特征的欧盟排放交易体系。美洲方面，芝加哥气候交易体系则是自愿实施减排的典型碳交易系统。作为《京都议定书》的支持者，中国政府正在积极启动国内碳交易的试点工作，未来也将建成全国性的碳交易体系，在这样的大环境背景下，总结各地的碳交易实践经验对武陵山片区构建适应市场化的碳排放权交易体系显得尤其重要。

第一节 《京都议定书》下的碳交易体系

《京都议定书》于 1997 年在《联合国气候变化框架公约》第 3 次缔约方大会中通过，其中规定 2008 年至 2012 年，主要工业发达国家应在 1990 年排放量水平的基础上平均减少 5.2%，欧盟大部分国家须将温室气体的排放削减 8%，日本和美国分别削减 6%和 7%，俄罗斯、新西兰以及乌克兰三个国家保持不变，澳大利亚可增加 8%的排放，冰岛、挪威可分别增排 10%和 1%。联合国明确规定的预期削减温室气体主要为：二氧化碳、甲烷、二氧化氮、氢氟碳化物、全氟化碳和六氟化硫。在这一目标任务下，各国之间可进行碳交易，即温室气体排放权交易，合同一方通过支付另一方购买获得温室气体减排额用于减缓温室效应，从而实现其减排的目标。①

① 李通：《碳交易市场的国际比较研究》，博士学位论文，吉林大学，2012 年。

一　碳交易的管理机构

碳交易管理机构的设置模式主要由《联合国气候变化框架公约》的框架性特点决定，多采用缔约方大会的形式。该机构不仅要做好发展条约的工作，同时还必须负责监督条约的履行情况。

（一）公约缔约方大会

缔约方大会是公约的最高管理机构，从1995年的第一次缔约方会议至今已召开21届，最新一次会议于2015年11月30日至12月11日在法国巴黎北郊的布尔歇展览中心举行。其主要作用是：通过修改和制定条约的手段来监督缔约国履行条约的情况，并为各缔约方应对全球气候变化提供支持。通过设置秘书处为其及附属机构服务。

（二）履约委员会

为督促议定书下各国承诺目标的保质保量实现，联合国成立了履约委员会，包括促进事务组和执行事务组两个部分。履约委员会的主要职责是促进缔约国履约，其中促进事务组的职责是促进履约并对不履约国提出预警，执行事务组的职责是确定缔约方在减排承诺、方法和报告等方面是否按照要求履约。对于缔约方不守约的情况，执行事务组按规定进行处理，要求其提交一份履约行动计划，从其下一承诺期的分配数量中按照超量排放吨数的1.3倍扣减相应吨数，暂停其转让资格直至符合约定。

（三）其他职能机构

公约下设有科学技术咨询机构和履行机构两个附属职能机构，其中科学技术咨询机构的主要职能是为缔约方会议提供与公约有关的科学技术信息，履行机构主要职能则是协助缔约方进行会议评估和审定公约的有效履行。

二　碳交易的基本实现机制

在《京都议定书》中，用各国实际排放量减去森林所吸收的二氧化碳当量，即“净排放量”来计算各个排放数额；在该前提下，碳排放的交易机制主要包括：联合履约机制、清洁发展机制以及国际碳排放交易机制。

（一）联合履约机制

发达国家之间通过项目合作实现减排目标的机制。《京都议定书》规定，附件一中的国家间采用联合履约机制，这种交易只在发达国家之间通过项目进行合作。具体内容是：联合履约管理委员会是负责审核联合履约项目的最高权力机构领导，合约乙方国家负责或者委托其他单位在甲方国土上建设减排项目，国家通过购买乙方国家的该项目所产生的减排单位来降低《京都议定书》规定的排放量上的额度，从而实现《京都议定书》中确定的减排目标。

（二）清洁发展机制

发达国家与发展中国家通过项目合作实现减排目标的机制。清洁发展机制与联合履约机制不同，是一个双边机制，清洁发展机制是一种“双赢机制”。主要是发达国家通过对发展中国家开展清洁能源技术投资获取核证排放量，一个排放单位相当于一吨的二氧化碳。[①] 一方面，发达国家能大幅降低减排成本；另一方面，发展中国家可以通过合作获得实现环境改善所需要的资金和技术。据统计，发达国家的单位二氧化碳减排成本超过100美元，美国为153美元，欧洲为198美元，日本达到234美元。而发展中国家的减排成本普遍较低，平均在几美元到几十美元之间，二者的成本差异和供需匹配促进了清洁发展机制市场的日益壮大。

（三）国际碳排放交易机制

未能完成减排任务的国家与超额完成任务的国家交易减排指标的机制。《京都议定书》指出，在目标时段内，若A国和B国所排放的二氧化碳增温效果相同，A国不能完成减排任务，而B国能完成任务且排放指标富余，则A国可以贸易的方式购入排放额度，并同时扣减转让方允许排放限额上的相应转让额度，由此实现优化资源配置、减缓全球温室气体排放的目标。交易主体是任何碳排放权需求国和富余国，交易客体是二氧化碳排放权。

（四）清除碳排放机制

除上述主要减排交易机制外，现行碳交易市场还推出了清除碳排放机制。该机制主通过植树造林，建造公共绿地等碳汇活动来抵消所产生的碳排放量。

三 碳排放权交易流程

《京都议定书》下的国际碳排放权交易流程如下：

---

① 徐玖平：《低碳经济引论》，科学出版社2011年版，第67—85页。

首先，根据机制适用条件，确定自身适用范围。

其次，获取减排量认证以实现减排目标。认证主要有：针对联合履约机制的联合履约减排单位（ERUs）核准；针对清洁发展机制的核证减排量（CERs）认证；针对国际排放交易机制的分配数量单位（AAUs）核准和针对清除单位排放单位机制的排放量清除单位（RMUs）核准。

最后，进行市场交易。不同交易机制下的交易形式有所不同，ERUs主要适用于附件一国家，通过技术合作等方式就“减排单位”进行的联合减排，若达到了减排要求并通过了认证，投资方的减排任务即可抵消。CERs的交易双方只能是非附件一国家与附件一国家，交易对象是CERs，CERs的来源可以是相关国家的私人企业或政府向其他国家直接购买的CERs，也可以从投资减排项目中获得，其用途主要是抵减企业自身或者本国的温室气体减排义务。AAUs适用于附件一国家，根据其在《京都议定书》的承诺才能进行交易。RMUs交易，主要针对国家植树造林等活动。[①] 实际运作中，四种交易方式紧密关联、相互渗透，共同促进碳交易的市场化和全球化。

四　经验借鉴

通过对《京都议定书》下的碳交易管理机构、碳交易基本实现机制、碳排放权交易流程的阐述，总结出如下可供武陵山片区生态环境保护碳交易市场建立的经验：

一要实现总量减排的循序渐进。减少温室气体排放总量是一个漫长发展的过程，不可一蹴而就。全球碳计划数据显示，目前全球的温室气体排放比1990年增长幅度超过了15%，2013年的全球温室气体排放量增加了2.3%，增幅较过去十年中2.5%的平均增长率略低，虽然欧洲联盟的排放量下降了1.8%，但是西方国家排放量的缓慢减少被发展中国家排放量的日益增加所抵消，2013年中国的排放量增加了4.2%，印度增加了5.1%。鉴于我国还处于社会经济发展对碳需求的持续增长期，且将持续10年左右，所以中国应当借鉴经验，切勿总量强制减排，主张建立循序渐进减排的碳交易体系。

---

① 陈程：《浅论〈京都议定书〉下的碳排放权交易》，《法制与社会》2007年第1期。

二要树典型，开展局部的强制减排行动。欧洲是工业革命的先驱，七八十年代温室气体的主要贡献者，《京都议定书》将欧洲设立为强制减排示范区，要求其在承诺期（2008—2012 年）内削减排放 8%，迫使欧洲极力推行低碳技术、低碳能源，同时也形成了广泛的公众减排行动。现今世界各国，为实现减排目标纷纷学习欧洲经验，进而促进了减排行动的扩张。

三要区别对待，各个击破。《京都议定书》规定了强制减排区和非强制减排区，强制减排区先行者的优势示范，将促进减排行动扩张；对非强制减排区，如美国和中国，采用谈判或隐性时间表的方式，推动其自愿和自主先行的减排。

第二节 美国芝加哥气候交易体系

美国于 1976 年就开始了二氧化硫（SO_2）排放权的交易，是世界上最早进行气体排污权交易的国家。1975 年至 1990 年为探索阶段，碳排放交易数量较少，范围较小，所以成效并不显著；直到 1990 年通过《清洁空气法》的修正案并实施《酸雨计划》，将碳排放交易范围扩大至美国，此阶段采取总量控制的 SO_2 排污权交易实践为美国碳排放权交易体系的构建打下了坚实的基础。

美国芝加哥气候交易所（Chicago Climate Exchange，CCX）由 Richard L. Sandor 创立于 2003 年，是全球唯一同时开展《京都议定书》规定的 6 种温室气体减排交易的市场，其核心理念是用市场机制来解决环境问题。CCX 是由会员共同设计和治理，有自愿形成的一套稳定交易规则。因此，所有会员都自愿加入并签订具有法律效应的减排政策。具体操作模式是允许超额完成减排义务的国家，将超出部分减排份额有偿地转让给未达成减排目标的国家。2010 年 7 月，CCX 及其分支机构被美国州际交易所收购。

一 CCX 的运作机制

2006 年，美国芝加哥气候交易所（CCX）详细规定减排计划的《芝加哥协定》，为排放权交易的展开构建了清晰明确的制度基础。主要包括如下几个方面：

（一）涵盖的交易产品

所有包含在 CCX 的产品被称为碳交易金融合约（CFI）。CFI 主要包括交易指标和补偿两个部分。补偿量是在补偿项目中产生的，每一份 CFI 代表 100 公吨的 CO_2 量。这种交易产品具有多样性，并根据自愿性交易的特点，CCX 开发出的 CFI 包括温室气体排放配额、经过验证的排放补偿量和经过验证的限期行动补偿量三种基本产品（见表 2-7-1）。

表 2-7-1　　CCX 交易产品构成

产品类型	构成	特征	备注
温室气体排放配额	二氧化碳、甲烷、氧化亚氮、全氟碳化物、氢氟碳化物、六氟化硫	全部温室气体均折算成 CO_2 当量进行计算	单位：100 公吨 CO_2
经过验证的排放补偿量	农业甲烷排放补偿项目	时效性、额外性、持续性、核证性、合法性、客观性	适用范围为甲烷收集和燃烧、持续休耕、轮耕、种草造林等农业项目
	垃圾填埋场甲烷气处理减排项目 农田土壤改造减排项目 牧场土壤减排管理项目 林业碳减排项目		采用独立的第三方核证
经过验证的限期行动补偿量产品	重新造林、避免森林滥伐项目 燃料置换或其他能源项目	项目需是由 CCX 会员所有并承担或资助的，并能直接减排或隔离	除非得到 CCX 的授权，否则会员的限期行动补偿量（XEs）不能交易

资料来源：何钢：《芝加哥气候交易所》，《世界环境》2007 年第 2 期；谢艳梅：《芝加哥气候交易所的启示》，《资源与人居环境》2010 年第 24 期。

针对不同的项目 CCX 都从方法学上对其计算方法做出了明确的规定，并制定了具体的折算率，对有效时期、义务等也都提出了明确的要求。另外，项目方还需出具第三方核证材料，从而证实项目的合法性与客观性；同时，要求项目报送方必须拥有减排设备，并具备能产生减排效果的管理能力；所有项目的可核证行为都必须由其所能达到环境效果的法律文件来证明。

（二）交易主体资格

参与交易双方都必须取得会员资格才能进入芝加哥气候交易所。根据交易主体在交易各个环节所承担的角色，其会员主要可以分为以下四种类型，如表 2-7-2 所示。

表 2-7-2 CCX 交易会员类型

会员类别	特征	行业与角色	备注
基本会员	直接排放温室气体	钢铁、化工、交通、加工业等	
协作会员	间接排放源	分布在零售商业、旅游服务、技术科研、金融服务、文化娱乐、非政府机构等部门	主要包括建筑照明、暖通等实际能源消耗和由业务运营产生的实际交通燃料消耗
参与会员	供应商	碳排放权的供应者	
	减排项目集成商	负责将小的碳排放项目集成进行打包出售	不直接拥有隔离、销毁或减少温室气体排放的项目
	投资交易商	以营利为目的的投资或投机的实体或个人	具有 1000 万美元以上的资产
专项交易参与商	进行专项交易的参与者	无须第三方核证，自行确定温室气体排放量和相应的碳交易金融合约补偿额	专项交易是指为了特殊碳平衡目的而进行的碳交易（如会议等）

资料来源：王陟昀：《碳排放权交易模式比较研究与中国碳排放权市场设计》，硕士学位论文，中南大学管理科学与工程，2011 年，第 17—23 页。

（三）交易系统构成

CCX 的交易系统主要由交易登记注册系统、交易平台与结算平台三部分组成。交易系统的主要任务是向登记账户持有者提供实时数据，从而支持其开展交易，协助管理会员的排放基准线、减排目标以及遵守减排义务等工作。其中，登记注册系统是一个电子数据库，主要服务于 CFI 机制和用于官方统计。CCX 的交易平台建立在登记注册系统之上，各会员可以通过互联网来进行交易、确认交易以及公示交易结果。该平台对于买卖 CFI 的报价、邀约的记录和接受都通过标准化处理，该平台在保证其匿名的前提下，具有一定的透明度。最后，登记系统的直接相连保证了账户持有者之间的所有活动都必须通过结算系统来完成，同时也便于登记当天发生的 CFI 交易活动。通过结算平台来处理所有交易日的活动信息，用户可以通过结算系统获取当天的交易报告。

（四）交易规则

CCX 以 1998 年至 2001 年注册会员温室气体年平均排放量为基准制定减排计划。减排阶段规划是：2003 年至 2006 年，会员每年要求至少减排 1%，整个阶段内减排 4%；2006 年至 2010 年则以 2003 年排放量为基准，各个会员根据情况逐年递减，阶段内减排 6%。

（五）监管机制

CCX 设有独立的理事会，并按照职能范围下设林地委员会、交易与市场委员会、环境遵守委员会、执行委员会、抵消委员会和会员委员会。CCX通过与美国金融业监管局签订协议，约定由美国金融业监管局协助交易所对会员进行注册登记、市场监督、承诺履行监管、防范欺诈和市场操纵等工作，并负责会员的排放基准外部审核。

二　CCX的主要特征

CCX的有效运行是因为其交易框架设计得合理，其具有以下一些特征：

第一，自愿加入的特征。CCX的申请人根据自愿的原则向交易所事务委员会递交申请，经委员会审核批准方可取得其会员资格，并取得独立账户。CCX与会员之间构成的是具有法律效力的合同。

第二，总量控制的原则。CCX的产品交易以减排总量为原则，排放基准线的确定则根据各会员以前年度的温室气体的排放量以及交易所公布的基准线为标准。

第三，独立、公正核准制。CCX采用了国际认证的第三方核证核查体系以保证交易的公正性；除此之外，注册会员可以自行选择核证核查机构，但必须经由交易所认定并公布。另外，会员也可以选择交易所申请名录之外的核查机构，但是需要该机构向交易所申请，并经过CCX的批准认可。

第四，公开交易的原则。交易平台的构架使得所有参与交易的产品价格透明公开，从而避免了交易过程中的暗箱操作现象。CCX的交易机制、交易平台、结算平台以及监督机制保证所有的交易都能通过交易所统一的服务系统完成，并通过数据库进行录入和结算，方便会员的同时也实现了交易事项的电子化记录。

三　经验借鉴

通过对美国芝加哥气候交易体系CCX发展历程和现状、运作机制及主要特征的介绍与分析，归纳如下可供武陵山片区生态环境保护碳交易市场建立时参考的经验：

一要建立明晰的法律依据。CCX作为自愿性减排模式的代表，在其自愿原则下吸纳众多会员，并签订具有法律约束力的契约进行强制减排。只有健全的法律和完善的协调监督机制才能保证交易所成员按规则进行有序的交易。

二要建立公开透明的信息化交易平台。统一的交易平台不仅能够方便管理机构对于各项交易的统计登记，还能帮助交易双方节约费用、简化交易手续。另外，官方平台的构建能够使得信息透明化以满足大数据时代的要求，数据库的建立便于分析以发现问题、积累经验。

三要做足准备，建立试运行机制，积累经验。CCX 的建立也经历了从探索到改进的环境适应过程，任何体系的构建都不是一蹴而就的，都需要在不断的尝试中改进。对于中国碳交易市场机制的构建也应当在准备充分的基础之上，从特定地区试点运行开始逐步走向全国推广。

第三节　欧盟碳排放交易体系

欧盟碳排放交易体系（European Union Emissions Trading Scheme，EU-ETS）是迄今为止世界上规模最大的，跨多个国家和多个行业的温室气体排放交易体系。对于经济发展模式从化石能源经济向低碳经济转变的国家，具有深刻的参考和借鉴意义。它的制定是欧盟为了帮助各成员国履行《京都议定书》中所要求的减排目标，同时也是为了获取在减排温室气体方面运用减排机制的经验。该体系于 2005 年开始试运行，到 2008 年才正式运行。其运作模式是总量控制下的碳排放配额自由交易，即欧盟根据各个国家经济发展、新能源利用的实际情况，统一发放碳排放配额（EUA），通过购买或出售配额以实现单个企业减排成本最低，从而使得总体成本最低。

欧盟的碳排放交易体系规划分三阶段执行，每个阶段的减排目标、涵盖范围和体系内容都在前一个阶段上有所进步。EU-ETS 的第一个阶段是试验期（2005—2007 年），第二阶段是京都期（2008—2012 年），第三阶段是后京都期（2012—2020 年）。随着时间的推移，参与 EU-ETS 的成员国逐渐覆盖欧盟的绝大部分国家；对于 CO_2的年排放限额逐步降低；温室气体的种类逐步增加，氧化亚氮和全氟化合物（全氟化碳）也被列入限排行列。

一　EU-ETS 的制度设计

欧盟碳排放交易体系采用总量控制与可相互交易的制度，该制度的设计是一个庞大的系统工程。下面将从交易范围、交易机制、交易载体和交易监管机制等方面深入分析。

（一）交易范围

在地域范围上，EU-ETS 规定碳排放交易体系统一适用于整个欧洲经济共同体，如此大大提高了碳交易的流动性，增强了欧盟碳交易市场的生命力。在行业范围上，欧盟根据经济效率、环境保护、国际竞争力、项目可行性等标准，确立了在一个相对较小的行业范围开始试点的发展思路，此行业应占欧盟温室气体总排放量的大头。并且随着试点工作的日益推进，为了进一步促成碳交易，EU-ETS 涵盖的行业宽度和广度越来越大。如表 2-7-3 所示，占欧盟二氧化碳排放量 45.1%的 6 大行业被纳为 EU-ETS 第一阶段管制对象，其中电力和热力生产行业是头号管制对象。2008 年欧盟宣布把航空业也纳入 EU-ETS 的管制范围，以应对迅速增长的航空业务造成的大量温室气体排放；从 2013 年开始，欧盟还将化工、制氨、制铝等行业纳入管辖体系。

表 2-7-3 欧盟排放交易体系涵盖的行业

行业	占欧盟 15 国 CO_2 排放总量的比例（%）
电力和热力生产	29.9
钢铁	5.4
石油精炼	3.6
化工	2.5
玻璃陶瓷及建筑材料（含水泥）	2.7
造纸和印刷（含纸浆）	1.0
合计	45.1

资料来源：曲如晓、江铨：《EU-ETS 的发展成效、运行机制及其启示》，《黑龙江社会科学》2012 年第 6 期，第 52 页。

具体到管制的气体范围，鉴于二氧化碳排放量占欧盟温室气体排放总量的 80%，且欧盟对二氧化碳监测、核证较系统、样本数据采集基础好，EU-ETS在一、二阶段只管制二氧化碳的排放，至第三阶段，即 2013 年起，欧盟开始将氧化亚氮和全氟化碳纳入管制，而且把 6 种温室气体的捕捉、运输和地质封存纳入了体系。

具体到管制的排放主体，欧盟委员会根据“大型燃烧装置指令”和“污染综合防止指令”，设置产能产量标准，将超标的排放设施和活动纳入管辖，对于小型设施（专门用于研发和试验新技术或工艺的排放设施）排除在外。主要是因为电力和热力生产、钢铁、石油精炼等行业的排放设施都相对较大，且“抓大放小”能实现单位减排量的分摊管理成本最小化，因此欧盟委员会最终确立的管制排放主体主要集中在能源行业，有色金属冶炼行业，大型的水泥、石灰制造业和其他的高污染、高耗能产业。

（二）交易机制

鉴于EU-ETS的目的是用经济有效的方式完成《京都议定书》的减排任务，所以交易模式也主要采用总量控制与交易的模式，方便与国际接轨，针对该模式欧盟设计了总量与分配机制，重点解决总量设定和配额分配的问题。

其中，EU-ETS的总量设定是“自上而下”和“自下而上”相结合的产物。欧盟委员会通过颁布“欧盟排放交易指令”（2003/87/EC指令），规定各成员国的交易标准和原则；各成员国根据该指令制订国家分配计划，并提交欧盟委员会审核，欧盟的总量即是各审核通过成员国申请配额的加权。值得注意的是，在进行排放量预测时，通常针对基准情景不考虑政策约束因素。由于EU-ETS在第一阶段，各成员国缺乏预测用相关数据（经济发展情况、气候变化情况、政策影响力等），且大多数成员国基本上设定了等于或略低于通常针对基准情景下排放预测的配额总量，使得第一阶段总量设定太高、配额供给过量。①

另外，排放配额的分配方法有无偿分配和有偿分配两种，其中无偿分配的方法有基于历史排放水平的祖父式、基于标准排放率的基准式、随机分配等；有偿分配的方法有拍卖、租赁等；常用的分配方法是拍卖和祖父式，如美国区域温室气体行动和丹麦二氧化碳交易体系分别是这两种方式的代表。

EU-ETS第一阶段以无偿分配为主、有偿分配为辅，拍卖配额不超过5%。第二阶段拍卖配额比例上升至10%，第三阶段开始，拍卖发展成为配额分配的基本方式。EU-ETS前两阶段主要采用祖父式分配方法，第三阶段开始，基准式将被广泛应用于对新进者的配额分配。祖父式分配法，即以某一年或某一时期为基期，最终获得的排放配额则由基期的排放量决

---

① Chevallier J, Pen Y L, Sévi B, “Options introduction and volatility in the EU-ETS,” Resource & Energy Economics 33（2011）：855-880.

定。基期的选择要注意当期的数据要精确，其与计划期的经济发展情况、产业结构等因素的差别不要过大。该方法可操作性强，但是对已采取减排措施的企业不公平。基准式分配方法则是根据设施的产能和核定的排放率标准之积来确定配额。

对于新进者，EU-ETS 为其预留了配额并采用基准法为其免费分配；对于停业者，EU-ETS将没收原先分派的排放配额。这一分配方案较以往对新进者实行有偿分配、对停业设施保留起始分配的方式有很大的进步，减轻了强制减排对产业发展和投资增长的压力，因为方案不仅公平对待了已有业者和新进业者，保护成员国在吸引新投资竞争中的有利地位，而且还惩罚了停业者，负向激励其节能减排。

（三）交易载体

为统一管理，并能保障碳交易在欧盟范围内顺利展开，欧盟设立了一个独立的集中注册平台，即独立交易日志（Community Independent Transaction Log，CITL）。由 CITL 和 EU-ETS注册组成的登记系统共同构成了欧盟碳交易体系的核心。该系统于 2005 年 1 月启用，主要用于链接各成员国的注册平台，追踪记录其发售、交易等信息，各成员国还需在规定的时间内向其汇报所管理对象的配额和实际排放数据，以确保所有基于EU-ETS下的配额交易和《京都议定书》下的减排信用交易都存在准确的记录。

（四）监管机制

根据“共同但有区别的责任”原则和“结合经济与碳市场发展分阶段执行”的特点，欧盟确立了其碳交易市场的监管目标和原则。主要包括：欧盟监管碳减排总目标，成员国监管具体碳交易；[①] 确保监管活动的公平性、透明性和市场化。

2010 年欧盟委员会颁布了《加强欧盟碳交易计划市场监管的框架》，框架中设有欧盟委员会、独立交易日志、金融监管机构以及各成员国的监管机构用来监督欧盟碳交易。针对碳交易的特殊性，欧盟还制定了一系列专门的监管制度，包括共同注册制度、碳身份证明制度、碳税的反向征收制度、利用现货市场的场外市场进行碳交易制度等，充分保障了碳市场监

① 李布：《欧盟碳排放交易体系的特征、绩效与启示》，《重庆理工大学学报：社会科学版》2010 年第 3 期。

管活动的正常进行，进一步充实了欧盟的碳交易制度。

二 EU-ETS 的主要特征

欧盟碳排放交易体系运行至今，取得了不菲的成绩，其成功的应用为欧盟建设全球性的碳交易市场打下了坚实的基础并为其在国际气候谈判中争取了主动权。根据前文介绍，EU-ETS 主要特征如下：

（一）阶段性

为了积累经验、保证实践过程可控，欧盟排放交易体系的实施是逐步推进的。从每个阶段对于交易涵盖的交易对象、覆盖的产业等都是一步一步、循序渐进确定的。在交易的对象上，从第一阶段的仅包含 CO_2 到第三阶段逐步包含《京都议定书》提出的 6 种温室气体；在覆盖的产业方面也是按照阶段性逐步设置被纳入体系的企业门槛。并且随着一个个阶段的推进，EU-ETS 借助其设计的碳排放交易体系在实践跨度上逐渐与《京都议定书》首次承诺时间保持一致。

（二）民主性

在排放权的分配问题上，EU-ETS 规定，各成员国只要遵循欧盟确立的原则、共同标准和程序，即可针对自身实际进行自主决策，各国所制定的排放量、排放权分配方案经欧盟委员会根据相关指令审核许可后即可生效。区别于美国 SO_2 排放总量交易体系的集中决策治理模式，该体系最大限度地保证了各个成员国的民主需求。采取民主分权化治理模式的主要原因是 EU-ETS 辖 30 个独立国家，其政治、经济、文化上各有特色，民主分权治理能有效平衡各成员国与欧盟利益，在兼顾成员国多样性的基础上实现总量减排的目标。因此，EU-ETS 被称为是“遵循共同标准和程序的独立交易体系的联合体”。

（三）综合性

EU-ETS 实现了其与《京都议定书》三种碳交易机制的有效衔接。EU-ETS允许被监管企业通过清洁发展机制或联合履约机制获得欧盟外的减排信用，即核证减排量（Certified Emission Reductions，CERs）或减排单位（Emission Reduction Units，ERUs）。在第一阶段，各成员国自行确定本国的 CER 和 ERU 使用比例；在第二阶段，欧盟委员会将自动审查该成员国的碳排计划，主要针对那些 CER 和 ERU 的使用比例不超过欧盟排放总量的 6%的国家。

三　经验借鉴

通过介绍欧盟碳排放交易体系（EU-ETS）的三阶段分工，从交易范围、交易机制、交易载体和交易监管机制等方面概述制度设计，从阶段性、民主性、综合性总结欧盟碳排放交易体系的主要特征，归纳出如下可供武陵山片区生态环境保护借鉴的经验。

一要“摸着石头过河”，争取先发优势。因为在欧盟碳排放交易体系建立之前还没有先行者可以学习借鉴，欧盟走在碳交易实践的前列，在《京都议定书》确立成员国减排任务之前（《京都议定书》第一履约期为 2008 年至 2012 年）便开始摸索建立跨多个国家和多个行业的温室气体排放交易体系，所以第一阶段存在许多不完美之处。2005 年才确定第一阶段配额，项目启动后各成员国都还没准备好本国的国际分配计划，导致项目开始的前一年半都在处理国际间的分配问题。但正是其快速行动、边学边做为履约提供了经验，为后一阶段开展工作打下了基础。而且“快速行动”为其争取了先发优势，促使其在之后的国际碳交易市场、气候谈判以及低碳行动中处于有利地位。武陵山片区未来的碳市场交易体系可借鉴欧盟经验争取先发优势，在初期阶段尽可能地让政策容易实施和接受。

二要在不损害产业发展竞争力的前提下实现碳减排。欧盟在构建 EU-ETS 时就考虑到了如何在不影响或尽量少影响管制对象竞争力的基础上管制二氧化碳排放。受管制活动的商业产出（例如某种特定产品比如钢铁）的国际竞争力水平和生产过程中直接和间接的二氧化碳排放水平共同决定了排放交易体系对管制对象的竞争力造成影响的大小。[①] 这两者之间的关系如图 2-7-1 所展示：

我国在设计排放交易机制时，也可以参考欧洲的做法，在不损害产业发展能力的前提下实现减排，可以从以下方面入手：首先，针对经济发展不平衡的区域采取对等的排放许可分配，以照顾不同区域的发展状况及竞争能力；其次，就行业而言，选择类似于电力行业等相对竞争压力小、能源密集型企业作为强制减排管制对象；同时，需要预留配额免费分配给新进入交易市场的企业，以照顾竞争压力较大的企业，推动整个碳排放权交

① 汪燕：《欧盟碳排放权交易体系的经验借鉴》，《浙江经济》2015 年第 18 期。

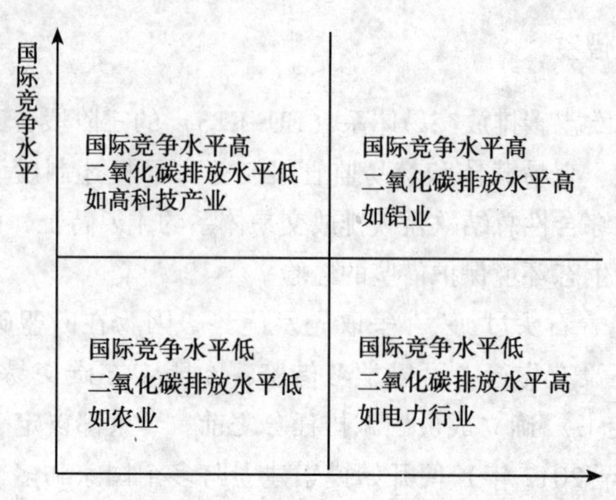

图 2-7-1 排放交易体系对行业竞争力的影响程度

易市场的健康发展。①

三要坚持将碳排放交易体系与电力市场化同步推进。欧盟碳排放交易体系设计实施阶段正值其电力市场自由化改革时期，发电成本会受到减排协议中的碳排放权定价的影响，电力企业能够通过电价调整以补偿减排约束造成的成本增加，以保障电力企业利益，避免电力投资的减少。从欧盟的经验来看，发电燃料的价格是主导电价波动的主要因素，对比碳排放价格与燃料价格，碳排放权议价更能推动能源结构向更清洁的方向转变。

四要合理使用基准。EU-ETS 基准设置机制包括以总量为目标的控制以及以交易机制和项目为基础的基准信用交易机制。前者交易成本低、操作简单，但对总量控制很绝对；后者实际上是对排放强度的限制，但操作复杂，减排效果能否实现也不确定。欧盟在减排的第一阶段，为快速行动，采用的是总量控制交易模式和祖父式分配方法。随着 EU-ETS的日趋成熟化，基准信用交易机制逐渐被推广开来。在对基准的取舍过程中，始终坚持一个原则，即针对所有管制对象设置基准或基线、用相对量进行普遍交易，这一点对武陵山片区设定基线信用交易模式有很大的参考价值。

① 常威：《浅析欧盟碳排放交易体系对于中国的借鉴意义》，《经营管理者》2015 年第1期。

第三篇

武陵山片区生态环境保护长效机制的构建

武陵山片区作为一个自然环境保护与经济发展矛盾突出的地区，为了实现该地区的可持续发展，寻求一种既能保护生态环境，又不影响经济发展的生态环境保护长效机制势在必行。长效机制的构建需要考量该片区的外部约束条件和内部经济发展特征，一方面，外部约束指机制的制定不仅要满足国家政策及法律法规要求，还要符合利益相关者的环保要求；另一方面，在保护区域内部的经济发展的同时，不仅要降低保护生态环境的成本，也要完善企业的绿色管理模式。武陵山片区的长效保护机制需要用经济手段来管理利益相关者、用行政手段来完善权责体系、用保障体系来维持生态保护机制的长效稳定，不断激励公众自愿参与的积极性。

第八章

武陵山片区生态环境保护的总体思路

通过对比国内外生态环境保护的实践的经验发现，武陵山片区实行的环境保护治理模式已经滞后于时代需求，扭转原有的传统惯性保护模式是处理好片区环境保护和经济发展关系的关键，要处理好“短痛”与“长痛”的关系，兼顾“输血”和“造血”两种模式，不仅要强调短期效应，而且要强调长期效果。可运用经济手段进行生态保护和环境治理以构建更多的市场交易体系，着力解决市场体系发育滞后等问题。该课题在实际调研和相关文献研究的基础上，结合搜集的数据资料，在生态资本化的基础上构建生态资本运营机制、生态补偿机制、环境产权的市场交易机制、生态环境保护的保障机制和生态产业发展机制相结合的环境保护长效机制，如图 3-8-1所示。

在建立系统完整的生态环境保护长效机制过程中，实行生态补偿和生态资源有偿使用制度，加强生态资本的运营和环境产权的市场化交易，改革生态环境保护管理体制，强调保护措施的连续性，从而为武陵山片区的生态环境保护提供持续动力。

第一节　理论基础

武陵山片区生态环境保护长效机制构建涉及政府、企业、民众等多方主体，涵盖政策、法律、经济、教育和文化等多个层面，在具体实施中需要明确武陵山片区生态环境保护长效机制构建的理论基础、基本原则和基本措施。

一　外部性理论

外部性最先由新古典经济学家代表人物马歇尔提出，后来由福利经济

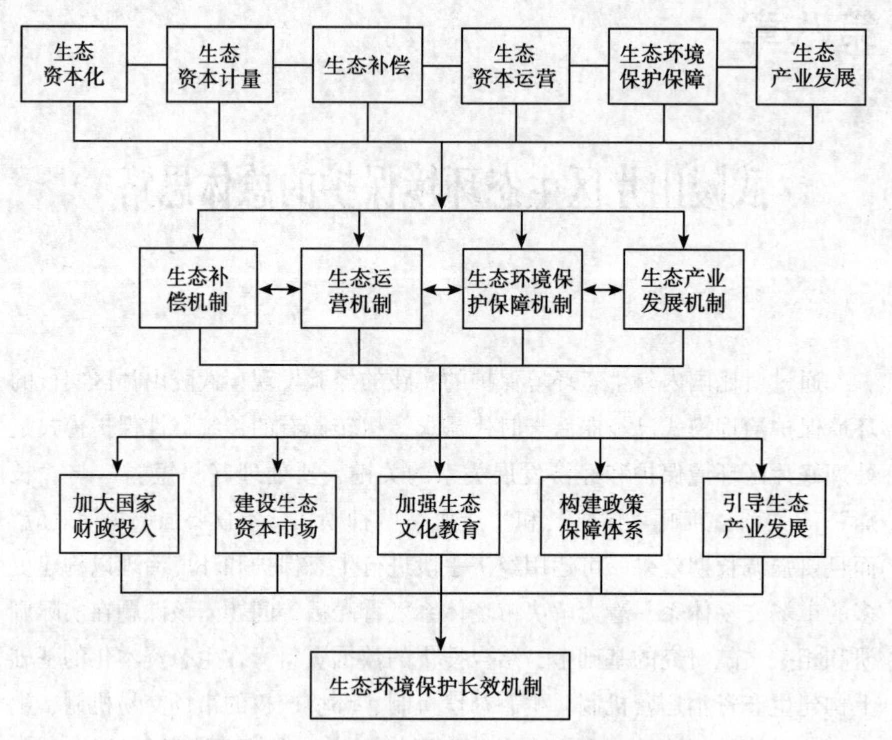

图 3-8-1 武陵山片区生态环境保护长效机制框架图

学的代表人物庇古对马歇尔的外部性进行发展而逐渐形成了如今的“外部性理论”。

马歇尔提出来的外部性指的是在市场中的两方在缺少相关交易的背景下，其中一方所承受的利益或者损失，恰好是由另一方的行为所导致的结果。这种外部性一般可以用效用函数进行表示：$U_A = U_A(X_1, X_2, \cdots, X_n; Y)$，其中 $X_i(i = 1, 2, \cdots, n)$，表示 A 的某种行为，Y 表示除 A 以外的所有其他的行为。总之，外部经济是一种现象，有些人可能会受损于这种现象，有些人可以从中受益。①

如化工造纸等相关行业，位于上游的化工造纸企业的污水排放将直接影响下游的生产和生活用水，这就是由生产活动所带来的一种消极的负外部性。与此相对应，养蜂人的生产活动即养蜜蜂，这一行为将意外地帮助农民传播授粉，这就是生产所带来的正外部性。其实在生活中正、负外部

① 林建华：《基于外部性理论的西部生态环境建设的基本思路》，《西北大学学报》（哲学社会科学版）2006 年第 4 期。

性的现象无处不在，如举办文化节音乐会、兴建孤儿养老院等非营利性活动，这些活动都具有正外部性；如乱砍滥伐、汽车废气排放、施工建设的噪音污染等，这些活动则具有负外部性。

庇古在外部性理论的研究上做出的最大贡献在于他是第一个将现代经济学的方法运用到研究外部性问题中的人，从福利经济学的角度出发，在马歇尔提出的“外部经济”这一概念的基础上，结合现实情况与理论研究进一步提出了“外部不经济”的理念和内容。自此以后，外部性研究的重点发生了巨大的变化。在此前，研究核心为外部因素对单个企业的影响，而在外部不经济的概念产生后，研究内容拓展到外部因素对不同经济主体以及多个主体之间的相互影响上。此外，学者针对外部性理论进行了更加深入而广泛的研究，将研究范围延伸到更广泛的领域，为外部性理论的进一步发展奠定了一定的基础。“外部不经济”的主要表现形式为：某些主体的生产或消费行为使得另一行为主体遭受到损失，然而前者对于后者的受损后果却无须补偿的现象。庇古税就是一种向产生负外部性的生产者征收一定的税收或向产生正外部性的生产者给予补贴的方式。

到目前为止，已有大量的文献资料对外部性理论进行了深入研究，并且将外部性理论与国家政治制度的变迁、产业结构的调整、经济增长方式的转变和环境的考核评价等经济及社会发展的一系列问题联系在一起。在这种研究背景下，国家或者地区的经济都会向着经济稳定型和环境友好型的方向转变和发展。然而，这种转变并不是轻而易举就能实现，也不是一种盲目的、局部的、自发的转变，这种顺应时代发展要求的转变必须遵循相应的环境经济学理论。出于市场改革和全面发展的需要，武陵山片区在发展的同时为了追求短时期内的经济发展与局部利益，就可能做出对生态资源开发不当的发展决策，从而对生态环境的有效保护造成不利后果，严重破坏武陵山片区的生态环境，对后期经济的稳定发展产生极大的制约。因此，外部性理论的与时俱进与完善发展，对我国生态环境保护和建设极具现实意义。

二　科斯定理——产权理论

科斯认为：在交易成本很小或者为零时，只要财产权是明确的，就可实现资源配置的帕累托最优，市场均衡的最终结果也是有效率的。但是在实际生活中，很难实现科斯定理的假设前提，因为有些财产权从法律上来说是很难明确的，而且要做到交易成本为零更是难上加难，甚至在现实中的交易成本是非常高的。因此，通过市场机制的手段对“负外部性”进行矫正存在一定困难。但同时，科斯确实提供了解决外部性问题的新方法和新思路，即通过市场机制的方式进行解决。美国和其他一部分国家在这一理论的指导下，已经实现了排放指标和污染物排放的交易。

事实表明，在经济活动中除了私人成本以外，社会成本也是不可忽视的。例如，钢铁生产成本包括：铁矿石采购成本、煤炭采购成本和工人报酬等，但这些都是“私人成本”；其实在生产钢铁的过程中所排放的污水、废气、废渣，这些则是社会所需要付出的代价。如果仅从单方面计算私人成本，生产钢铁应该算是合理的，但是如果从社会这个角度出发来考虑成本问题，可能就不像想象中的那么合算了，因为生产过程中所带来的负外部性效应还是很明显的。正是由于这样的原因，许多经济学家都提出了要通过征税的方式来解决这个问题，就是政府出面干预，通过“有形的手”干预的方式，使得交易成本增加，从而降低钢铁生产量。但是，任何适当规定的税率和有效的税收，也都要花费一定的实施成本。因此，科斯就提出：政府需要将产权清晰化。如果居民的财产是河流，钢铁厂使用河流的水，如果不能够给居民一定的补偿费用，就不能开始正常的生产运营活动；若支付了一定的费用，成本自然高了，则产量就会减少。相反，如果河流的产权归于钢铁厂，则居民就只能通过给钢铁厂一定的“费用”来让其减少对生存环境的污染，以此来获得自身健康上的“收益”，所以只要居民认为获得的利益高于那些“支付费用”的价值，则他们赞成并运用“购买”的方式来让钢铁厂方降低生产从而减少污染排放。当生产商获得的利润和接受“购买”方式所带来的收入相等时，它就会主动减少生产。所以仅从理论上来说，一是厂方赔偿，二是居民赎买，这两种方式都会达成交易成本最小化，最利于双方。

这种方式可以借鉴到武陵山片区的重工业转型和生态污染治理的环节上来，通过这样的方式来加强区域的生态环境保护，一方面不会让生态环境受到过于严重的破坏，另一方面也不会使生产者和当地居民产生更多的矛盾。武陵山片区经济发展相对滞后，还有待于进一步的提高，追求经济发展的首要目标就是要扩大生产规模，从而片面地追求经济效益，这样自然可能会忽视对环境的保护。产业发展是带动区域经济发展的核心动力之一，武陵山片区作为一个长期有待发展的地区，地理环境复杂，但是生态资源丰富，只要合理开发和利用就会有效地带动地方经济的发展。同时，作为一个生态脆弱的地区，其需要的不是一个先发展后治理的传统发展方式，而是一种保护式的发展模式，这就需要总结、借鉴其他国家或者区域的先进经验，最终运用到武陵山片区生态环境保护上来，但是因国情、政策环境等具体情况的不同，更需要创新式地构造一个适合武陵山片区生态环境的长效保护机制。

三 可持续发展理论

随着经济的持续发展，生态环境保护意识已成为经济学家所要讨论和研究的重点，可持续的经济发展观已然成为社会讨论的热题。《我们共同的未来》是 1987 年联合国世界环境与发展委员会所做出的报告，它率先提出了“经济可持续发展”的理念。并且在报告中还明确了可持续发展的内涵：在不损害并满足后代人的需求的基础上，满足当代人的需要。在 1992 年联合国的《里约宣言》中将可持续发展理论进一步阐述为：人类可以拥有和自然和谐相处的权利，从而去过健康而富有的生活，并且能够满足现在及后代在发展方面的需要。

在不同的区域，可持续发展方式的表现形式也有所不同，但都是为了追求一种有效的环境保护长效机制。可持续发展理念的核心是一种长远、有效并且循环的绿色经济发展方式，这种模式既能够满足当代人的需求，也不会对后代人的需求构成危害，表现形式一般包含三个大的方面：生态发展的可持续、经济发展的可持续以及社会发展的可持续。生态环境是大自然的代表杰作，也是人类生存和发展所必须要依存的环境，其好坏将直接影响人类的生产和生活，它是所有物质活动的载体，同样也是经济和社会可持续发展必不可少的基础。国家要想实现人与自然和谐相处的最终目标，就不能任由生态环境的恶化来阻碍社会前进的步伐，因此就必须采取包括税收政策在内的宏观调节手段来进行干预，即“有形的手”。所收取的环境税收便可以用来弥补当代人给后代人造成的损失，从而减少向后代人传递负的外部性的影响，促使代际外部不经济的内部化。此外，环境税收的方式不仅可以用于改善生态环境的质量，而且能引导经济发展主体在从事经营活动时更多地去考虑生态环境的承载力，有利于促进资源的可持续利用，为经济发展和社会进步打下一个更为理想的基础。

由于生态与环境问题的外部性特征，发展中国家不得不承担发达国家在工业化进程中所造成的种种环境破坏的后果。随着经济的发展，发展中国家和世界上大多数的发达国家面临着类似的发展困境，即严峻的生态环境问题。但与发达国家不同的是，发展中国家不仅面临着严峻的环境问题，而且这种紧张的环境问题还与贫困问题紧密联系，这就造成了贫困与环境破坏互为因果的局面，即所谓“环境性贫困”问题。1972 年《联合国人类环境工作会议宣言》就曾指出：“发展中国家的环境问题大多主要是由于发展不足所导致的，数百万人仍然处于最低生存水平，他们无法获得足够的食物、服装、住房、教育、卫生。因此，发展中国家必须把重点放在发展经济和保护、改善环境方面。”

当贫困出现的时候，治理生态环境的目标与发展经济的目标也就不可避免地会产生冲突。究竟是优先发展经济，还是按照纯粹环境主义者的观点，坚持诸如“零增长”之类的环境至上的主张呢？事实上这是每一个发展中国家都无法回避的两难选择，当然也是进行生态环境治理时必须面对的一个难题。绝对地强调生态环境的治理效果，甚至脱离经济发展不足的现实，即使可以取得暂时的效果，也不能消除导致生态环境破坏的根源，所以从长远看并不能达到治理目的。

但在另一方面，一味强调经济增长，采取“先发展，后治理”的理念并不符合成本效益的最优原则，而且也与可持续发展观点相背离，所以显然是不可行的。因此，既兼顾生态环境治理，又充分考虑经济发展的要求，是武陵山片区进行生态环境治理制度创新所必须坚持的又一重要原则。

武陵山片区是一个土地资源丰富，拥有大量水电资源、矿产资源、森林资源、植物资源和旅游资源的区域。伴随着经济可持续发展观点的不断深入，如何在不破坏生态环境的条件下发展当地经济成为当地政府不得不考虑的前提，不能够因为发展经济而破坏生态平衡。经济的可持续性包括两个含义：一是经济系统的工作秩序是良好的；二是可以持续很长一段时间发展。武陵山片区需要发展，而经济可持续性首先要做的就是在经济上要有增长，它不仅仅是重视数量上的增长，而且需要不断地改善经济增长质量。但是生态环境又需要保护，这就要求武陵山片区在发展的过程中要做到不断地经济增长优化资源配置、节约和合理使用资源、降低损耗、提高利用效率、改变传统的粗放式生产消费方式，从而营造出经济与人口，资源、环境和社会相协调的，可持续的发展方式。

四　生态资本理论

在人类社会的发展进程中，由于过去的生产水平比较落后，发展经济对环境的损耗非常有限，并且自然资源没有呈现出稀缺性的特点，表现出一种公共性，使得人类有意或无意贬低其价值。随着科技革命带来了机器大生产，带来了对自然资源的消耗和环境的破坏，这也导致在自然环境保护中出现“公地悲剧”，从而导致生态环境不断恶化。政府为了解决存在的环境问题，通过公共财政对生态环境进行一种“福利”投资。但是这导致资源的使用和投资之间的脱节，割裂环境的使用价值和价值之间的关系，并且加剧政府与企业在环境保护和利用上的利益冲突。

“公地悲剧”的根源就是生态环境的公共性使得环境失去了其资本的特性，使用者在竞争中为了获得自身利益的最大化而尽可能最大化地使用资源，从而使得生态环境不断恶化，直到生态环境提供的资源没有使用价值。通过产权建立一套明确的环境资本产权和经营主体的生态环境资本制度可以很好地解决无限利用开发资源的现状。在市场利益的作用下，经营生态环境资本的主体必然会选择最大化环境资本价值的经营手段，并且在这个过程中产权所有者会考虑如何才能尽可能小地对资本造成损耗，从而会选择一种生态化的经营手段。生态资本化不仅是生态资源的自然要求，也是社会发展趋势的要求。首先，自然资源作为一种生产要素会有意无意地渗透到商品当中去，通过这样一种转移来实现其价值和使用价值；其次，生态资源作为一种功能性的环境资产，通过其生态服务而产生网络外部性，这种正的外部性为社会上其他主体带来了外部收益，产生了一种收益外溢；最后，随着经济发展水平的不断提高，民众对生态环境的重视程度也越来越明显，优美的生态环境日益成为了一种稀缺性的资源。可见，生态环境具有资本的特性，这种资本的特性首先体现在其稀缺性和外部性上。

生态资本是由自然资本引申出来的概念。1948 年美国学者 Vogt 首次提出自然资本的概念：由于自然资源资本的耗竭，美国偿还债务的能力逐渐降低，因此能带来未来现金流量的生态资产就是生态资本，它具有增殖性的一般属性，以形态转换来体现其价值并实现价值增殖。[①] 生态资本化

① 曹宝、王秀波、罗宏：《自然资本：概念、内涵及其分类探讨》，《辽宁经济》2009 年第 8 期。

是将生态资源和环境转化为地区经济增长和财富积累的优势，环境资本运营可以给社会带来更大的价值。生态资本的概念是生态和资本两个概念组合而成，生态资本具有资本和生态的双重特性，是将资本普遍性与生态特殊性有机结合的不断增殖过程，是一种资本的动态概念。

就武陵山片区而言，该地区的生态环境资本兼具消费不可分割性和非排他性的典型公共产品属性，这也会使得地区内企业失去生态环境投资的内在动力，与此同时也会激发地区内企业在逐利的前提下过度消耗生态环境资源，可见这样一种“理性经济”假设与生态环境的外部性表现出了内在的矛盾。通过马歇尔对“外部经济”思想的阐释，庇古也正式提出和建立外部性理论，主要表达市场不能解决“外部性”带来的损害，即所谓市场失灵，此时需要政府进行适当干预，他所提出的“庇古税”，也就是用税收的方法将“外部性”内部化，[①] 对造成资源消耗和环境破坏的行为进行强制性收费和征税，如燃油附加费、排污费、污染处理费和生态环境补偿费等。但是我国关于生态环保方面的税费普遍存在着一种刚性不足、征收范围偏窄、收费标准偏低、不能体现地区差异的特点，所以导致地区的生态资本通过税费来进行保护的低效率。而且就实际情况来看，由于生态资源外部性的离散性使得外部效益的享用者难以确定，并且这些税费不能弥补社会在生态环境修复上的成本。科斯认为庇古的观念存在不合理性，他认为一般较为理性的主体为了让资源得到最优利用，会考虑外溢成本和收益，从而不存在庇古所谓的社会成本，与此同时，还可以把外部性问题转化成产权问题，通过谈判、协商等手段实现利益最大化。[②] 根据科斯第一定理，产权界定可以解决外部性的问题，也就是将生态资源的产权明晰化，确定经营的主体，将生态资本的外溢转嫁到其生态产品和服务当中去，这样可以很好地解决生态资本外溢性的不可分割性所导致的回收难度。

五　生态资本的计量方法

生态资本包含其天然价值，生态资源的使用价值是其为人类生存提供了必不可少的阳光、空气、水等资源。这些物品是具有价值的，也就是自

---

① Pigou A. C., The Economics of Welfare, London: Macmillan Press, 1960, pp. 3-27.

② ［美］R. 科斯等：《财产权利与制度变迁》，上海三联书店 1991 年版，第 96—113 页。

然资源天生具有价值，这部分价值不经过人类的劳动而产生，但是由于其稀缺性和功能性使其在当今社会的价值越来越明显。当供给少时，其价值必然会上升，也就是说某一种自然资源的价值和其稀缺性呈正比。自然资源的功能性也就是自然资源的使用价值，自然资源的使用价值必然会反映在其价值上。所以自然资源的天然价格与其稀缺性和功能性有关。

生态资本包含附加的人工价值。由于人类的社会活动会使得生态资本的价值发生变化，所以在计算生态资本时需要考虑人工价值。比如植树造林对水土的保护，限制开发区或禁止开发区的机会成本等都表现了人类对生态资本有直接或间接的影响。

生态资本包含服务价值。生态资本的服务价值主要体现为其提供的生态服务，如提供休闲娱乐和生态旅游等服务性功能，这样的一种功能也具有生态资本的价值，生态资本的价值体现在其提供的功能附加值上。

目前国内外关于生态服务价值评估的方法可以为生态资本的计量提供借鉴，如表 3-8-1 所示。

表 3-8-1　　生态服务价值评估方法

评估方法	评估原理
市场价值法	根据生态环境物品的变化引起的生产率变化来估算①
机会成本法	根据保护某种生态环境的最大机会成本来估算②
预防性支出法	根据人们为防止环境质量下降需要支付的费用来估算③
功能价值法	根据生态产品和服务的功能经济价值来估算④
重置成本法	根据恢复和保护某种程度生态环境需要支付的费用来估算⑤

① Paglola S. et al., *Selling Forest Environmental Services: Market-Based Mechanisms for Conservation and Development*, London: Earthscan Publications Ltd, 2002, p. 26.

② Qin Y. H, Kang M. Y., "A Review of Ecological Compensation and its Improvement Measures," *Journal of Natural Resources* 4 (2007): 557-567.

③ 李开孟：《环境影响货币量化分析的防护性支出和旅游费用法》，《中国工程咨询》2008 年第 8 期。

④ Wunder S., Alban M., "Decentralized Payments for Environmental Services: The Cases of Pimampiro and FROFAFOR in Ecuador," *Ecological Economics*, 4 (2008): 685-698.

⑤ 姚恩全、饶逸飞、李作奎：《基于重置成本法的排污权定价测算研究——以沈阳市 COD 排放为例》，《辽宁师范大学学报》（自然科学版）2012 年第 4 期。

续表

评估方法	评估原理
替代成本法	根据现有生态服务产品和服务替代品的成本来估算①
旅行成本法	根据人们旅行费作为替代物来对生态风景资源进行估算②

（一）市场价值法

市场价值法是根据生态环境物品的变化引起的生产率变化进行估算得出的，可以采用生产率的方法来计算，因为生态环境的保护会带来地区生产率的提升，从而产生一定的经济剩余。

其计算公式可以表示为：

$$V = (\sum_{i=1}^{N} p_i \times q_i - \sum_{i=1}^{N} c_i)x - (\sum_{i=1}^{N} p_i \times q_i - \sum_{i=1}^{N} c_i)y$$

V 为生态服务产生的剩余，p_i 为产品 i 的价格，q_i 为产品 i 的数量，c_i 为产品 i 的成本，x 为生态环境保护之后生态产品价值的折现率，y 为生态环境保护之前生态产品价值的折现率。由于生态产品服务之间存在交叉性，该方法适合于单一生态服务价值的计量。

（二）机会成本法

机会成本法是指因使用某一方案而放弃剩余方案中可能获得的最大收益的成本，武陵山片区为了保护生态环境，因不进行大规模的工业开发而放弃各种资源的机会成本，这些机会成本可以用来衡量生态价值。

$$V = \sum_{i=1}^{N} s_i \times q_i$$

s_i 为第 i 种资源的单位机会成本，q_i 为放弃第 i 种资源的数量。

（三）预防性支出法

预防性支出法是指为了避免环境危害而需要支付的环境保护的成本，比如一旦水源污染不能饮用，就需要购买纯净水，此时购买纯净水的费用就是水源保护的预防性支出。

（四）功能价值法

功能价值法就是根据市场价格对生态系统的产品和服务进行估价的方

---

①　Brian R.，William W. W.，"Policy Evaluation of Natural Resource Injuries Using Habitat Equivalency Analysis，" *Ecological Economics*，2（2006）：421-437.

②　Garrod G.，Willis K. G.，*Economic Valuation of the Environment：Methods and Case Studies*，USA：Edward Elgar Publishing Ltd，1999，pp. 200-300.

法，该方法适用于有市场价格的生态系统的产品和服务价格的评估。功能价值法能够清晰地反映生态产品和服务的价值，其计算价值的过程可以分为三个步骤：首先计算某种生态服务的产量，其次研究生态服务的价格，最后计算其总的经济价值，也就是其生态服务的价值。其计算公式可以表示为：

$$V = \sum_{i=1}^{N} s_i \times k_i \times p_i$$

V 为生态服务总价值，s_i 为第 i 种资源的面积，k_i 为第 i 种资源提供生态服务的单位产量，p_i 为第 i 种资源提供生态服务的单位价格。功能价值法能够明确生态服务的价格和价值，便于消费者接受，也符合公众的心理判断，但是需要计算出进行交易的产品的数量和价格，对市场的要求较高。

（五）重置成本法

重置成本法是指由于避免环境损坏而产生避免消除这一环境危害所带来的效益，以恢复或更新的费用作为计量成本。比如一旦水源污染不能饮用，就需要采取相关的措施来修复和净化水源，此时修复和净化水源的费用就是水源保护的重置成本。生态补偿中还应考虑生态保护的投入成本，具体包括生态环境保护的建设成本 h_{i1} 、管理成本 h_{i2} 、机会成本 h_{i3} 及成本基准收益 R_i ，此时就有：

$$H_i = h_{i1} + h_{i2} + h_{i3} + R_i$$

其中建设成本和管理成本以地区生态环境保护投入来计算，机会成本是地区在主体功能区规划之下丧失的发展机会，其计算方法如下：

$$h_{i3} = (t - t_i) \times L_{it} + (f - f_i) \times L_{if}$$

h_{i3} 为机会成本，t 为区域内非禁止开发区和限制开发区的城镇人均可支配收入，t_i 为区域内禁止开发区和限制开发区城镇人均可支配收入，f 为非禁止开发区和限制开发区农村人均收入，f_i 为禁止开发区和限制开发区农村人均收入，L_{it} 为禁止开发区和限制开发区城镇人口数量，L_{if} 为禁止开发区和限制开发区农村人口数量。

在三种成本的基础上要考虑到其资金可能产生的投资收益，市场利率水平为 r 时有：

$$R_i = (h_{i1} + h_{i2} + h_{i3}) \times r$$

那么收益地需要补偿数量为：$H_i = (h_{i1} + h_{i2} + h_{i3}) \times (1 + r)$ 。

（六）替代成本法

替代成本法是计算建立一个工程来替代生态系统的某一项生态服务功能而付出的成本，比如湖泊对洪水调蓄功能的价值可以通过利用防洪设施的成本来进行估算。

（七）旅行成本法

旅行成本法是根据人们旅行费作为替代物来对生态风景资源进行估算，将环境质量发生变化带来的旅游效益的变化通过旅行费用来计算，从而估算出生态环境质量变化带来的效益上的变化。将生态环境的价格看作生态环境消费的直接费用和消费者产生的剩余之和，那么消费者支付意愿就是消费者剩余，也就是消费者对生态环境产品的一种消费。

第二节　基本原则

生态环境保护机制的长效运行需要坚持经济发展与环境保护的双重目标；坚持激励原则，通过一系列的激励政策来带动武陵山片区企业、居民对环境的保护力度；坚持机制的创新，突破原有的局限，鼓励更多的主体参与到行动中来。

一　坚持经济发展与环境保护相协调

交互胁迫、相互促进是经济发展与环境保护之间的相互作用，经济发展能够引起所在区域生态环境的变化（环境的恶化或改善）；同时，环境的变化也会引起经济发展水平的变化（加速经济发展或限制经济发展）。在前文分析武陵山片区生态环境保护现状及其问题的基础上，发现解决武陵山片区生态环境保护中存在的问题必须兼顾经济发展与环境保护的协调。

武陵山片区作为当前国家重点扶贫开发攻坚区域，属于集中连片特殊困难地区，长期以来经济发展水平落后，人均收入较低，其环境问题多与贫困联系在一起。因此武陵山片区必须致力于发展工作，通过经济发展逐步提高所在区域的经济水平，逐渐打破武陵山片区 PPE 怪圈（“贫困——人口——环境”怪圈）；坚持统筹经济发展与环境保护相统一，在保护中开发，在开发中保护；在加强武陵山片区生态环境保护的同时，科学合理地开发、利用片区内丰富的生态资源，通过加快发展生态产业的进程，推动该区域经济水平不断发展，在发展中解决生态环境问题。

二　坚持激励相容原则

激励相容是由哈维茨在其创立的机制设计理论中提出的，表示在市场的经济活动运作中，每个理性经济人都存在追求自身利益最大化的一面，因此其在市场中的个人活动与决策会按照自利的价值导向来行为或行动；所以需要某种制度，可以使行为人做出的追求利益最大化的决策正好与企业实现集体利益最大化的目标相契合。经过实践论证表明，“激励相容”原则的贯彻，能有效协调个人利益与集体利益之间的矛盾冲突，通过个人价值与集体价值的两个目标函数实现一致化，从而使得个人的行为方式和结果能够符合集体价值最大化的目标。

目前严峻的生态环境现状并不是由于治理环境、防治污染的技术水平还不够高，而是由于我国在环保工作的制度规定上不够完善，没有寻求经济发展与环境保护二者的共存。所以，当下的重点就需要构建科学有效的环保制度，为实现环境与经济的协同发展，在制度创新的前提下，融入惩罚与激励机制，选择有利于生态环境的措施，确保市场中的主体在制度层面从自身利润最大化角度出发，从而缓解对环境造成的损害。此外，充分的激励作用也可实现正外部性的内在化。当前日益严重的生态破坏与环境污染问题的主要原因是制度设计的问题，使得经济发展与环境保护的政策没有达到一种统一的状态，这需要对制度设计进行思考。通过激励机制和约束机制来创新当前的制度设计，实现环境保护与经济发展的和谐一致，选择足够的激励和有利于环境保护的政策措施使得环境保护更具有实践性和可操作性。

对于武陵山片区生态环境保护机制的构建，一定要考虑所在区域经济主体（政府、民众）自身效用的最大化，并使经济主体追求自身效用最大化的行为与武陵山片区生态环境保护的整体目标相一致。国家应该出台相应的激励政策和约束政策，通过这些激励政策和约束政策对武陵山片区生态环境保护主体产生推动力，促进武陵山片区政府及民众积极保护片区生态环境。同时，当武陵山片区政府、民众的行为偏离了武陵山片区生态环境的既定方向时，相关约束政策产生回推力，[①] 保障相关主体按照既定

---

① 沈田华：《三峡水库重庆库区生态公益林补偿机制研究》，博士学位论文，西南大学，2013 年。

的政策和目标行动。

三 坚持机制创新、多方主体参与原则

武陵山片区的生态环境保护需要加快生态环境保护机制创新的步伐，建立政府、企业、社会多元投入机制和治理市场化运营机制，充分发挥好政府的组织、推动和引导作用，采取多种举措，为生态环境保护提供良好的政策环境和公共服务，增强武陵山片区生态环境保护能力建设，强化监管。通过各项激励与约束政策的制定，不断完善生态环境保护长效机制。对于武陵山片区生态环境保护长效机制的构建要能够充分发挥企业和公众这两大主体的作用，通过相关市场手段引导企业和公众广泛参与。

第三节 基本措施

对于武陵山片区生态环境保护长效机制的构建，涉及政府、企业、民众等多方主体，涵盖政策、法律、经济、教育文化等多个层面。在具体实施中，首先，需要明确武陵山片区生态环境保护长效机制构建的目标和基本原则；其次，根据具体情况对武陵山片区生态环境保护长效机制中生态资本运营机制、生态补偿机制、生态环境保护的保障机制和生态产业发展机制逐一进行分析；最后，对总体机制构建提出相应措施，总体思路主要有以下四点。

一 发展生态经济

生态经济模式是实现武陵山片区可持续发展的一种新型的、先进的发展方式，它既不是以牺牲武陵山片区自然生态环境为代价的经济增长模式，也不是以牺牲武陵山片区经济增长与发展为代价的生态平衡模式，而是强调武陵山片区经济系统、社会系统与生态系统相互协调、相互促进、相互发展的生态型经济发展模式。生态经济发展对于武陵山片区经济发展与环境保护至关重要。因此，武陵山片区要重视生态经济产业发展机制构建，通过大力发展生态农业、生态工业、生态旅游业以及现代服务业提高武陵山片区经济发展水平。

二 完善生态补偿

生态补偿机制是为保护生态环境，依据发展的机会成本、生态系统服

务价值和生态保护成本，综合运用市场和行政手段，调整生态环境保护和建设相关方利益关系的环境经济政策。生态环境保护的主要特征就是保护者不一定是最大受益者，由于生态环境保护存在巨大的外部性，当生态环境的保护者支出的保护成本不能够得到相应的补偿时，相关主体就会丧失生态环境保护的积极性，从而导致生态环境的日益恶化。生态补偿机制作为武陵山片区生态环境长效机制中的重要组成部分，其实施效果好坏直接影响武陵山片区生态环境保护相关主体的积极性。因此，武陵山片区生态环境保护长效机制要建立完善的生态补偿机制，强化生态环境保护中的激励和约束，使外部性能够内在化。

三　运营生态资本

生态资本运营机制是作为当前实现生态服务价值的新思路，逐渐引起相关研究学者关注。生态资本的运营就是通过市场化的手段将生态资源和环境货币化，从而保证其保值和增殖。通过构建生态资本运营机制，能够实现生态环境保护与经济发展相协调。武陵山片区可以充分利用当地生态环境，着重提高产品的品质和服务的质量，以实现生态环境的附加值；同时，根据武陵山片区的资源禀赋，将生态的理念植入其中，在地区人力资源和资本的作用下，实现投入资源的生态价值。生态资本运营对于武陵山片区有着非常重要的意义，作为实现“资源资本化”的关键途径，生态资本运营通过生态资源与资本二者之间的动态转化，不仅可以有效地产生资本增量，而且可以高效科学地解决片区面临的严峻的生态环境问题。

四　构建保障体系

生态环境保护长效机制不仅仅是环境问题，还涉及经济、文化、政策、法律等方面，是一项较为复杂的系统工程。生态环境保护长效机制的构建要想顺利实施必须有相应完善的制度体系进行保障。对此，在构建武陵山生态环境保护长效机制过程中，必须重视相关保障体系构建，通过法律、政策等各项制度建立、完善保障体系，保证长效机制的顺利实施并取得实效。应以法律政策、经济产业、生态环境以及教育文化为出发点，建立适合于武陵山片区的生态环境保护长效机制。

第九章

武陵山片区生态资本化与计量方法

生态资产形态和价值的不断变化致使生态资产不断增殖的整个过程被称为生态资产资本化，所以生态资本化是生态资产转变为生态资本的一个过程。通过人为开发和投资将生态资产盘活转化为生态资本，在一定运营手段下形成生态产品，最终通过生态市场实现其价值。生态资本化的最终目标就是保证地区生态资本的保值和增殖。考虑到生态系统的外部性，生态资源可通过生态资本货币化，根据生态系统存量和外部输入采用适当的生态资本运营方式，保证生态系统的稳定。

第一节　生态资本化的基本思路

生态资本的自然属性、社会属性和经济属性决定了生态资源具有资本的属性。首先，生态资源会转变成为生态资产；其次，生态资产的使用价值决定其可以成为一种生态资本，这就是生态资源价值实现的资本化过程。

一　生态资本的基本属性

生态资本的重要组成部分是生态环境质量要素，并不是所有的自然资源都属于生态资本，生态资本是指具有生产支持功能、提供生态服务价值稀缺性的自然资源，这种自然资源必须具有明确的所有权，其所提供的生产支持和服务价值才能够经营和管理，资产的价值才有计量的基础。

（一）自然属性

能够对区域生态系统产生特定影响的生态质量因素才能成为生态资本。比如区域的水资源和矿产资源，虽然两者都是与经济发展息息相关的资源和社会经济发展的原料，但并不是都与生态质量相关。水资源质量是评价地区生态环境质量的重要指标，所有水资源均可以看作生态资本的一部分，而矿产资源本身与生态环境质量是没有必然联系的，所有矿产资源不属于生态资本。生态资本建立在自然资源和社会资源的基础之上，因为自然资源具有提供生态服务的功能，因此生态环境具有物质的载体；同时在社会资源基础上，自然资源具有生态文化影响力。生态资本重点强调生态环境质量要素在生态、经济和社会三个方面都具有生态服务价值或生产支持性功能，其价值表现为自然资源的功能和服务价值、实现货币化后的货币价值和存在价值。

（二）社会属性

生态资本也具有社会属性，在遵循市场供求和竞争规律之下，具有交换价值以实现资本的保值和增殖。具有社会经济系统和生态自然系统所产生的特殊意义是自然生态系统的特性。生态资本的价值就是其提供的支持性功能和服务。比如在生态环境好的地区，其生产出的农产品的价值就比其他地区的大，因为在生态环境好的地区减少了化肥农药的使用，使得农产品的质量得到了提升，从而有了更高的附加值，这就体现了生态环境对生产的支持性功能。生态服务则更多体现在对区域生态环境的优化从而为本地区的生命活动提供了支撑，而且对整个区域的生态的稳定做出了贡献，比如森林就有利于水土保持。由于生态资本的社会属性使得人类以保值和增殖为目标对生态资本进行经营，在不影响生态资本发挥自然功能的前提下，人类才会对自然资源进行使用和消耗，而不是在破坏自然资本功能的基础上进行生产。

（三）经济属性

经济学上定义的稀缺性是物品具有价值的基础，生态环境如果不具有稀缺性，就不能成为资本，而只能成为生态资源，并且这种生态环境质量必须具有清晰明确的所有权，这是保证生态环境质量提供的产品和服务能够经营、控制和管理，从而实现保值和增殖的前提。在有限的自然资源基础上，要求人类发掘出自然资本更多的功能，提供更高级的服务，同时也要求人类不断提高自然资本的使用效率。由于生态资本的稀缺性，决定了人类不能随意无节制地利用自然资源，一旦人类失去了自然资源，就要危及人类的生存和发展，但是只要人类与自然能够实现和谐发展，不仅人类可以更好地生存，而且自然资源可以得到更好的发展和增殖，这样自然资源会给人类社会带来更多更好的物质资料和生态服务，实现人与自然的共生共荣。在武陵山片区，首先要保证生态资本的保值，由于生态资本会存在自然损耗，所以需要通过必要的修复和维护手段来保证生态资本的存量；其次，在生态资本的增殖过程中，需要通过法律、法规保证生态资本的运营，避免生态资本陷入“市场失灵”的陷阱。

在国家主体开发规划中，武陵山片区的大部分地区为了环境保护而丧失了发展机会，因此增殖是该地区生态资本运营中最核心的环节。为减轻地区的发展压力、改善地区的发展水平和生存环境，要利用增殖的生态资本，创造出经济效益。只有实现生态资本增殖，才能保证社会与经济的协调发展，从而推动生态资本运营的良性循环。

二　生态资本化的方法

生态资产在资本化之后具备了增殖性，要求生态资本通过循环和流转来实现自身的不断增殖。首先要将生态资产盘活，使其成为能保值或增殖的资产；其次，通过资本运营的手段实现其价值，这一过程就是生态资产资本化；最后，通过其生产支持功能与生态服务功能来实现经济价值，也就是生态资本的货币化过程。

生态资本化的过程可以分为以下四个步骤，如图3-9-1所示。

首先，人们对生态资源和环境的使用价值和稀缺性的判断与认识是生态资本化的先决条件，效用是生态资本形成的认知条件，生态资源的存在是其他一切价值的基础，其生产支持性功能和生态服务是货币化价值的基础。

其次，产权的明晰是确定资本权益主体的关键，使得生态资本化的主体有权获得经济激励。

再次，生态资本化要求生态资源和环境在技术手段下能够形成生态产品或服务，即将生态资源转换为环境价值的阶段，进而决定了生态产品和服务具备商品的性质。

最后，使其使用价值能够通过市场交换转换为商品价值，并且有愿意为之付费的消费群体。

在生态资本化之后，可以通过相关生态资本的计量方法来计算地区的生态资本价值，并通过资本转换系数来实现价值到价值量的转换，本课题以武陵山片区的生态系统服务和生态足迹为基础可以估算片区的生态资本。

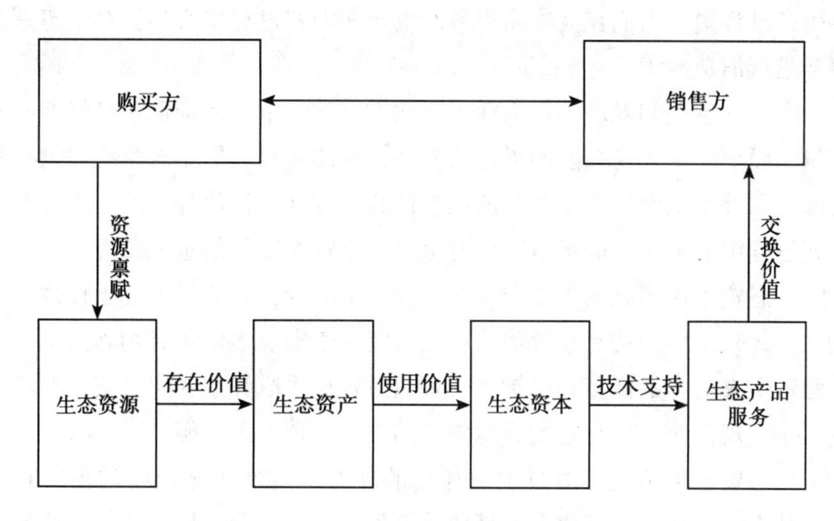

图 3-9-1　生态资本化的基本流程图

生态系统服务包括空气调节服务、水质优化服务、避免生态环境恶化和视觉与精神收益等各方面，因此就有：

$$生态资本价值量 = \sum_{i=1}^{n}(生态服务价值_i \times 资本转换系数_i)$$

其中，i 为生态环境提供的空气调节、水质保护、避免环保污染和视觉、精神服务等生态系统服务因素，资本转换系数的作用是把生态资本的服务价值调整为经济价值量，不同的生态系统服务价值的稀缺性不同，所以不同种类的生态系统服务应采用不同的资本转换系数。

由于生态系统服务价值的生态资本计量方法的针对性较强，容易忽视生态系统的全面性和复杂性，所以用生态足迹法来计量武陵山片区的生态资本价值，e 为生态系统单位面积生态服务价值的种类：

$$生态资本价值量 = \sum_{e=1}^{n}(生态服务面积_e \times 单位面积生态服务价值_e \times 资本转换系数)$$

三　生态资本的保值和增殖

在生态资本化的过程中，生态资源实现了资本化，并且随着社会化大生产的开展，生态资本在地区之间进行流转和消耗，此时社会总资本是物质资本和生态资本的综合体，社会生产是物质生产和生态生产的结合体。人类的经济活动不仅仅关注物质资本，也关注生态资本的变化。因为在社会生产过程中，人们在对物质资料的生产和消费过程中必然会对生态系统服务进行消费。

人类的生存和发展不仅消耗了自然物质的数量，还降低了自然资源的质量，而要实现人与自然的可持续发展，就需要对自然生态系统提供必要的保护和补偿来保证生态系统的完整性和稳定性，价值补偿就是生态资本流转过程中必不可少的环节，同时也是生态资本保值的重要条件。

生态资本保值是指生态资本在存量上不减少，在流量上趋于良性，结构更加优化，维护现有总价值的过程。实现生态资本保值必须做到：一是加强对生态资本的修复和维护，二是通过各种手段和途径实现资本在增殖过程中实现保值，三是运用异地修补的方式实现生态平衡。

生态资本增殖就是通过生态环境的外溢来实现生态资本的投资和交易，从而弥补地区为了生态环境建设而失去发展机会的机会成本，增殖是生态资本运营的直接目标和核心环节。在发展过程中，不断降低损耗，提高效率，才能改善生态环境和生产条件，从而实现经济效益和生态效益，最终实现生态资本运营的良性循环。

在商品经济条件下，产权的确定是实现生态资本增殖的必要条件，也就是说生态资本的所有者确定，与此同时只要生态资本对于商品的生产是有利的，那么生态资本就可以满足资本运作的需要，并实现流转、交换和商品生产的目的。所以只要生态资本有明确的产权属性，就可以推进各产权主体进行交易活动，从而产生激励和约束，推进生态资本的增殖。

在生态系统的承载范围之内，需要对生态资本进行开发经营，实现生态资本的产业化。生态资本的产业化就是根据产业运行的机理和产业发展的模式，对生态资本进行市场化交易，以效益为中心，充分实现生态资本的价值，从而实现自然、经济和社会的可持续发展。生态资本产业化发展的主要策略包括：第一，按照生态资源的实际和客观规律进行生态资源的资本化和产业化，实现生态规律和经济规律的结合。第二，对生态资本中的人工劳动进行成本和价值核算，按照市场规律进行管理。第三，对生态资源实行有偿使用制度，将开发利用权推向市场，并且将生态资本的收益再投入到生态资源再生产中去实现生态资本的可持续开发和利用。第四，建立环境会计制度对生态资本进行核算，并建立相关的配套制度措施来完善生态资本的开发和利用，如补偿制度、监督制度等，最终形成生态资源的良性循环，为社会提供更好的生态服务。

可见，生态资本增殖的关键就是生态产品和服务的数量以及质量的提高，随着时间的推移和科学技术的不断提高，生态资本的增殖途径也要保证不断变化和发展，在外部生态资本开发经营环境构建之后，还需要相关生态技术创新、知识创新、产品创新的支撑。

四　生态资本的市场运营

生态资本运营的目的就是保证地区生态资本的保值和增殖。考虑到生态系统的外部性，通过生态资本的运营，实现生态资本货币化。生态资本的运营就是通过市场化的手段将生态资源与环境货币化，从而保证其保值和增殖。[①] 武陵山片区可以充分利用当地生态环境，着重提高产品品质和服务质量，增加生态环境的附加值，如图 3-9-2 所示。

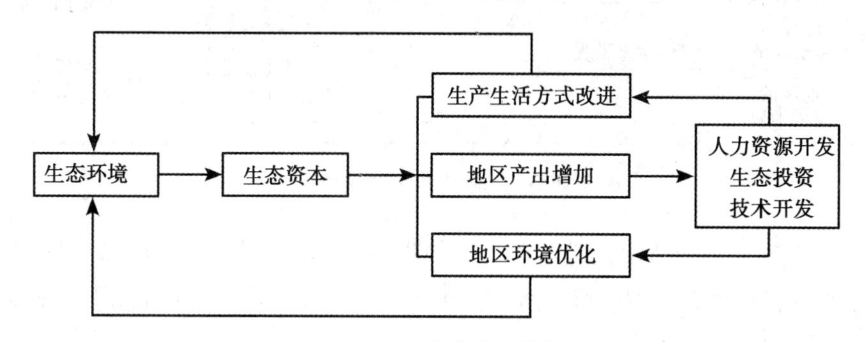

图 3-9-2　生态资本运营框架

根据武陵山片区的资源禀赋，可以通过以下途径来实现生态资本的运营。一是通过生态概念将生态价值附加到传统商品和服务中去，如有机生态农产品的开发；二是将生态品位融入产业结构中，如生态产业设计、研究、生态会展等；三是将生态品牌（诸如生态型、环保无污染的旅游观光等）植入到高端休闲功能开发中；四是生态资本整体或部分进行“市场化的销售”，如跨区域的环保合作、生态补偿和环境产权的交易等。

武陵山片区的生态资本运营要坚持以高品质的生态环境和适当的经济发展速度为目标，以休闲经济、生态产品和生态标签为农业发展的特色和方向；在工业上坚持宁缺毋滥，坚守生态环保红线不动摇，但工业是地区发展的重要支撑，需要通过结构优化来推进发展的转型，通过建设生态型

① 王海滨、邱化蛟、程序等：《实现生态服务价值的新视角（三）——生态资本运营的理论框架与应用》，《生态经济》2008 年第 8 期。

工业来促进经济总量的增加和产业结构的调整；在三产上，以旅游业作为核心和引擎，区域之间进行旅游合作，利用品牌效应来促进整体发展，通过旅游业的发展来带动整个三产的竞争活力和发展动力，与一、二产灵活互动，从而促进整个地区产业的发展和升级。在生态资本运营理论的指导下，坚持优化一产、强化二产和美化三产的发展道路。

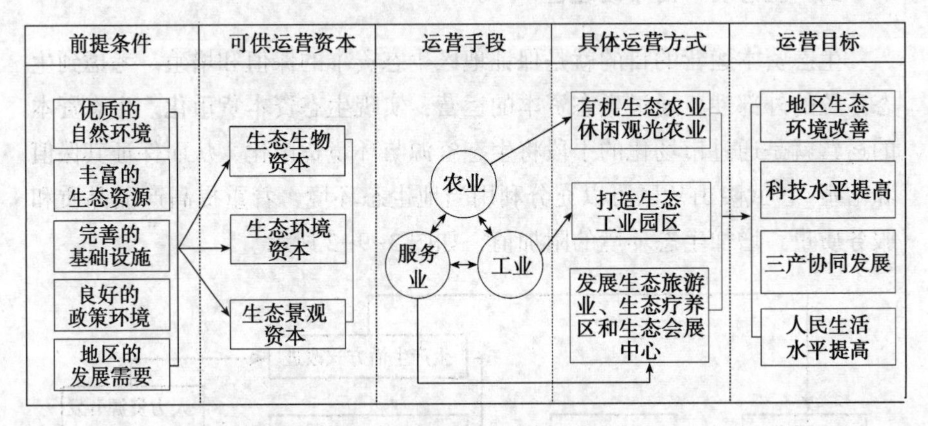

图 3-9-3 武陵山片区生态资本运营

如图 3-9-3 所示，武陵山片区的生态资本运营是在原有资源禀赋的基础上，将生态的理念植入其中，在地区人力资源和资本的作用下，实现投入资源的生态价值。

第二节 武陵山片区生态资本计量方法

考虑到武陵山片区生态产品和生态服务的特殊性，建立了以碳汇、水质、环保效应等生态系统服务和生态足迹为基础的生态资本计量方法。

一 基于生态系统服务的生态资本计量

生态系统提供了人类生存和发展所必需的环境条件和服务，因此具有直接和间接的价值，可以根据生态系统在气候调节、水质保护、避免生态环境恶化以及生态环境在视觉和精神收益等方面的价值对生态系统进行估价，通过四种不同生态系统服务价值转换为地区的生态资本总量。其中，V_i 为地区的生态资本总量，V_T 为片区的空气调节服务价值，V_J 为片区水质保护价值，V_ε 为片区为保护生态环境避免生态恶化的价值，V_{es} 为生态环境在视觉和精神上的收益，四种不同的生态服务价值都需要通过不同的转换系数转换为生态资本，K 表示资本转换系数。

$$V_i = V_T \times K_T + V_J \times K_J + V_\varepsilon \times K_\varepsilon + V_{es} \times K_{es}$$

（一）武陵山片区空气调节服务价值

武陵山片区的森林和水源等都为片区提供了空气调节服务功能，起到了释氧和固碳的作用，大量的空气负离子对人体产生保健功能。武陵山片区对空气的净化功能主要体现为对有害物质的过滤和吸收，从而提高空气质量，那么片区提供的空气调节服务价值就是释氧、固碳和提供空气负离子的价值之和，V_T 表示总的空气调节服务价值，V_{o_2} 表示片区在释放氧气方面的价值，V_c 表示片区在固碳方面的价值，V_a 表示空气负离子的保健功能。

$$V_T = V_{o_2} + V_c + V_a$$

片区对释放氧气、固碳和空气负离子的保健功能采用碳税法和影子价格法相结合来进行计算。

释放氧气的价值：

$$V_{o_2} = a \times P_{o_2} \times Q_{o_2} + C_{o_2}$$

其中，a 表示价值调节系数，P_{o_2} 表示单位氧气的工业价值，Q_{o_2} 表示片区内提供的氧气数量，C_{o_2} 表示片区为提供氧气而付出的相关成本。

固定二氧化碳的价值：

$$V_c = (C_t + C_c) \times M$$

其中，C_t 表示单位碳排放的碳税，C_c 表示片区为提供氧气而付出的相关成本，M 表示片区在吸收二氧化碳中的碳含量。

空气负离子的价值：

$$V_a = D + M_a \times P_s$$

其中，V_a 为片区提供空气负离子的价值；D 为通过电力工程产生空气负离子带来的固定资产折旧值，根据平均年限法计算折旧，计算公式为：

$$年折旧值 = \frac{固定资产原值 \times (1 - 残值率)}{预计使用年限}$$

以 20 年为折旧期，残值率为 10%进行运算；P_s 为电力工程产生空气负离子的单位成本，可用单位电费计算，M_a 为通过片区森林资源计算的空气负离子总量。

（二）武陵山片区水质保护生态价值

武陵山片区水资源资本价值主要包括以下三个部分：一是片区内本身

存在的优良水质的价值；二是武陵山片区作为主体功能区为保护整个区域生态环境而放弃的工业化机会；三是为承担国家生态保护责任，实施生态环境保护措施、修复改善水质的成本。如何对武陵山片区水资源进行生态资本量化是武陵山片区生态资本计量的关键部分。

武陵山片区存在许多未曾开发的地区，由于优美的生态环境未被人为破坏，该部分水资源价值占据武陵山片区生态资本的很大一部分。可使用如下的方法对该部分水资源生态资本价值进行计量：

$$V_J = f(x_1,\ x_2,\ \cdots,\ x_n) = v \times s$$

V_J 为水资源价值，x_1，x_2，…，x_n 分别为影响水资源价值因素，如水资源生产成本、人口密度、水质、技术影响、水资源量、正常利润、经济结构等。v 为水资源综合评价值，s 为水资源价格向量。

$v = a \times R$，其中 a 为影响水资源价值因素的各要素评价权重值，R 为单要素组成的综合评价值矩阵。$S = (p_1,\ p_2,\ \cdots,\ p_n)$，其中 $p = \frac{B \times E}{C} - D$，$p$ 为某行业所承受水资源价格上限，B 为最大水费承受指数。最大水费承受指数=最大水量支出/实际收入，行业的年利税为 E，用水量为 C，D 为正常利润及供水成本，p_1，p_2，…，p_n 为等差间隔的水资源价格。

（三）武陵山片区避免生态环境恶化价值

武陵山在进行生态环境保护之后，减少了高污染和高能耗的工业，从而降低了地区爆发生态环境污染的可能性，地区为了预防和治理环境污染需要一定的投入，所以该投入可以看作地区在保护环境的前提下的一种节约，这种在资金上的节约来源于地区对生态环境的保护，因此生态环境的保护产生了一定的经济价值。

一旦武陵山片区发生环境污染就会对本地区和周边地区造成严重影响，而各地区都采取相应的措施来弥补当前的环境污染，可以根据历年环境污染治理成本和利率来计算当前生态系统的价值。

由于武陵山片区内没有发生相应的环境污染，则可以通过重置成本法的概念来计算其生态资本的价值。假设片区内发生了生态环境污染，根据测算发现地区的污染破坏的数量为 Q_b，单位污染治理的费用为 P，$C_G = Q_b \times P$，表示政府需要投入 C_G 来进行相关的生态环境治理。

C_G 是将破坏后的生态环境功能恢复到某一状态时所花费的现时成本；但是还需要考虑生态资本本身就是具备时间价值的，假设生态资本的时间

价值系数为 R_{ε}；并且由于生态环境破坏，地区为了实现生态环境的恢复而放弃了部分发展的机会和权利，可采取地区固定资产投资 K 和地区生产总值 GDP 进行模型调整。

$$V\varepsilon = Q_b \times P \times (1 + R_{\varepsilon}) \times (1 + \frac{K}{GDP})$$

（四）基于视觉与精神收益的生态资本计量方法

武陵山片区良好的生态环境将为人们提供诸如生态旅游、钓鱼、体育和其他户外休闲娱乐活动的休闲活动，如产生非商业用途的美学的、艺术的、教育的、精神的或科学的文化价值以及商业用途的房地产升值等外部性效益。相比被污染了的空气与环境，青山绿水的价值日益显现，衡量该部分生态资本的价值是武陵山片区生态资本的重要部分。

良好的生态环境不仅有很好的视觉感受，同样能使人们保持心情愉悦；近年来恩施、利川的房地产因该地优良的生态环境而价格大幅飙升，该部分是典型的武陵山片区生态环境外部性的生态资本，可建立如下的模型对其进行计量：

$$V_{es} = V_t + V_{nc} + V_c$$

V_{es} 为武陵山片区视觉精神生态资本的价值，V_t 为由于环境良好增加的休闲活动的价值，该处主要计算武陵山片区生态旅游的价值，V_{nc} 为武陵山片区优良环境所带来的非商业用途的价值，V_c 为武陵山片区优良环境所带来的商业价值的增殖，此处以房地产业为例进行建模计量。V_t 和 V_{nc} 可利用生态系统单位面积生态服务价值当量按照不同的土地类型进行计算。$V_c = (p_2 - p_1) \times q \times w$，$p_2$ 为环境保护后生态环境优美地区房产的单价，p_1 为之前该地区房产单价，q 为武陵山片区环境优美区房产数量，w 为环境因素占买房决策的权重。

二 基于生态足迹的生态资本计量

前文提出了生态资本计量的一些具体方法，但是大多忽视了生态系统的全面性和复杂性，如片区在水土保持、生物多样性、气体调节、气候调节、废物处理等方面做出的工作，[①] 可是由于这些生态服务价值常常不太

① 谢高地、鲁春霞、冷允法等：《青藏高原生态资产的价值评估》，《自然资源学报》2003年第18期。

好计量，比较明显的是水域、森林、草地、农田等对水源涵养、土壤保持、大气调节和净化环境的生态服务效用，所以还需要对片区生态效益进行进一步的分析和挖掘。整体而言，可以采用生态足迹法来计量武陵山片区的生态资本价值。

根据 Rees①、Wackernagel② 等的方法，生态足迹的计算公式如下：

$$EF_i = L_{it} \times ef_i = r_j \times \sum \frac{P_s + I_s - E_s}{P_s}$$

EF_i 为行政区 i 的总生态足迹，L_{it} 为行政区 i 在第 t 年的人口总数，ef_i 为人均生态足迹，r_j 为均衡因子，s 为消费项目的类型，j 为生物生产性土地类型，P_s 为 s 种商品生产量，I_s 为 s 种商品进口量，E_s 为 s 种商品出口量。

生态足迹包括生物资源和能源资源的消费，生物资源消费包括耕地、林地、水草地等生态足迹指标；能源资源消耗包括化石燃料用地、建筑用地等生态足迹指标；将生物资源和能源资源的消费项目按相应的比例换算成相应的土地面积，最后折算为化石能源用地、水域、耕地、草地、建筑用地和林地六种生物生产型土地的面积，如表 3-9-1 所示。

表 3-9-1　生态足迹指标及指标内容

指标	选取指标
耕地	谷物、豆类、薯类、棉花、油料、蔬菜、烟草、蚕茧、茶叶
林地	木材、油桐籽、油茶籽、核桃、水果
草地	猪肉、牛肉、羊肉、奶类、羊毛
水域	水产品
建筑用地	新增建筑用地
化石能源用地	原煤、原油、天然气、电力

资料来源：谢高地、鲁春霞，冷允法等：《青藏高原生态资产的价值评估》，《自然资源学报》2003 年第 18 期。

---

① Rees W., Wackernagel M. "Urban Ecological Footprints: Why Cities can not be Sustainable and Why hey Are a Key to Sustainability," *Environmental Impact Assessment Review* 16 (1996): 223-248.

② Wackernagel M., Rees W. E. "Perceptual and Structural Barriers to Investing Innatural Capital: Economics from an Ecological Footprint Perspective," *Ecological Economics* 20 (1997): 3-24.

由于六种生物生产性土地所处的区域不同而生产能力差异很大，因而在计算生态足迹时，为了使这几类不同的土地面积和计算结果可以加权汇总，所以要在这几类不同的土地面积计算结果前分别乘上相应的均衡因子，从而转化成可以比较的生物生产性土地均衡面积。① 根据世界各国的生态足迹报告，均衡因子如表 3-9-2 所示。

表 3-9-2　均衡因子表

指标	均衡因子	指标	均衡因子
耕地	2.8	草地	0.5
林地	1.1	化石能源用地	1.1
水域	0.2	建筑用地	2.8

资料来源：张志强、徐中民、程国栋等：《中国西部 12 省（区市）的生态足迹》，《地理学报》2001 年第 5 期。

可采用世界上化石能源的单位生产土地面积的平均发热量为标准将能源消费转化为生产面积进行折算。煤、石油、天然气和电力的全球平均土地转化系数分别为 55、71、93、1000GJ/hm^2。②

根据产量因子表研究成果，采用中国的平均值，如表 3-9-3 所示。

表 3-9-3　产量因子表

指标	产量因子	指标	产量因子
耕地	1.66	草地	0.19
林地	0.91	化石能源用地	0
水域	1	建筑用地	0

资料来源：张志强、徐中民、程国栋等：《中国西部 12 省（区市）的生态足迹》，《地理学报》2001 年第 5 期。

据谢高地等人对我国不同陆地生态系统单位面积生态服务价值的介绍，可知我国不同陆地生态系统单位面积生态服务价值，如表 3-9-4 所示。

---

① 樊毅斌、宗刚：《基于生态足迹的高寒草原圣域生态承载力分析——以普兰县为例》，《生态经济》2013 年第 2 期。

② Wackernagel M. , Onisto L. , Bello P. , et al, "National Natural Capital Accounting with the Ecological Footprint Concept," *Ecological Economics* 29 (1999): 375-390.

表 3-9-4 不同陆地生态系统单位面积生态服务价值表 （元/hm²）

	气体调节	气候调节	水源涵养	土壤形成与保护	废物处理	生物多样性
森林（元/hm²）	3097.0	2389.1	2831.5	3450.9	1159.2	2884.6
草地（元/hm²）	707.9	796.4	707.9	1725.5	1159.2	964.5
农田（元/hm²）	442.4	787.5	530.9	1291.9	1451.2	628.2
水体（元/hm²）	0	407.0	18033.2	8.8	16086.6	2203.3

资料来源：谢高地、鲁春霞、冷允法等：《青藏高原生态资产的价值评估》，《重庆第二师范学院学报》2003 年第 2 期。

V_i 为单位面积生态资本，$A_{e'}$为区域内第 e 种生态系统单位面积生态服务价值，建设用地和化石能源用地对环境保护的效益水平较低，暂时不予考虑。S_e' 为第 e 种生态服务系统占行政区的面积，$K_{e'}$ 为第 e 种生态服务的资本转换系数，此时单位面积的生态资本为：$V_i = \sum A_{e'} \times S_{e'} \times K_{e'}$。

第十章

基于生态资本化的武陵山片区生态补偿机制构建

由于武陵山片区资源承载能力较弱，并且对该区域周围的生态安全有极大的影响，在国家主体功能区规划中武陵山片区属于限制开发区，并且有部分区域属于禁止开发区。因此该片区为了保持生态功能，为片区提供生产支持和生态服务，而牺牲了自身的经济发展潜力，可见对该片区进行生态补偿是非常必要的。

生态补偿机制是对生态环保这一外部性工程的合理内部化，将区域开展的生态环保工作所创造的财富分配到区域中，让环境的消费者为消费行为付费，为环境保护的主体带来经济效益，最终运用制度设计的方式来完成这样一种“公共产品”的交易。由于生态资本的收益具有公共产品的属性，环境保护具有很强溢出效益，即正外部性，根据“谁受益，谁补偿；谁开发，谁保护”的原则，应该对这种正外部性和溢出效益进行相应的补偿。当受益的主体不好确定的时候，这种生态收益大部分是无法计量到每个收益主体的，因此需要建立由政府统筹的多层次、多渠道的纵向生态补偿机制；也有部分生态效益转移的主体是具体清晰的，并且可以计量，比如上下游地区的河流保护和不同地区的工业开发的情况，构建地区之间横向生态补偿，确立兼顾生态保护成本投入、发展机会和生态服务价值的合理补偿标准，可以解决环境保护中存在的“搭便车”现象，进而从整体上激励武陵山片区在环境保护上的积极性。在生态资本背景下，通过前文武陵山片区的生态资本量的计算为武陵山片区的生态补偿机制构建提供了可行的路径。

生态补偿包括五大基本要素，即补偿的主体、客体、对象、模式及方式，如表 3-10-1 所示。一般而言，生态补偿针对不同区域其组成内容也不尽相同，武陵山片区由于其特殊的区位，其生态补偿的基本要素具有特殊性。由于生态环境保护是一项综合性的工作，需要一个能代表公众利益的主体来组织和实行生态补偿，并且由于生态补偿中涉及的个体比较多，所以能完成生态补偿的主客体必须是中央与各级地方政府。此外，由于武陵山片区的不同主体功能区的具体情况各不相同，因此补偿的主客体还可以是武陵山片区大量排放污染物的工厂和企业。生态补偿通过对补偿主体、客体、对象、模式、方式、补偿的评估与反馈和补偿的保障体系等内容的设计来调节利益相关者之间的利益关系。

在过去生态补偿主要集中在输血式的补偿，输血式补偿的形式包括资金补偿和实物补偿。武陵山片区的生态补偿主要通过国家的财政支付形式实现。从现实来看，“输血式”的生态补偿存在一个最显著的问题，即资金额度较低，且这种机制无法解决地区发展失衡和补偿额度难以量化的问题，而“造血式”补偿形式包括产业和项目帮扶、技术和智力支持及政策优惠，所以武陵山片区的生态补偿机制应该坚持以“输血式”和“造血式”相结合的生态补偿机制，只有如此，才能使生态环境保护者得到的补偿与其因生态环境保护而承担的成本和丧失的发展机会相对等，通过外部补偿机制推动地区的自我积累，最大限度解决地区经济发展和环境保护之间的矛盾，从而实现可持续发展。

表 3-10-1　　生态补偿的基本要素

补偿的主体	享受片区生态效益的政府、企业及个人 破坏片区生态环境的政府、企业及个人
补偿的客体	保护生态环境的政府、企业及个人 提供生态产品的政府、企业及个人
补偿的模式	政府主导型、市场主导型、协商型
补偿的方式	资金补偿、产业和项目帮扶、技术和智力支持、政策优惠
补偿的对象	生态系统服务价值、环境保护的建设成本、管理成本、机会成本及资金的投资价值
补偿的评估与反馈	根据生态经济环境指标进行年度奖惩，并定期追踪资金使用情况
补偿的保障体系	国家及地方法律法规、成立片区生态补偿管理委员会

第一节　武陵山片区部分县市生态资本的测算

本节以生态足迹的理论为基础，根据武陵山地区不同的土地类型所提供的不同生态服务来计算其生态资本价值，限制于数据收集的难度，本节仅以武陵山片区部分县市区为例（凤凰县、龙山县、辰溪县、古丈县、泸溪县、保靖县、永顺县、麻阳县、花垣县）测算这些地区在 2012—2013 年的生态资本价值。

一　武陵山片区单位面积生态服务价值当量测算

在国内外对于生态系统服务价值的研究基础上，借鉴谢高地和 Costanza 的研究方法对武陵山片区生态系统服务价值进行估算。

在生态服务过程和生态系统中形成的能够维持人类赖以生存的自然效用即是生态系统服务。Costanza 在 1997 年提出了一套生态系统服务价值评估办法，该办法比较完整可靠，评估了全球生态系统服务价值，其将生态系统服务分为十七种类型，并对这十七种生态系统功能进行介绍和分析①（如表 3-10-2 所示）。

表 3-10-2　文本价值评价所考虑的生态系统效益和生态系统功能

序号	生态系统效益	生态系统功能	举例
1	气体调节	调节大气化学组成	CO_2/O_2平衡、O_3防护
2	气候调节	对气温、降水的调节以及对其他气候过程的生物调节作用	温室气体调节以及影响云形成的 DMS（硫化二甲酯）的生成
3	干扰调节	对环境波动的生态系统容纳、延迟和整合功能	防止风暴、控制洪水及其他由植被结构控制的生态环境对环境变化的反应能力
4	水分调节	调节水文循环过程	农业、工业或交通的水分供给
5	水分供给	水分的保持与存储	集水区、水库和含水层的水分供给
6	侵蚀控制和沉积物保持	生态系统内的土壤保持	风、径流和其他运移过程的土壤侵蚀和在湖泊、湿地的累积
7	土壤形成	成土过程	岩石风化和有机物质的积累
8	养分循环	养分的获取、形成、内部循环和存储	固氧和 N、P 等元素的养分循环
9	废弃物处理	流失养分的恢复和过剩养分有毒物质的转移与分离	废弃物处理、污染控制和毒物降解
10	授粉	植物配子的移动	植物种群繁殖授粉者的供给
11	生物控制	对群体的营养级动态调节	关键捕食者对猎物种类的控制、顶级捕食者对食草动物的削减
12	庇护	为定居和临时种群提供栖息地	迁徙种群的繁育和栖息地

① 蒋小荣、李丁、李智勇：《基于土地利用的石羊河流域生态服务价值》，《中国人口·资源与环境》2010 年第 6 期。

续表

序号	生态系统效益	生态系统功能	举例
13	食物生产	总初级生产力中可提取的食物	鱼、猎物、作物、果实的捕获和采集
14	原材料	总初级生产力中可提取的原材料	木材、燃料和饲料的生产
15	遗传资源	持有的生物材料和产品的来源	药物、抵抗植物病源和作物害虫的基因
16	休闲	提供休闲娱乐	生态旅游和其他户外休闲娱乐活动
17	文化	提供非商业用途	生态系统美学、艺术或科学的价值等

资料来源：Costanza，Ecological Economics：《The Science and Management of Sustainability》，New York ：Columbia University Press，1991。

但 Costanza 的分类是基于全球生态系统，如果国内直接将其引入，将会出现类似于过高估计湿地生态系统服务价值或者过低估价农田生态系统服务价值等误差，基于这种情况，国内学者对该评价方法进行了一些改进。在我国学者、决策者以及民众对生态服务和生态系统服务理解的基础上，谢高地等人在 2002 年将生态系统服务归纳为包括提供美学景观、气体调节、废物处理、食物生产、气候调节、土壤保持、维持生物多样性、原材料生产和水文调节九种类型。

随后对应以上九类生态系统服务类型的价值与农田食物生产价值比较后的当量因子（相对重要性）考量了水域系统、农田系统、荒漠系统、森林系统、湿地系统和草地系统这六类生态系统，然后计算分析我国生态系统单位面积的服务价值，Costanza 对生态系统单位面积生态服务价值当量表进行了分析如表 3-10-3，而谢高地考虑到我国的国情，通过问卷发放的方式，重新估值计算我国的生态系统单位面积生态服务价值当量，得到了我国生态系统单位面积生态服务价值当量表，如表 3-10-4。

表 3-10-3　　生态系统单位面积生态服务价值当量表

一级类型	二级类型	森林	草地	农田	湿地	河流/湖泊	荒漠
供给服务	食物生产	0.80	1.24	1.00	4.74	0.76	0.00
	原材料生产	2.56	0.00	0.00	1.96	0.00	0.00

续表

一级类型	二级类型	森林	草地	农田	湿地	河流/湖泊	荒漠
调节服务	气体调节	0.00	0.13	0.00	2.46	0.00	0.00
	气候调节	2.65	0.00	0.00	0.08	0.00	0.00
	水文调节	0.09	0.06	0.00	0.35	0.14	0.00
	废物处理	1.61	1.61	0.00	0.08	12.31	0.00
支持服务	保持土壤	8.65	0.56	0.00	0.00	0.00	0.00
	维持生物多样性	0.33	0.89	0.70	5.63	0.00	0.00
文化服务	提供美学景观	1.26	0.04	0.00	26.94	4.26	0.00
合计		17.95	4.53	1.7	42.24	17.47	0.00

资料来源：谢高地、甄霖、鲁春霞等：《一个基于专家知识的生态系统服务价值化方法》，《自然资源学报》2008 年第 5 期。

根据国外学者 Costanz 对 1 个生态服务价值当量因子的经济价值量的研究，其价值为 \$ 54/hm^2，而国内学者胡瑞法和冷燕研究发现：2005 年中国全国平均粮食生产的单位面积总收益为 3629.43 元/hm^2，估计获得土地用于粮食生产的影子地租约为 2250 元/hm^2，劳动、化肥、机械和其他 4 项单位面积总投入为 930.33 元/hm^2，[①] 依此计算出中国 1 个生态服务价值当量因子为 449.1 元/hm^2。考虑到武陵山片区的特殊性，将武陵山片区平均粮食单产市场价值的七分之一作为该片区 1 个生态服务价值当量因子的经济价值量，相对于农田食物生产服务价值量的大小作为其他类型生态系统服务价值当量因子的经济价值量。

表 3-10-4　中国生态系统单位面积生态服务价值当量表（2007）

一级类型	二级类型	森林	草地	农田	湿地	河流/湖泊	荒漠
供给服务	食物生产	0.33	0.43	1.00	0.36	0.53	0.02
	原材料生产	2.98	0.36	0.39	0.24	0.35	0.04
调节服务	气体调节	4.32	1.50	0.72	2.41	0.51	0.06
	气候调节	4.07	1.56	0.97	13.55	2.06	0.13
	水文调节	4.09	1.52	0.77	13.44	18.77	0.07
	废物处理	1.72	1.32	1.39	14.40	14.85	0.26

① 胡瑞法、冷燕：《中国主要粮食作物的投入与产出研究》，《农业技术经济》2006 年第 3 期。

续表

一级类型	二级类型	森林	草地	农田	湿地	河流/湖泊	荒漠
支持服务	保持土壤	4.02	2.24	1.47	1.99	0.41	0.17
	维持生物多样性	4.51	1.87	1.02	3.69	3.43	0.40
文化服务	提供美学景观	2.08	0.87	0.17	4.69	4.44	0.24
合计	28.12	11.67	7.9	54.77	45.35	1.39	

资料来源：谢高地、甄霖、鲁春霞等：《一个基于专家知识的生态系统服务价值化方法》，《自然资源学报》2008 年第 5 期。

（一）单位面积农田生态系统提供食物的总价值量

$$E_a = \frac{1}{7}\sum_{i=1}^{n}\frac{m_i p_i q_i}{M}$$

其中，E_a 为单位面积所提供食物的经济价值，i 为区域内粮食作物种类，n 为区域内主要粮食作物的总类别数，m_i 为第 i 种粮食作物的总播种面积，p_i 为区域内第 i 种粮食作物的平均价格，q_i 为区域内第 i 种粮食作物单位面积平均产量，M 为区域内所有粮食作物的总播种面积。

（二）其他生态系统服务单位面积的经济价值

$$E_{ij} = f_{ij} \times E_a$$

其中，E_{ij} 为第 i 种生态系统 j 种生态服务功能的单位价值，f_{ij} 为第 i 种生态系统 j 种生态服务功能相对于农田生态系统单位面积食物生产服务的经济价值当量因子，i 为区域生态系统类型，j 为区域生态系统服务类型，E_a 为单位面积所提供食物的经济价值。

（三）生态系统服务价值的计算

生态系统服务价值的计算：$ESV = \sum A_i \times E_{ij}$

其中，ESV 为区域生态系统服务总价值（元）；A_i 为区域内第 i 种土地生态系统的面积（公顷）；E_{ij} 为第 i 种土地类型某一服务功能的单位价值，即生态系统单项服务功能价值系数（元/公顷）。

（四）武陵山片区一个生态系统服务价值当量因子经济价值计算

确定武陵山片区农田食物生产服务单位价值量是测算武陵山片区森林、湿地、林地等生态系统服务价值的前提。为了使武陵山片区生态系统服务价值估算更加准确，根据相关学者研究成果，将武陵山片区平均粮食单产市场价值的七分之一作为该片区一个生态服务价值当量因子的经济价值量，并考虑到武陵山片区所涵盖县市区较多、相关资料获取难度较大，这里选取2012年湖南省平均粮食单产市场价值作为武陵山片区平均粮食单产市场价值，如表3-10-5、表3-10-6所示。

表3-10-5　2012年湖南省主要农产品种植面积和产量

年份	稻谷	薯类	玉米	油菜籽
面积（千公顷）	4095	246	342	1201
产量（万吨）	2843.2	124.8	197.2	178.5

数据来源：2013年湖南省统计年鉴。

通过计算求得武陵山片区一个生态系统服务价值当量因子经济价值为1380元/公顷。

表3-10-6　湖南省主要农产品价格

年份	稻谷	薯类	玉米	油菜籽
价格（元/千克）	2.5	1.75	2.3	2.5

资料来源：通过整理2013年全国农产品批发市场价格信息网中数据而得。

二　武陵山片区生态系统单位面积生态服务价值测算

武陵山片区不同生态系统的单位生态服务价值等于武陵山片区土地生态系统服务单位价值和该片区生态系统单位面积生态服务价值当量的乘积。按照谢高地2007年提供的中国生态系统单位面积生态服务价值当量表，结合上文中对于武陵山片区一个生态系统服务价值当量因子经济价值计算，推算出该片区生态系统单位面积生态服务价值，如表3-10-7所示，其中武陵山片区每公顷森林生态服务价值为38805.6元，草地生态服务价值为16104.6元，农田生态服务价值为10902元，湿地生态服务价值为75582.6元，河流湖泊的生态服务价值为62583元，荒漠的生态服务价值为1918.2元。

表3-10-7　武陵山片区生态系统单位面积生态服务价值（2012年） 单位：元/hm^2

一级类型	二级类型	森林	草地	农田	湿地	河流/湖泊	荒漠
供给服务	食物生产	455.4	593.4	1380	496.8	731.4	27.6
	原材料生产	4112.4	496.8	538.2	331.2	483	55.2

续表

一级类型	二级类型	森林	草地	农田	湿地	河流/湖泊	荒漠
调节服务	气体调节	5961. 6	2070	993. 6	3325. 8	703. 8	82. 8
	气候调节	5616. 6	2152. 8	1338. 6	18699	2842. 8	179. 4
	水文调节	5644. 2	2097. 6	1062. 6	18547. 2	25902. 6	96. 6
	废物处理	2373. 6	1821. 6	1918. 2	19872	20493	358. 8
支持服务	保持土壤	5547. 6	3091. 2	2028. 6	2746. 2	565. 8	234. 6
	维持生物多样性	6223. 8	2580. 6	1407. 6	5092. 2	4733. 4	552
文化服务	提供美学景观	2870. 4	1200. 6	234. 6	6472. 2	6127. 2	331. 2
	合计	38805. 6	16104. 6	10902	75582. 6	62583	1918. 2

三 武陵山片区生态系统服务价值测算

根据公式 $ESV = \sum A_i \times E_{ij}$ 计算生态服务价值，相应区域生态系统面积（如表 3-10-8 所示）乘以生态系统单位面积生态服务价值，即为武陵山片区生态系统服务价值。

表 3-10-8 武陵山片区部分县市区生态系统面积 （单位：km^2）

地方/年份	森林面积	草地面积	农田面积	湿地面积	河流/湖泊	荒漠
凤凰县 2012	1111. 38	264. 15	205. 99	0	28. 21	1. 12
凤凰县 2013	1087. 4	264. 86	280. 6	0	28. 21	1. 1
龙山县 2012	2332. 4	246. 04	260	5. 72	41. 63	11. 75
龙山县 2013	2332. 4	246. 11	260	5. 72	41. 62	11. 75
辰溪县 2012	1424. 28	67. 3	313. 44	0	107. 72	1. 02
辰溪县 2013	1427. 78	73	307. 24	0	107. 73	1. 02
古丈县 2012	1019. 2	74. 53	76. 01	0	25. 98	57. 5
古丈县 2013	1019. 86	74. 32	75. 56	0	25. 95	57. 27
泸溪县 2012	1223. 68	128. 36	128. 22	0	45	0. 01
泸溪县 2013	1222. 67	124. 16	128. 22	0	45	0. 01
保靖县 2012	1358. 2	59. 79	206. 09	7. 21	30. 62	1. 86
保靖县 2013	1358. 47	59. 86	205. 87	7. 21	30. 54	1. 78

续表

地方/年份	森林面积	草地面积	农田面积	湿地面积	河流/湖泊	荒漠
永顺县 2012	2892. 58	280. 49	296. 23	0	70. 52	2. 09
永顺县 2013	2893. 78	280. 49	296. 73	0	70. 52	2. 09
麻阳县 2012	851. 89	532	122	5. 02	26. 12	0. 97
麻阳县 2013	851. 13	524	122	5. 02	26. 12	0. 97
花垣县 2012	684. 22	93. 91	245. 57	0	33. 28	16. 15
花垣县 2013	684. 22	93. 91	245. 57	0	33. 28	16. 15

资料来源：通过整理《国家重点生态功能区县域生态环境质量考核指标汇总表》而得。

考虑到数据获取难度较大，本文仅以武陵山片区部分县市区为例（凤凰县、龙山县、辰溪县、古丈县、泸溪县、保靖县、永顺县、麻阳县、花垣县），对武陵山片区生态系统服务价值进行计算，计算分析得到的结果如表 3-10-9 所示。

表 3-10-9　　武陵山片区部分县市区生态系统服务价值　　（单位：万元）

地方/年份	森林	草地	农田	湿地	河流/湖泊	荒漠	生态系统服务价值总量
凤凰县 2012	431278	42540	22457	0	17655	21	513951
凤凰县 2013	421972	42655	30591	0	17655	21	512894
龙山县 2012	905102	39624	28345	4323	26053	225	1003673
龙山县 2013	905102	39635	28345	4323	26047	225	1003678
辰溪县 2012	552700	10838	34171	0	67414	20	665144
辰溪县 2013	554059	11756	33495	0	67421	20	666750
古丈县 2012	395507	12003	8287	0	16259	1103	433158
古丈县 2013	395763	11969	8238	0	16240	1099	433308
泸溪县 2012	474856	20672	13979	0	28162	0	537669
泸溪县 2013	474464	19995	13979	0	28162	0	536601
保靖县 2012	527058	9629	22468	5450	19163	36	583803
保靖县 2013	527162	9640	22444	5450	19113	34	583843
永顺县 2012	1122483	45172	32295	0	44134	40	1244123
永顺县 2013	1122949	45172	32350	0	44134	40	1244644
麻阳县 2012	330581	85676	13300	3794	16347	19	449717
麻阳县 2013	330286	84388	13300	3794	16347	19	448134

续表

地方/年份	森林	草地	农田	湿地	河流/湖泊	荒漠	生态系统服务价值总量
花垣县 2012	265516	15124	26772	0	20828	310	328549
花垣县 2013	265516	15124	26772	0	20828	310	328549

四　武陵山片区生态资本测算结果及分析

根据前文的分析，生态资本的价值量根据生态服务面积和生态服务单价进行换算可得。

$$生态资本价值量 = \sum_{e=1}^{n}(生态服务面积_e \times 单位面积生态服务价值_e \times 资本转换系数_e)$$

所以在计算出武陵山部分县市区的生态系统服务价值之后，需要根据不同的生态服务的转换系数来测算出其生态资本量，不同生态系统服务的稀缺性和需求不一致，其资本转换系数也不一样。为了方便分析，假设所有的生态系统服务价值的资本转换系数为 1，可见，生态资本在纵向和横向上都表现出不同的特点。

（一）生态资本的总体分析

从表 3-10-10 可见，在武陵山片区生态资本总量中林地的占比最高，达到 86.84%，其次是草地提供的生态资本，达到 4.88%。六类生态系统的生态资本分别是：湿地（75582.6 元/hm^2）、河流/湖泊（62583 元/hm^2）、林地（38805 元/hm^2）、草地（16104.6 元/hm^2）、农田（10902 元/hm^2）、荒漠（1918.2 元/hm^2）。考虑到武陵山片区湿地区域较少，所以从生态资本增殖来看，武陵山片区林地、草地和河流/湖泊生态系统是该地区最应该重视和保护的，尤其是森林生态系统，其所提供的生态资本在整个片区生态系统提供的资本总量中所占比例最高。

表 3-10-10　　武陵山片区主要生态系统提供的生态资本比例

生态系统	森林	草地	农田	湿地	河流/湖泊	荒漠
所占比例	86.84%	4.88%	3.57%	0.24%	4.44%	0.03%

（二）各生态资本的构成分析

武陵山片区森林、湿地、草地等生态资本测算选取了供给服务、调节服务、支持服务、文化服务四大生态服务类型和维持生物多样性、气体调节、食物生产、保持土壤、水文调节、原材料生产、废物处理、气候调节、提供美学景观九项生态服务进行评价，这九项生态服务功能是武陵山片区生态系统的主导功能。从测算的结果可以看出林地、草地、河流/湖泊三大主要生态系统在维持生物多样性、水文调节、保持土壤等方面提供的生态资本最大（见表3-10-11），占总的生态资本的44%。生态资本从大到小分别为：维持生物多样性、气体调节、水文调节、气候调节、保持土壤、原材料生产、提供美学景观、废物处理、食物生产。武陵山片区各大系统生态食物生产和原材料生产提供的生态资本仅为总的生态资本的11%，远远低于其他各大生态系统的生态资本。由此可知，如果只将草地、河流/湖泊、森林作为武陵山片区的食物生产和原材料生产基地，不仅获益较少，同时会对武陵山片区生态环境造成重大破坏。因此非常有必要对武陵山片区的草地、河流/湖泊、森林等自然生态系统进行保护，武陵山片区森林、草地、河流/湖泊等自然生态系统为该区域维护生物多样性、水文调节和保持土壤做出了大量的贡献。

表3-10-11　　武陵山片区生态资本价值构成表　　（单位：万元）

	森林	草地	农田	湿地	河流/湖泊	荒漠
食物生产	117381.8	20693.5	52099.7	178.4	5983.2	45.4
原材料生产	1059993.3	17324.8	20318.9	118.9	3951.2	90.9
气体调节	1536634.6	72186.7	37511.8	1194.0	5757.4	136.3
气候调节	1447709.0	75074.2	50536.7	6712.9	23255.5	295.3
水文调节	1454823.0	73149.2	40116.8	6658.4	211896.2	159.0
废物处理	611808.2	63524.3	72418.6	7134.0	167643.0	590.6
保持土壤	1429923.9	107798.8	76586.5	985.9	4628.5	386.2
维持生物多样性	1604218.1	89992.7	53141.7	1828.1	38721.6	908.6
提供美学景观	739861.1	41868.3	8856.9	2323.5	50123.6	545.2
总和	10002353.0	561612.5	411587.6	27134.2	511960.2	3157.5

通过测算分析武陵山片区的河流/湖泊、森林、草地的生态资本，可知巨大的生态资本存在于森林生态系统中，特别是在原材料生产方面，远远超过草地、河流/湖泊，分别是草地的8.3倍，河流/湖泊的8.5倍；在气体调节方面分别是草地和河流/湖泊生态系统的2.9倍、8.5倍；在保

持土壤方面森林生态系统的生态服务价值是草地1.8倍，河流/湖泊生态系统的9.8倍。因此，对武陵山片区森林资源保护与培育，保持该地区较高的森林覆盖率是武陵山片区生态环境保护的主要任务。

第二节 武陵山片区纵向生态补偿机制

纵向补偿是片区现行的主要补偿模式，如退耕还林（草）工程、森林生态效益补偿和生态转移支付，但是这些生态补偿政策和资金并不能达到保护区域生态环境的要求，无法发挥对环保主体之间利益关系的协调作用，生态保护主体的利益不能得到有效保护，相关的经济利益得不到落实，从而严重影响了片区生态环境保护的稳定性。因此，需要建立由政府统筹的多层次、多渠道的纵向生态补偿机制。

一 纵向补偿的基本要求

武陵山片区纵向生态补偿存在的最大问题：补偿不全面、补偿不平衡、补偿不到位。武陵山片区可以通过拓宽生态补偿的资金来源、加大地区生态补偿资金的投入和建立合理的财政转移支付等措施来完善生态补偿制度，以保证地区的生态文明建设。

（一）加大投入生态补偿资金

不同区域支出成本和生态功能因素的差异是中央财政在均衡性转移支付中需考虑的，可以通过提高转移支付系数等方式加大对重点生态功能区，尤其是中西部重点生态功能区的转移支付；完善资金分配办法以规范现有生态环保方面的专项资金，鼓励跨省区域、流域生态完善补偿试点的开展，重点支持国家重点生态功能区生态恢复和保护；完善对矿山环境治理恢复责任机制，同时加强矿山生态恢复和地质环境治理保证金的征收力度；加大保持水土生态效益补偿资金的筹集力度；完善各种资源费如水、森林、海洋、草原等征收管理办法，加大生态补偿中用于各种资源费的比重；研究并扩大资源税征收范围，推进煤炭等资源税从价计征改革，对税赋水平进行适当的调整；对环境税适时开征。

（二）建立合理的财政转移支付

为了解决武陵山片区在生态补偿上的不合理，首先，中央财政对片区生态功能区的转移支付力度应进一步加大，在生态转移支付中提高国家财政资金的占比。我国在财政转移支付上既要有全国性的指标，也要结合片区人口数量、经济基础、政府财力、流域面积、土地类型、林地占比等反映地方特殊性的生态环境因子指标。结合片区处于多民族地区、欠发达地区和生态脆弱区的特殊区位因素，建立科学的转移支付测算体系，提高片区财政转移支付系数，保证片区环保资金来源，并且设立片区生态功能区的专项基金和建设基金，加大对片区税收增量的返还。其次，扩大地方在生态补偿方面的资金来源，明确资源税、城市维护建设税、房产税、城镇土地使用税、土地增值税、车船税、耕地占用税七种税收，确定涉及生态补偿的地方税种及其用于环境保护的资金比例和使用办法，并将原有的从量征收改为占有资源量征收，提高资源税的收入水平，在此基础上逐步开征生态税，对水资源、大气资源等重要生态资源征收生态税，对存在环境破坏和污染的企业征收环境污染税，并且对林业收费、矿产资源收费实行费改税，形成专项资金纳入到生态环保工作中去，将土地出纳金和矿产资源开发保证金纳入生态环境保护的工作中去。

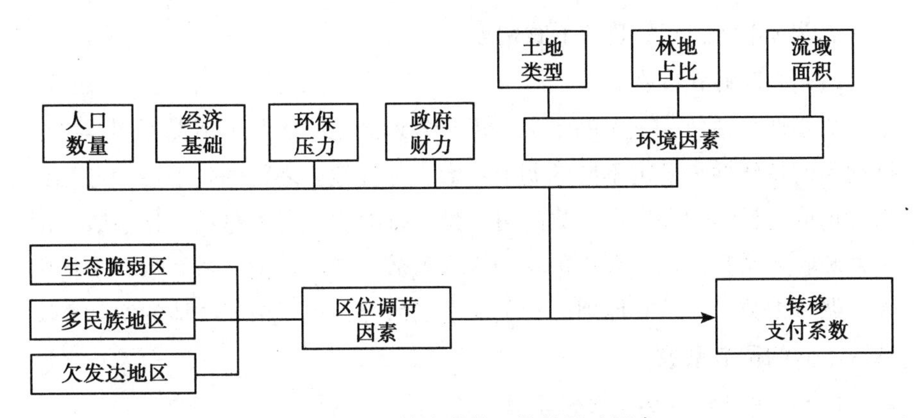

图 3-10-1　转移支付系数的影响因素

（三）拓宽生态补偿的资金来源

以政府财政预算资金为主体多渠道向社会募集资金，在政府主导下推动社会大众广泛参与生态补偿制度建设，将筹集资金与提升生态环境保护意识、普及生态环境保护知识和建设生态文明结合在一起。具体举措包括三个方面。一是社会捐助。捐助是社会组织常用的一种补偿手段，包括直接资金援助和修复技术援助等，通过引进国外资金和项目对我国部分贫困地区进行直接补偿；企业是社会财富的主体，也是社会发展的中坚力量，可通过对企业所得税改革和财务制度的不断完善，鼓励企业捐赠。二是发行生态彩票。彩票具有强大的集资功能，在发达国家被称作第二财政且发展较快①。三是广泛开展国际合作补偿。地球作为一个完整的生态系统，要想使生态补偿机制更好发挥作用，必须加强国际间合作，实现利益共享、成本分摊的分享机制。

二　武陵山片区纵向补偿的方法

由前文可知，武陵山片区的生态环境保护产生了大量的生态服务价值，具有生态资本价值，但是这种地区之间的生态服务价值的溢出具有交叉性，导致受益的主体很难确定，受益的程度很难测量，因此需要采取纵向转移支付的形式来进行生态补偿，此时存在：

$$C_i = a_i \times V_i \times d_t \times g(x_1) \times g(x_2) \times \cdots \times g(x_n)$$

其中，C_i 为 i 地区实际接受的纵向转移支付数量；

a_i 为单位生态资本的纵向补偿额度；

V_i 为地区的生态资本总量；

d_t 为 t 年度国家财政的增减幅度；

$g(x_n)$ 为调节系数。

关于调节系数 $g(x_n)$ 的定义。由于各地区之间的基本情况不同，要根据地区的特殊性来确定不同的调节系数，保证地区之间的公平性，考虑到指标选取的科学性和数据收集的可行性，选取生态资本总量变化系数、地区财政收入系数、地区人均可支配收入系数、地区环境压力系数四个指标作为调节系数。对于其他地区相关课题的研究，也可根据各地的实际情况选取不同的调节系数。

（一）生态资本总量变化系数

结合不同地区在生态环境保护上的工作量和取得成绩的大小可以进行相应的奖励和惩罚，并且历年的国家重点生态功能区转移支付办法都对监督考核与激励机制做出明确规定，在武陵山片区的生态环境纵向转移支付上，可以根据地区提供的生态服务价值的总量变化情况进行纵向补偿奖励和惩罚，见表3-10-12。$g(e_{it})$ 为 i 地区相比前一年生态服务价值的变化情况，若 $g(e_{it}) > 0$，则进行一定的奖励；若 $g(e_{it}) < 0$，则进行一定的

① 丁任重、王娟：《建立和完善生态补偿体系》。http：//theory. people. com. cn/n/2014/0915/c40531-25659863. html，最后访问日期：2014年9月。

惩罚。

表 3-10-12　2012 年和 2013 年湖南省部分县市的生态服务价值及变化情况

（单位：万元）

地区/年份	生态系统服务价值	生态服务价值占比	生态服务价值变化
凤凰县/2012	513951	8.9231%	-0.0162%
凤凰县/2013	512894	8.9069%	
龙山县/2012	1003673	17.4255%	0.0043%
龙山县/2013	1003678	17.4298%	
辰溪县/2012	665144	11.5481%	0.0306%
辰溪县/2013	666750	11.5787%	
古丈县/2012	433158	7.5204%	0.0044%
古丈县/2013	433308	7.5248%	
泸溪县/2012	537669	9.3349%	-0.0163%
泸溪县/2013	536601	9.3186%	
保靖县/2012	583803	10.1358%	0.0032%
保靖县/2013	583843	10.1390%	
永顺县/2012	1244123	21.6002%	0.0142%
永顺县/2013	1244644	21.6144%	
麻阳县/2012	449717	7.8079%	-0.0256%
麻阳县/2013	448134	7.7823%	
花垣县/2012	328549	5.7042%	0.0014%
花垣县/2013	328549	5.7056%	

（二）政府财政收入调整系数

在片区的纵向生态补偿上还需要考虑地区的政府财政系数，如果地区的财政收入充足，地区就有足够的资金来进行生态环境保护，也说明地区在环境保护上的资金压力小于其他地区，所以可以将地区的财政收入作为地区纵向生态转移支付的调整系数。

$$g(f_i) = 1 + \frac{F - f_i}{F}$$

$g(f_i)$ 为各地区的政府财政收入调整系数，f_i 为各地区的人均财政收入，F 为湖南省的人均财政收入。$F - f_i > 0$，则说明地区的人均财政收入小于湖南省的人均收入水平，即地区的人均收入水平较低，则需要在纵向补偿上进行一定的补偿；反之，$F - f_i < 0$，则需要在纵向补偿上进行一定的削减。

表 3-10-13　　2012 年和 2013 年湖南省部分县市的人均财政收入和调整系数

地区/2012 年	人均财政收入（元）	调整系数	地区/2013 年	人均财政收入（元）	调整系数
凤凰县	1202. 19	1. 4053	凤凰县	1505. 21	1. 3113
龙山县	571. 38	1. 4042	龙山县	666. 84	1. 4270
辰溪县	1287. 42	1. 3333	辰溪县	1376. 55	1. 3364
古丈县	1175. 91	1. 464	古丈县	1591. 40	1. 4242
泸溪县	1067. 09	1. 3065	泸溪县	998. 39	1. 4546
保靖县	977. 84	1. 3925	保靖县	869. 15	1. 3720
永顺县	583. 20	1. 4100	永顺县	677. 82	1. 4091
麻阳县	776. 63	1. 3534	麻阳县	868. 59	1. 3623
花垣县	2100. 74	1. 3179	花垣县	2230. 52	1. 3380

资料来源：地区的财政收入数据来源于各地区 2013 年和 2014 年统计公报。

（三）收入调整系数

在纵向转移支付中要考虑地区的经济基础，经济基础好的地方所给予的转移支付数量相对于经济基础较差的地方要少一些，并且要考虑到地区的消费能力，利用地区的人均可支配收入来测量地区之间在转移支付上的调整系数。

$$g(r_i) = 1 + \frac{R - r_i}{R}$$

$g(r_i)$ 为各地区的收入调整系数，r_i 为各地区的人均可支配收入，R 为湖南省的人均可支配收入。$R - r_i > 0$，则说明地区的人均可支配收入少于湖南省的人均可支配收入，需要在纵向补偿上进行一定的增加；反之，$R - r_i < 0$，则需要在纵向补偿上进行一定的削减。

表 3-10-14　　2012 年和 2013 年湖南省部分县市的人均可支配收入和调整系数

地区/2012 年	人均可支配收入（元）	调整系数	地区/2013 年	人均可支配收入（元）	调整系数
凤凰县	8639. 83	1. 4053	凤凰县	10944. 5	1. 3113
龙山县	8655. 82	1. 4042	龙山县	9105. 5	1. 4270
辰溪县	9686	1. 3333	辰溪县	10546. 5	1. 3364

续表

地区/2012 年	人均可支配收入（元）	调整系数	地区/2013 年	人均可支配收入（元）	调整系数
古丈县	7775	1.4648	古丈县	9151	1.4242
泸溪县	10075.5	1.3065	泸溪县	8668	1.4546
保靖县	8826	1.3925	保靖县	9980.5	1.3720
永顺县	8571	1.4100	永顺县	9390	1.4091
麻阳县	9393.5	1.3534	麻阳县	10134.5	1.3623
花垣县	9910.5	1.3179	花垣县	10520.5	1.3380

资料来源：地区的人均可支配收入数据来源于各地区 2013 年和 2014 年统计公报。

（四）地区环境压力调整系数

由于各个地区的生态资源数量不一样，面临的生态环境保护的责任和压力也会不同，在纵向转移支付上考虑地区的生态环境保护的工作量和压力，以地区的人均林地来计算纵向转移的调整系数。

$$g(w_i) = 1 - \frac{W - w_i}{W}$$

$g(w_i)$ 为各地区的环境压力调整系数，w_i 为各地区的人均林地面积。W 为湖南省的人均林地面积。$W - w_i < 0$，则说明地区的人均林地面积大于湖南省的人均林地面积，则地区的环境保护压力比较大，需要在纵向补偿上进行一定的增加；反之，$W - w_i > 0$，则需要在纵向补偿上进行一定的削减。

表 3-10-15　2012 年和 2013 年湖南省部分县市的人均林地面积和调整系数

地区/2012 年	人均林地面积（km^2）	调整系数	地区/2013 年	人均林地面积（km^2）	调整系数
凤凰县	0.0026	1.3686	凤凰县	0.0025	1.3213
龙山县	0.0039	2.0654	龙山县	0.0039	2.0195
辰溪县	0.0027	1.4034	辰溪县	0.0027	1.3917
古丈县	0.0071	3.6869	古丈县	0.0070	3.6277
泸溪县	0.0039	2.0301	泸溪县	0.0039	2.0246
保靖县	0.0044	2.2985	保靖县	0.0043	2.2401
永顺县	0.0054	2.8037	永顺县	0.0053	2.7573

续表

地区/2012 年	人均林地面积（km^2）	调整系数	地区/2013 年	人均林地面积（km^2）	调整系数
麻阳县	0.0021	1.1188	麻阳县	0.0021	1.0951
花垣县	0.0022	1.1479	花垣县	0.0022	1.1336

资料来源：通过整理各地区 2013 年和 2014 年统计公报而得。

（五）调整后的纵向转移支付

以 2012 年为基年，对比 2012 年和 2013 年的国家财政收入，2013 年的国家财政收入增加了 10.1%。计算各地区在 2012 年和 2013 年的纵向转移支付。

表 3-10-16　2012 年和 2013 年湖南省部分县市的纵向生态补偿额度

地区/2012 年	纵向生态补偿额度	地区/2013 年	纵向生态补偿额度
凤凰县	1707915$_{a_i}$	凤凰县	1658742$_{a_i}$
龙山县	5445390$_{a_i}$	龙山县	5940200$_{a_i}$
辰溪县	2126382$_{a_i}$	辰溪县	2531244$_{a_i}$
古丈县	4055656$_{a_i}$	古丈县	4136267$_{a_i}$
泸溪县	2507576$_{a_i}$	泸溪县	3127939$_{a_i}$
保靖县	3323402$_{a_i}$	保靖县	3603907$_{a_i}$
永顺县	9187627$_{a_i}$	永顺县	9920565$_{a_i}$
麻阳县	1242319$_{a_i}$	麻阳县	1342525$_{a_i}$
花垣县	757632$_{a_i}$	花垣县	849805$_{a_i}$

三　武陵山片区纵向补偿的保障

完善武陵山片区的纵向补偿机制需要国家相关政策和法律法规的保障，通过政策和法律法规来明确纵向补偿的内容，推动纵向补偿的制度化和法律化，并且通过加强环境监测和监督考核来规范纵向补偿资金的使用，使生态环境质量和纵向补偿的资金额度挂钩。

（一）加强环境监测和监督考核

根据国家已经发布的有关条例，各相关部门需要重视生态补偿的相关情况，并且分析和检查各地具体实施情况。与此同时，财政部和环境保护部门为考核县域生态环境质量，制定了重点生态功能区的考核办法，将生态环境的评估结果与转移支付的资金拨付挂钩。同时，为了协调区域的环境保护工作和保证生态补偿政策的实时推进，对生态补偿资金的分配使用需要加强监督和考核，对资金的使用进行严格监管。

（二）推进相关政策和法规建设

为了建立健全的生态补偿长效机制，需要抓紧完善现有的政策并进行立法，在研究推进立法工作的主要措施之前，需要对近年的实践经验进行详尽的总结。只有发布规范文件或者具有法律效应的地方法规，才能使得生态补偿机制走向制度化和法制化。

但是纵向生态补偿机制相当于一种“输血式”的补偿，本质上就很难弥补武陵山片区因为保护环境而投入的成本，并且片区本身就缺少发展的动力，导致这种“输血式”的补偿本身就很难具有长期性，而且这种“输血式”的补偿对于环境保护而言，很难影响到企业和个人，此时需要采取横向生态补偿来进行补充。

第三节　武陵山片区横向生态补偿机制

由于生态环境效益具有正的外部性，通过横向补偿解决环境保护中存在的“搭便车”问题，即受益者无须向保护者支付任何成本就可以获得收益，此时受益方在没有支出的情况下社会福利水平增加，而支付方可能减少生态服务的数量从而影响整个环境保护的局势。本小节将构建地区之间生态补偿的市场机制，建立兼顾生态保护成本投入、发展机会和生态服务价值的合理补偿标准，充分发挥政府与市场的双重作用，合理运用经济手段和法律手段，探索多元化生态补偿方式。

一　横向生态补偿的基本框架

横向生态补偿转移支付具有补偿和受偿地区之间生态相关性较强、相互之间多为跨行政区（不具有行政隶属关系）、自主协商建立、责权利对等的特征，因此必须根据其特征建立多角度、全方位、多层次的地区间生态补偿制度。不同于纵向补偿制度，它以保护生态环境为主要目的，调节具有相同主体地位的地区之间的生态利益关系，以期获得地区间生态系统的可持续发展。可从以下方面构建地区间横向生态补偿的框架，如图 3-10-2 所示。

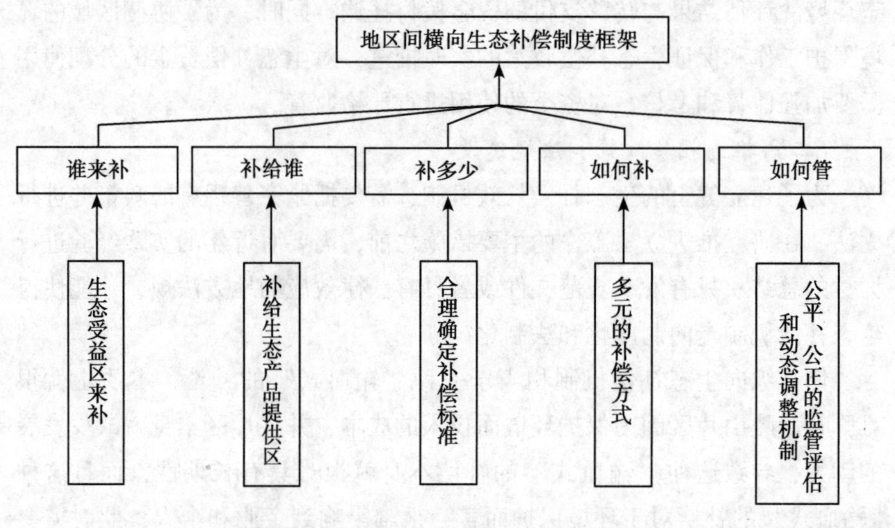

图 3-10-2 地区间生态补偿制度框架

（一）谁补给谁

武陵山片区作为我国重要的生态功能区之一，为了保护片区的生态环境，国家基于主体功能区规划对这一地区实行了严格的禁止开发和限制开发政策，并且通过一些补偿和扶持来弥补地区的部分损失。但是，这些补贴是远远不够的。根据前文生态资本化的分析，限制开发区和禁止开发区相当于为提高生态环境质量而产生了机会成本，而部分地区享受到了限制开发区和禁止开发区生态环境保护的利益，因此需要对这些限制开发区和禁止开发区提供横向补偿。

生态补偿机制是相关主体对经济利益和环境利益分配关系的协调。谁来补偿谁的问题一般都按照“谁破坏，谁付费；谁受益，谁补偿”的原则来确定，补偿的主体就是生态受益区来补偿，接受补偿的客体就是武陵山片区的限制开发区、禁止开发区和部分生态环境质量较高而地区经济水平较落后的地区。横向生态补偿主要集中在内外部两个方面：其他地区向武陵山地区进行横向的生态补偿和武陵山片区内部的生态补偿。武陵山片区的生态环境效益的外溢性会导致其周边地区、河流的下流地区享受到了生态效益，因而有必要对其进行一定的生态补偿；而武陵山片区内部并不全是禁止开发区和限制开发区，开发区域应该向未开发区域进行一定的生态补偿，地区之间通过协商来进行横向生态补偿。

（二）补多少

生态服务的价值至今没有统一的计算方法，一般分为通过直接市场或者替代市场的价格实现价值计算和无法通过市场来实现价值计算两类。可以根据前文生态资本的计量来确定生态系统服务价值的计算，但是在具体补偿时需要综合考虑主客体之间经济发展水平，一方面需要对补偿地区的支付意愿和支付能力进行考虑，另一方面需要重视被补偿方民众的生存和发展的需要，但是为避免陷入生态补偿的陷阱和因生态补偿导致地区失去发展的动力，还需要考虑补偿的合理性。

（三）如何补

武陵山片区在实践中建立相对完善的生态补偿方式，因地制宜地采取多种生态补偿方式的结合。第一种，资金补偿，资金补偿是武陵山片区最常见的补偿方式，这种补偿方式直接、高效、实用，如对退耕还林者的补偿等。第二种，实物补偿，实物补偿可以解决受补偿对象的生产资料和生活资料问题，通过给予一定的实物来改善被补偿者的生活状况，增强其生产能力，如对退耕还林、生态移民的居民给予一定的土地让其耕作。第三种，政策补偿，地区政府给予各项优惠政策来促进双方的合作，给对方带来一定的经济效益来保证生态补偿的顺利进行，如对口支援和飞地经济。第四种，智力补偿，被补偿方从补偿方得到免费的智力服务，如培训管理和专门的技术人员等。在具体生态补偿的落实中，必须结合双方的特点和生态活动具体形式来选择合适的补偿方式以进行有创新的补充和完善。

（四）如何管

首先以健全的法律法规为指引，完善区域间横向生态补偿机制的法律体系，加快相关配套机制的改革，建立以中央政府牵头的横向转移支付机构，国家相关部门的代表及各地方政府派出的代表共同组成负责日常事务的组织机构。其次，积极引导包括补偿方、受偿方、非利益相关方（上级政府、专业机构、中介组织等）、生态环境领域的专门监测机构、舆论宣传机构及独立咨询机构等多元主体的参与，不断强化建设科技支撑体系，使横向生态补偿制度设计更科学、实施更有效、监管更有力。[①] 例

---

① 贾若祥、高国力：《地区间建立横向生态补偿制度研究》，《宏观经济研究》2015 年第 3 期。

如，在建立以生态补偿为导向的横向转移支付制度中，在测算转移支付金额问题时，主要测算指标应为各地区间的生态环境指标因素。最后，在现有横向转移支付试点经验基础上进一步完善试点，逐步推广相关成功经验；将横向生态补偿制度的建设纳入到地方政府的绩效考核中，以改革绩效考核建立相关预警机制，以完善监督管理体制。

建立横向转移支付制度的主要目标是为不同的生态功能区发挥其作用提供财政支撑，不仅是缓解区域经济发展不平衡带来的财政能力差距问题，更主要的目标在于根据国土资源特点为不同功能区的功能发挥提供财政保障，缩小区域经济水平差异，保障限制类和禁止类功能区居民基本的公共服务供给。

二 横向生态补偿标准的确定

在生态建设的过程中，更多需要的是当地居民的参与和保护者的人力、物力及财力投入，所以需要考虑到参与者的生存成本问题，尤其是退耕还林还草时，居民生存转业所要花费的成本，有时会发生生态移民，这就更需要对参与者进行合理的补偿，不然就无法进行生态工程的建设。进行生态建设的同时就要考虑到外部性效应，秉着对受损者补偿、受益者收费的原则，而且维护的成本也会因为地区差异而不同，维护生态平衡稳定的同时既会给部分人带来损失也会给部分人带来收益，如何协调二者的利益均衡，将是一个博弈的过程，不能片面考虑效益收入而不考虑成本投入。区域的环境情况、经济发展水平和社会状态的不同，在构建生态功能区的过程中给居民带来的损失也会有不同，所以生态补偿制度的制定需要适当考虑人口规模、消费水平、收入差距等成本差异。如果一味地采用国家规定的统一标准将不利于受偿者自身利益的维护，使得居民参与的积极性降低，所以需要打破原有的片面追求效率和实施方便性而使用的单一化标准，应该更多地考虑到武陵山片区各地的具体情况，准确分析得出适合的补偿标准，尤其是武陵山片区位于四省的交界处，涉及的不仅仅是环境地区的不同，还要考量各省自身规定的补偿方式，结合各种生态保护付出的成本以及人文因素，综合考虑各种因素的影响。在此基础上，介绍上下游地区的河流保护和不同地区工业开发的生态横向补偿方式。

（一）上下游地区的河流保护

片区内重点生态功能区、禁止开发区和限制开发区为了保护整个区域的生态环境，放弃工业化的机会，并承担相应的成本为流域的水质提供保护，从而为下游提供了优良的水质，水质交易可以作为横向补偿的手段之一。

片区内生态环境保护主要对象是水资源，假设水资源总量为入境水量和自产水资源。

1. 入境水量

片区存在一个水质协议，如水质必须达到三类及优于三类。Q_i 为某一河流在行政区界 i 断面的入境水量的综合污染指数：

$$Q_i = (\sum_{n=1}^{6} q_n/6)$$

其中 q_n 为水质评价指标，具体包括常规水质参数、氧平衡参数、重金属参数、有机污染参数、无机污染物参数、生物参数。Q 越大则说明水质越差。

T_{in} 为河流在行政区 i 入水量，其水质评价指标为 $Q_{in,\ i}$。T_{out} 为河流行政区 i 出水量，其水质评价指标为 $Q_{out,\ i}$。如果 $Q_{in,\ i} > Q_{out,\ i}$，则说明行政区 i 为水质提供保护并进行了净化，那么下游地区 j 应该补偿其生态效益价值及相应成本。反之，如果 $Q_{in,\ i} < Q_{out,\ i}$，则说明行政区 i 污染了水质，需要补偿下游行政区净化污染水质的成本。

$$W_i = (Q_{in,\ i} - Q_{out,\ i}) \times T_{out,\ i} \times (1 + s_i) \times c_i$$

s_i 为水流量补偿调整系数，$s_i = pg_i/(pg_i + pg_j)$，pg_i 为行政区 i 的人均可支配收入，pg_j 为行政区 j 的人均可支配收入，c_i 为生态效益价格，可用水质修复成本替代，从三方面对其进行衡量。

$$c_i = (C_D + C_I + C_A) \times u$$

C_D 为武陵山片区实施生态环境保护后居民用水节省的污水处理成本，C_I 为武陵山片区实施生态环境保护后工业用水水质的提升，即工业用水处理成本的降低量，C_A 为武陵山片区实施生态环境保护而节省的农业用水的污水处理成本，u 为成本调节系数。

2. 自产水资源

行政区 x 的自产水量为 Wp_x，Ws_x 为上游入境水量，行政区 x 第 n 年用水量为 Wx，那么自产水资源自用量：

$$Wj_x = Wx \times Wp_x/(Wp_x + Ws_x)$$

根据行政区的距离及流域流向来划分流域，流域水源到与行政区 x 毗邻的行政区为一级行政区，从一级行政区的水源流向与一级行政区相接的下游地区为二级行政区，以此类推，自产水资源共流向 M 级行政区 N 个行政单元。流向下游一级行政区集 Z 的水量为 Ws_Z ，也就是行政区集 Z 的上游入境水量。为了方便讨论，仅以行政区集为例，行政区集 z_1 消耗的行政区 x 自产水量为 Wp_{xz_1} ，就有如下关系式：

$$Wp_{xz_1} = Wz_1 \times (Wp_x - Wj_x)/(Ws_{z_1} + Wp_{z_1})$$

那么流向二级行政区的自产水资源为：

$$Wp_{xz_2} = Wz_2 \times (Wp_x - Wj_x - WP_{xz_1})/(Ws_{z_2} + Wp_{z_2})$$

以此类推，到流域最后一个行政区 N 其使用的行政区 x 的自产水量为：

$$Wp_{xz_N} = Wz_N \times (Wp_x - Wj_x - \sum_{i=1}^{N-1} Wp_{xz_1})/(Ws_{z_N} + Wp_{z_N})$$

如果行政区 x 水源达标，最后的补偿可以划分为两个板块，也就是下游行政区享受到的行政区 x 自产水量 Wp_{xa} ，和以后转化为公共生态效益的水量 Wr 。

$$Wp_{xa} = \sum_{i=1}^{N} Wp_{xz_i}$$

$$Wr = Wp_x - Wj_x - \sum_{i=1}^{N} Wp_{xz_i}$$

下游行政区利用行政区 x 自产水资源的效益根据其使用目的划分为生活用水、工业用水、农业用水、服务业用水四个部分。那么补偿的标准为：

$$Mp_x = \sum_{i=1}^{N} Wp_{xz_i} \times r_\varepsilon \times A_\varepsilon$$

其中，$\varepsilon = 1, 2, 3, 4$，分别表示行政区 x 自产水资源在下游行政区利用生活用水、农业用水、工业用水、服务业用水，r_ε 为第 ε 种用途的单位用水对地区生产总值的贡献，A_ε 为第 ε 种用途的用水量。

$$r_\varepsilon = G_s/Q_s \times (f_s - c_s),$$

其中 G_s 为 s 产业增加值，Q_s 为 s 产业用水量，f_s 为 s 产业单位用水净收益，c_s 为 s 产业单位用水成本。

如果行政区 x 水源不达标，则行政区 x 需要向下流区域进行补偿以弥补净化成本 Cp_x ，c_w 为单位不合格水质处理的成本，那么就有：

$$Cp_x = \sum_{i=1}^{N} Wp_{xz_i} \times c_w$$

（二）不同地区的工业开发

由于武陵山片区内大部分地区属于重点生态功能区，在工业开发用地总量一定的前提下，地区之间在工业开发用地上必然会形成竞争。那么未开发的地区相当于牺牲了自己的工业开发的潜力，而承担了更多的生态环境保护的责任。因此地区之间可以根据工业开发用地来进行横向的生态补偿。

某地区为重点生态功能区，其内部有大量的限制开发区和禁止开发区，工业开发受到限制，那么就相当于给予其他地区的工业开发用地增多，此时就可以开展更大规模的工业生产，推动地区经济的增长。比如国家耕地红线和地方耕地红线政策，在一地承担了更多的耕地保护责任的同时，其他地区则可以适当增加工业开发。因此地区之间应进行一定的横向生态补偿，以弥补限制开发区和禁止开发区面积多的地区在生态环境保护上的机会成本。

因工业开发程度大的地区要对工业开发程度小的地区进行一定的横向生态补偿，并且地级市政府可以建立有效调节工业用地和居住用地合理比价机制，提高工业用地价格，完善对片区内的重点生态功能区的生态补偿机制，推动地区间建立横向生态补偿制度，将提高工业用地价格产生的收入补偿给工业开发程度低、环境保护责任大的地区。

工业开发程度高的地区的财政收入也较大，那么就可以根据其地区财政收入情况作为横向生态补偿的依据。f_{it} 为工业开发程度较高的县级市政府 i 在 t 年的人均地方财政收入，$i=(1,\ 2,\ \cdots,\ n)$，F_t 为地级市政府在 t 年的人均平均财政收入。当 $f_{it} > F_t$ 时，则说明县级市政府的人均财政收入状况较好，可以进行适量的生态补偿横向转移支付，当 $f_{it} < F_t$ 时，则说明县级市政府的人均财政收入比平均水平低，则不需要进行生态补偿横向转移支付。与此同时，上级政府将本区域的工业用地的价格提高了 P，在工业开发区有工业开发用地 S_i，那么片区内的新增的工业用地收入为 $P \times S$，那么进行横向生态补偿的额度为：

$$
\begin{cases}
w_a \times \sum_{i}^{n} [c_i \times (f_{it} - F_t) + P \times S_i], & \text{当}(f_{it} - F_t) > 0 \\
w_a \times \sum_{i}^{n} (P \times S_i), & \text{当}(f_{it} - F_t) < 0
\end{cases}
$$

其中 w_a 为地区 a 的横向生态补偿分配比例，$a=(1,\ 2,\ \cdots,\ m)$，a 表

示重点生态功能区，由上级政府根据地区的具体情况来确定，c_i 为工业开发区中地区财政的横向转移比例，由工业开发较好的县级市与上级政府共同决定。

三　横向生态补偿中的委托代理

片区内横向补偿难以实施的难点就是地区的经济基础较弱，并且由于片区内存在晋升竞争和信息的不对称，我国上级政府与下级地方政府存在着委托代理关系，一旦两地通过协商来进行生态环境保护合作，就相当于把上级政府的部分委托代理进行转移，从而在地方政府之间建立委托代理关系。①

如图 3-10-3 所示，当 A、B 两地同属一个上级政府时候，由于环境保护质量在政绩考核中的弹性并不是最大的，所以 B 地就可能将生态补偿部分用于其他用途以增加自己的效益，而这种情况是 A 地不愿接受的，所以两地会进行委托代理设计。

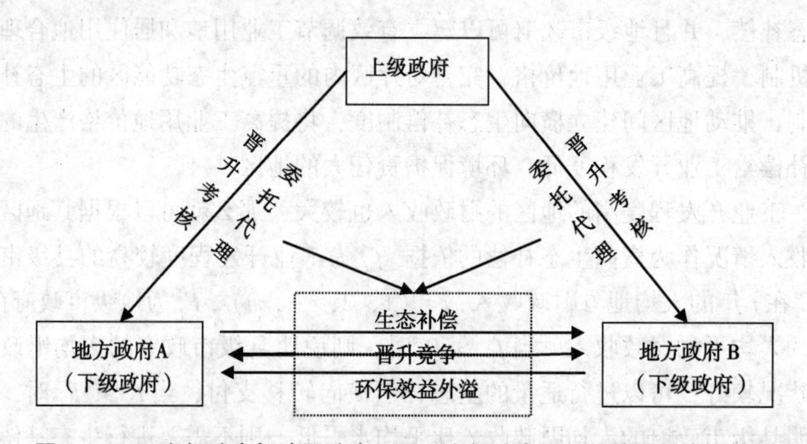

图 3-10-3　上级政府与地区政府（同一上级政府）之间的委托代理转移

如图 3-10-4 所示，当 A、B 分属不同的行政区时，要通过生态补偿进行环保合作同样也会面临着地区之间的晋升竞争。如果 A 和 B 之间不存在直接晋升竞争，但是他们都处于其他锦标赛体系之中，此时 A 地面临着对 B 地提供补偿是否会影响到自己在晋升锦标赛的胜利，而 B 地面临着继续为区域提供生态环保产品和服务而额外付出成本是否会影响到自

① 袁亮、何伟军、沈菊琴等：《晋升竞标赛下的跨区域生态环保合作机理及机制研究》，《华东经济管理》2016 年第 8 期。

己在晋升锦标赛的胜利，A地对不属于同一行政区域的B地进行了生态环境补偿，相当于其用于本地的财政收入减少，这将影响其在本地区的晋升锦标赛，A地在补偿的同时也需要考虑本地区的财政收入满足本地区本年度的需要，并且要保证自己在当地的晋升锦标赛的地位；A地在支付生态补偿时必然会要求满足其生态要求，以此来监督和激励B地的环保行为，所以两地会进行委托代理设计。

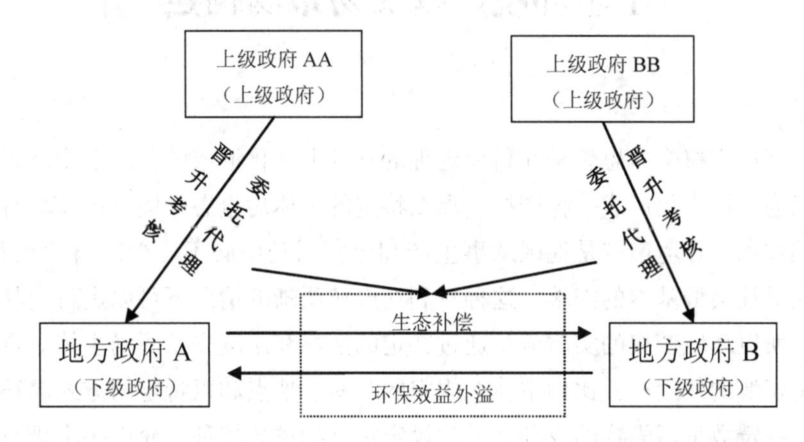

图3-10-4　上级政府与地区政府（不同上级政府）之间的委托代理转移

所以武陵山片区的横向生态补偿的方案应该由上级政府组织规划，下级政府来协调和实践，上级政府通过出台相关规定或办法来对辖区的区域生态环保合作进行要求，以改变两地之间存在的晋升竞争，并按照委托代理理论设立相应的个人理性约束和激励相容约束以保证横向生态补偿机制的形成和稳定。首先，结合生态环境和经济环境，制定明确的生态转移支付补偿监督体制，将环境状况纳入地区的经济社会发展的绩效考核之中。其次，补偿方应该给予被补偿方相应的补偿资金，被补偿方将补偿资金纳入环境保护引导资金或污染防治资金进行管理，用于水污染防治、生态修复等相关环境保护活动，保证横向补偿资金的分配和使用的透明化。最后，被补偿地区的人民政府及有关部门若不按期报告、通报，或者拒报、谎报相关生态环境指标的，将按照规定追究有关人员的行政责任，并且构建适宜的评价指标体系进行环境绩效评价来确定后期的惩罚与激励措施。

第十一章

基于生态资本化的武陵山片区
生态环境产权交易市场构建

环境产权交易思想是在科斯定理的基础上演化形成的，由于生态资源可以通过资本化形成一种产权，那么特定的主体对生态环境资源就享有一定的权利，环境产权是地区从事生产和经营活动中必不可少的自然权利，是人类社会最基本的需求，这种权利在产权明晰的情况下可以进行商品交易。所以环境产权的实质就是通过特定的法律和制度安排明确主体对自然环境资源的使用权，比如主体在规定的时间、地点和以特定的方式向环境排放一定数量污染物的权利，通过设定污染物排放权利，允许污染排放的权利可以像商品一样被买入和卖出从而形成环境产权的交易。

第一节　武陵山片区环境产权交易市场的构建

由于在生态环境问题上的受益者是排污者，而受害者则是生态环境资源和广大的人民群众，在公众利益上存在着产权界定不明晰、所有者缺位的情况，政府作为公共管理的机构，可以通过公共政策和制度设计来约束排污主体的行为。

一　武陵山片区环境产权交易市场的层次与主体

武陵山片区生态环境产权交易市场的构建首先需要明确交易市场的层次和参与的主体。

（一）武陵山片区环境产权交易市场的层次

环境产权交易市场由一级市场和二级市场组成，一级市场是指排污者与政府环境管理部门进行交易的场所，也就是排污权的初次分配，在初次分配中有偿或无偿地取得初始环境产权，这一环节主要由政府来主导。二级市场就是排污者之间进行交易的场所，这一环节主要由市场来主导，根据政府对地区的环境容量来进行测定，将排放总量通过一定的规则进行分配。排污者在一级市场上有偿或无偿地获得一定的排污指标，而有些地区的工业企业较多，发展较快，因此排污的需求较大，需要到二级市场上去购买排污指标；而武陵山片区本身发展较为落后，工业发展程度较低，并且就武陵山片区内部而言，部分地区处于禁止开发区和限制开发区，所以排污量较小，可以在二级市场上出售排污权，因此就形成了排污权的买卖双方。

可见，一级市场进行环境产权的分配，二级市场进行环境产权的交易，交易的方式可以采用分散交易和集中交易两种形式。当参与主体较少时采取分散交易的形式，当参与主体较多时采取集中交易的形式。

（二）武陵山片区环境产权交易市场的参与主体

环境产权交易市场同一般的交易市场有相似之处，主要由四类主体构成：交易主体、管理主体、监督主体和服务主体，各个主体之间通过合作来促进环境产权交易市场的运转，从而达到改善环境质量的目的。

交易主体。交易主体也就是环境交易市场上进行买卖的双方，也就是需要购买排污权的主体，出售排污权的主体和政府机构。在环境产权的交易市场上要严格控制市场的准入，避免投资者为牟取私利所带来的市场混乱。因为投资者本身是没有排污需求的，而是通过排污权的买卖来获利，进而引发一系列打着环保旗号来的投机行为，从而严重影响市场的稳定和安全。

管理主体。环境产权交易的管理主体是政府的环境保护部门，环境保护管理部门在环境产权交易市场上很重要职责是对环境产权进行初始分配，维护市场的交易秩序，维持市场的稳定。环保部门通过制定相关的环境保护法规、政策和产权交易制度对交易市场上交易双方的行为进行引导和管理，对交易活动进行监督和约束，维护环境产权交易市场的交易规则，督促交易之后的变更手续办理，明确各方的责任与义务，并且根据实际运作情况，完善环境产权的交易体系。

监督主体。在环境交易市场上如果缺乏有效的监督，各排污主体为了追求利益最大化，可能选择铤而走险，进行超量排放或进行寻租，进而影响交易价格，降低市场效率。所以需要监督者来约束交易主体和管理部门的行为。监督主体一般包括公众、媒体和环保团体。公众是排污产生之后的直接受害者，可以对其进行监督和举报，媒体通过报道对管理部门和交易主体进行施压，从而对市场起到约束作用鼓励环保团体自发对环境质量进行监督，为环保部门提供支持。

服务主体。环境产权交易市场的服务主体主要包括环境产权交易平台及其他服务性机构。环境产权交易是一项复杂的工作，由于其交易成本的存在会削弱参与交易主体的积极性，所以建立统一、集中的环境产权交易平台是非常必要的。有效的环境产权交易平台能够为环境产权交易提供交易信息，可以有效地降低交易成本，提高交易效率，促进环境产权的快速流转。

二　武陵山片区环境产权交易市场的运作

根据目前国内外的环境产权交易的实践来看，现在进行交易的品种主要有水污染物、大气污染物和温室气体排放等品种，不同的污染物有不同的污染程度和污染范围，对生态环境造成的影响也不相同，因此需要有针对性地制定武陵山片区环境产权运作规则。

（一）交易规则

在武陵山片区，水污染物排放权的交易应该以水系进行划分，在水系覆盖的区域内都可以进行交易，在具体操作上，需要注意的是上游污染源对流域的影响是大于下游排污企业所造成的影响，因此相关的环保部门需要注意：一是要平衡水系区域内不同排放点之间的排放量，而不能使某一个排放点的排放量严重超标，从而迅速影响流域的环境；二是要平衡不同时期的污染物排放水平，因为在不同时期流域的水量不同，其自我净化和恢复能力也不同，在丰水期可接受的污染量比枯水期就相对多一些，并且也不能使污染物集中在某个时间上排放；三是确定上下游之间排污量的计算标准，以平衡上下游之间的污染物排放量。

与水污染物排放不同的是，二氧化硫的排放能在该区域进行扩散，可以不考虑排放点之间的平衡，在进行二氧化硫排放交易时，要明确污染物排放权的使用时间，以防止二氧化硫排放过高形成酸雨，并且二氧化硫的排放权不仅可以在片区内各县市区之间进行交易，而且可以在片区外进行交易，可通过省政府的环境交易平台进行沟通、协商，最终进行交易，并且组成专门的环保机构进行监督和监测。

在碳排放上我国正在实行强制减排和自愿减排相结合的制度，确定了各省、市地区的减排目标，规定了可以通过购买碳排放权让其他企业帮助完成碳减排的目标。武陵山片区的碳减排交易可以集中到区域性的环境产权交易平台和国家级的产权交易平台。

总体而言，碳排放的交易机制比较复杂，不仅与环境产权的交易品种相关，而且与地区的经济发展水平等因素相关，还涉及区域之间的折算问题，因此需要湖北、湖南、重庆和贵阳彼此进行沟通和协商，由国家层面来进行统筹和安排，并对交易机制进行优化和创新，既满足地区发展的需要，又保证环境产权制度的科学与合理。

（二）存储、借贷和互换机制

环境产权是一种财产权利，因此除了交易之外，还可以进行存储、借贷和交换。

存储是将环境产权进行存储，以方便日后的使用。在国家层面设立排污银行，办理排污所有权的登记、变更和注销等工作，地区和企业可以将一定时间内多余的污染物排放权存入排污银行当中，排污银行为排污项目寻找买家，办理转让和确认权属等工作，并从中收取一定的管理费用和中介费用来减少碳排放的数量，各级政府根据自身的情况建立排污银行与环境产权交易平台进行对接，将区域内的污染物排放削减量集中起来进行存储。

环境产权的借贷就是拥有一定排污权的主体承诺以偿还一定的借款而使用其他市场主体的排污所有权的行为。在借贷机制中，借方一般为拥有富余排污权的主体，而贷方为排污权短缺的主体。但需要注意的是，我国市场经济体制不完善，诚信体系没有完全建立，因此在进行环境产权的借贷中需要建立相关的备案和等级，明确借贷双方和借贷期限。

互换是指环境产权在不同区域和时期上的交换，互换是地区根据自身的需要与其他地区签订互换协议，承诺在不同时期内可以针对排污指标的盈余进行互换，但是这种互换也要保证不能超过地区的环境承载力。

（三）环境产权交易运作流程

交易之前，武陵山片区的各个交易主体向地区的环保部门递交交易申请，环保部门对符合条件的交易主体进行信息公开披露和组织交易。

在环境产权的交易当中，政府部门根据区域的环境质量目标确定各区域的环境容量，推算出污染物的最大允许排放量，政府将这些排放量分割到不同的主体之间，并建立环境产权的交易市场让环境产权能够合法地买卖，交易主体根据自身的实际情况自主决定自身排污量，从而进行排污权的买卖。

鼓励市场上成立相关的服务机构为交易双方提供信息咨询等服务，环保部门要制定相关中介和服务机构的市场准入和资格认证制度，从各个方面规范环境产权交易市场行为，各地区的环保部负责对市场上各方进行监督，制定相关的规则以保证交易平台的公平性和合法性，一旦发现市场的任何一方违反交易规则或者存在违法的行为，要采取惩罚措施来规范市场行为。

（四）环境产权交易的模型分析

为了调动各级政府和企业在环境保护上的积极性，考虑将排污权交易作为解决公共物品分配的新手段，从而以此作为环境产权市场的交易手段之一。

环境库兹涅茨曲线说明经济增长和环境保护存在着一种倒 U 型的关系，考虑到我国还是发展中国家，武陵山片区大部分地区还属于贫穷和欠发达地区，因此假设经济增长和环境污染存在着一种正相关的关系，也就是说处于环境库兹涅茨曲线的左边。

假设片区内人均地区生产总值 P_{GDP} 与污染物排放之间存在一定的函数关系，也就是：

$$P_{GDP} = F(A,\ W,\ R)$$

其中 A 为大气污染物排放量，即为多种大气污染物排放量的几何平均数，W 为工业废水排放量，R 为固体废弃物排放量。

根据片区内 71 个县市的统计年鉴，可以对其关系进行回归分析，因此可以根据各地区的经济发展水平，测量出其理论的污染物排放量，分别为 Q_A、Q_W、Q_R，然后根据地区实际的环境质量目标，推算出其最大允许排放量 $Q_A{}^*$、$Q_W{}^*$、$Q_R{}^*$，对比其实际的排放量即可以确定其排放量差额。当实际排放量大于理论排放量时，则表示此区域需要更多的排放权，因此需要到市场上去购买；反之，当实际排放量小于理论排放量时，则表示区域可以出售部分排污权。

与此同时，地方政府可以根据经济发展目标预测地区的污染物排放量，将污染物排放权分配给下一级政府，二级市场在污染物排放量达到总量控制的前提下，买卖进入市场交易平台，进行自由的买入和卖出，那么污染源治理成本较低的区域就可以将剩余排污权出售给那些污染治理成本较高的区域，以此来达到环境产权交易与环境保护的目的。

补偿量 $\bar{Q}$ 为：$\bar{Q} = Q_i^* - Q_i' - Q_{Ti}$

Q_i' 为第 i 种污染物的实际排放量，Q_{Ti} 为已购买或出售第 i 种污染物的转让交易量，$i = [A, W, R]$ 。$\bar{Q} > 0$ 则说明区域仍需要购买一定的排污权，$\bar{Q} < 0$ 则说明区域可以出售一部分的排污权，那么其交易金额应该是：

$$C_{ti} = \sum_i P_i \times \bar{Q}_{it}$$

P_i 为第 i 种污染物交易价格，$\bar{Q}_{it}$ 为地区 t 第 i 种污染物的补偿量。

P_i 的价格根据机会成本法来确定，为保证其可行性，在片区内采用平均值的方法作为排污权的参考价格。由于大气污染物排放主要来自工业，因而可以单位大气污染物第二产业总产值为基础来确定其排污权价格：

$$P_A = (\sum G_I / \sum Q'_A)/71$$

其中，G_I 为区域工业增加值，Q'_A 为大气污染物排放量。

工业废水的排放主要由第二产业产生，G_2 为区域第二产业增加值，Q'_W 为工业废水排放量，所以有：

$$P_W = (\sum G_2 / \sum Q'_W)/71$$

固定废弃物来自于生产、生活和其他活动，G 为区域地区生产总值，Q'_R 为固体废弃物污染物总量，所以有：

$$P_G = (\sum G / \sum Q'_R)/71$$

第二节　武陵山片区环境产权市场的制度建设

武陵山片区生态环境保护长效机制的构建离不开市场在资源配置中的作用，通过相关的制度建设确保所有者的权益，实现生态资本的增殖性和流转性，促进生态环境保护和生态治理的现代化。

一　界定环境产权，完善管理政策

环境产权交易作为一种以市场为导向的交易制度，必须有相应的法律法规来保护其权威性和合法性。

首先，武陵山片区要呼吁国家立法来对环境产权进行界定，明确其商品的属性和财产权利，对环境产权的交易范围、交易方式进行明确的规定，并完善法律法规来规范初始分配和明确环境产权的有偿取得。

其次，针对具体的污染物发放排污许可证并确定许可证的有效期，对交易活动进行宏观指导，避免市场失灵，提供交易指标，督促产权交易完成之后的产权变更。

最后，环境产权交易不仅是环境保护政策，环境产权的交易也是重要的金融创新，因此还必须完善金融法规建设，提高市场准入门槛，积极开展产品和业务模式的创新，降低金融风险。

二　丰富参与主体，规范交易制度

一个健全活跃的环境产权交易市场需要有不同种类的市场参与者，不仅只有产权买卖的双方，还需要有提供信息服务的中介结构和提供其他服务的专业性机构。通过这些机构的广泛参与提高产权交易市场的活力，提高环境产权交易的可能性；同时丰富的交易主体有利于环境产权交易市场上的品种创新，丰富环境产权交易的内容；并且完善统一、多级环境产权交易市场，使环境产权交易的信息得到充分披露，一方面降低交易成本，提高交易效率，充分挖掘环境产权的价值，并使其充分作用到环境保护当中；另一方面是减少私下交易和寻租行为，完善环境产权交易市场。

三　加大宣传推广，营造市场环境

由于环境产权的交易在武陵山片区并没有开始实施，因而对很多企业来说，它还是一个比较新的概念，片区大多企业对环境产权的交易也不大了解，不清楚相关制度和操作方式。为了加强环境产权交易的制度建设，需要对环境产权交易进行广泛的宣传和推广，加深市场主体及公众对环境产权交易的认识和了解，营造良好的市场环境。积极培养环境产权交易平台的从业人员，提高他们的专业素质，地区环保部门要加强环境产权交易的宣传，使地区内企业和个人了解和认可环境产权交易，提高环境产权交易的可能性。

四　加强监督监测，落实奖惩措施

在环境产权交易之中，由于排污权开始有了交换价值，市场上的交易主体为了获取高额的利润有可能采取一些违规行为，如超标排放、超量排放、寻租行为。所以政府必须加强监督执法和对产权交易的监控，杜绝一切破坏环境和环境产权交易市场的行为。通过法律来规范各主体在产权交易之中的行为，对违反者进行严惩，保护参与者的合法产权。建立环境实时监测制度和产权交易的信息管理系统，尽量避免排污者和管理者之间的信息不对称，杜绝一切违法违规的排污行为；并且加强对环境保护的执行力度，加大对违法行为的惩罚力度，避免违法成本低于守法成本，促进企业在利益的驱动下参与环境产权交易；同时建立相应的激励机制，对积极投资减排并出售环境产权的排污企业给予一定的税收优惠、资金和技术支持。

第三节　武陵山片区碳交易市场构建的设想

随着社会和经济的发展，因片面追求经济发展而导致生态环境不断遭到破坏的现象时有发生，最为显著的就是温室效应的不断加剧致使全球变暖。城市化进程的加速导致了全球气候的急剧恶化，致使全球气温升高，所以控制碳排放已然成为人们的共识。借鉴国内外相关碳交易市场的相关经验，加快推进武陵山片区的碳交易市场的建设步伐，以此促进本地区排放体系机制建设，加快企业绿色转型步伐，与此同时，通过碳交易市场的建设，保证武陵山片区在生态环境保护下的正外部性收益。

碳交易市场是指交易双方通过合同的拟定，一方向另一方购买碳排放权，买方通过购买碳排放权来实现自身发展的目标，卖方通过减排出售碳排放权来获得额外收益。建立交易机制的主要目的是通过人为制定的碳市场交易体系，来调节现在市场上高排放和高能耗的社会现状。在构建碳交易市场机制的过程中，必须明确市场机制构建所涉及的各个组成部分。

一　武陵山片区碳交易市场的对象

目前，武陵山片区还未建立起碳交易市场，并且经济发展水平还不是很高，更多的情况下，需要的是建立一种强制性的碳交易市场，在市场运行到一定的阶段后，逐步鼓励企业建立自愿性碳交易市场，从而减轻政府的工作量，而且在市场调节机制下自动运行，政府应减少干预，只负责监控和核查，这种方式往往会使得交易市场运行得更加稳定。武陵山片区是以第一产业和第二产业发展模式为主的地区，其第一产业所排放的温室气体较少，不足以构成很大威胁，其温室气体排放主要来源于第二产业，在大部分县区，如秀山县、花垣县的产业结构中，工业是主要的经济支撑，所以追求经济的发展必然会大力发展主营产业，这样工业的扩大经营必然会带来温室气体排放量的增加，基于该背景，相关部门需要构建碳交易市场机制来规范市场行为。

在构建交易市场机制的同时，需要考虑温室气体的种类以及如何进行量化，这样才能在后期工作中进行准确的核查。按照《京都议定书》的规定，一般可交易的温室气体主要包括6种：二氧化碳、甲烷、氧化亚氮、氢氟碳化物、全氟化碳和六氟化硫。所以对于不同的地区，可能由于行业种类的不同，终端能源消费的种类也会有所不同，这样计算的交易对象也就不同，所以构建碳交易市场过程中需要了解地区主要的消费模式，从而确定所排放的气体；而对于初次构建交易机制的武陵山片区来说，在第一阶段，试运行期间主要考虑CO_2气体，在机制运行一段时期后，不断完善的体系使之能够很好地测算和审核气体排放时，再考虑将其他温室气体纳入到交易对象中。

二　武陵山片区碳交易市场的交易主体

交易主体指的是碳交易市场中进行碳权买卖的利益双方，根据碳市场交易原则，市场上的买方（温室气体的排放量超过其初始分配到的碳权配额时，这样就需要对外购买碳排放权）、市场上的卖方（通过节能减排技术或者生产技术转型的企业，将剩余的碳排放量投入到交易市场上去，这样可以获得额外收益）、需求者和供给者共同构成了碳交易市场的主体。武陵山片区想要建成一个有一定规模的碳交易市场，需要扩大交易主体的规模，积极鼓励重点排放单位、投资机构和个人投资者的参与，交易主体规模扩大是实现风险管理和资产定价的前提。

三　武陵山片区碳交易市场的分配方式

在确定了交易主体和对象后，需要做的就是如何分配，初始额度的确定是碳交易市场构建能否达到成效的关键因素所在。初始分配多了，这样企业获得的排放权就大，就会为了追求经济利益不断地扩大生产，即使不够也可以向其他有剩余的企业购买，这样就会使得碳交易市场的生态环境保护目的不明确。如果初始分配额小了，这样企业获得排放权变少，为了不因超额排放而被罚款，企业就会降低生产力度，缩小生产规模，因为其他企业几乎也不会有剩余碳权出售，长此以往，也不利于社会整体经济的长远发展，所以合适的初始碳权分配是至关重要的。

通过借鉴国外以及我国已经建立的碳交易市场的经验可见，“基准线原则”和“祖父制原则”是主要的分配原则。祖父制原则是确定其可分配到的碳排放权配额，用一定的减排比例乘上交易主体的历史排放量（一段时间内如2010年到2014年排放量的均值），这样既不会太偏离实际量，也不会对企业产生太大影响；而主要依据投入产出或者交易主体历史经济活动指数的基准线原则（一般是在无法确定准确碳排放量的前提下，就需要通过投入或者其他指数，如GDP等作为标准），再乘上由政府制定的基准排放率，来确定其配额。一般情况大多采用祖父制原则，因为前期参与的工业企业数量比较少，种类也少，有利于统一数据，然而在完善后期机制后，参与的主体会越来越多，情况会变得复杂，就会出现难以统一数据或者其他情况，所以这时就需要引进基准线原则来确定初始分配额度。

分配方式是将确定的初始分配额度如何分配到每个交易主体的手中，通常情况下采用2种方式：免费分配和有偿获得。免费分配是碳交易市场前期构建所采取的主要方式，在武陵山片区这样的待发展地区，如果在机制构建的前期就需要参与企业花费成本来购得碳权，这样势必会增加企业经营成本，从而打消了他们参与的积极性，只会给碳交易市场机制构建带来阻碍，所以在第一阶段试运行过程中宜采用免费分配碳权方式；有偿获得碳权主要分为政府有偿出售碳权和公开拍卖企业竞价购得方式，这样的方式主要应用在碳交易市场运行的第二阶段。有偿出售主要是指避免免费分配所带来的分配不均而导致的区域企业矛盾的激化，通过政府出售碳权，企业根据自己的实力去购买排放权，这样就不会造成环境资源的免费使用和破坏，而且政府也会获得财政收入，这些收入也是后期政府用在减免企业成本压力的补贴来源。公开拍卖是指，在有价出售时，政府也会因市场经济体系的不完善，致使定制的价格不符合市场价格，从而导致各种问题，通过公开拍卖的方式来使得碳交易体系更加完善。企业间可以相互竞价购得自己需要的碳权。同样，碳权不足的企业向有剩余的企业购买，通过市场来调节政府的参与不足。

所以在武陵山片区，前期主要是免费分配碳权，辅之以有价竞售

(竞售的额度可以通过预留配额来实现)。比如可以预留的配额是年度配额总量的10%—20%，其中的30%可用于拍卖。后期主要是运用有价竞售和拍卖，有价竞售的额度占到总额的30%，拍卖的额度达到50%，剩下的20%用来调节垄断行为的出现。而且根据湖北省《碳排放权管理和交易暂行办法》，政府预留配额主要也是用于市场调控和价格调整，拍卖得来的收入主要用于支持企业碳减排、碳市场调控、碳交易市场建设等，因为有价竞拍则代表企业的经营成本会增加，为了避免企业产生消极态度，对参与的主体进行一定的补偿，尤其是节能减排做得好的企业，而且对于弱势企业也进行扶持，让更多的企业或组织参与到碳交易市场体系中来，所以在此基础上还需要建立一个碳交易平台。

四 武陵山片区碳交易市场的平台构建

武陵山片区碳交易需要构建一个平台来进行市场主体之间的交易，市场交易平台能够减少双方的交易成本，并且在交易平台建设的同时构建监管体系从而约束交易主体的行为，保证交易平台的公平性和合法性。

(一) 碳交易市场平台构建

碳交易平台，是一个公开的网络平台，平台中汇集了参与到碳交易市场的企业或者组织的碳权供需情况，发布消息的交易主体是通过登录注册并且完成资料上传的，这样有利于其他企业查看并核准信息的准确度。碳交易平台类似于云物流平台，如图 3-11-1 所示。

将武陵山片区域内的各类行业和企业的碳权供需信息汇总到碳交易平台中，碳交易平台相当于一个会所，将注册会员发布的信息进行分类拣选然后归类：

一级分类：碳权剩余企业或者组织、碳权不足企业或组织；因为进入浏览的注册用户要么是需求方，要么是供给方，这样划分有利于用户对号入座，需求方查阅供给信息，供给方查阅需求信息。

二级分类：强制性减排企业或组织、自愿减排企业或组织；因为减排性质的不同，也会造成碳权价格的定价不同，强制性减排的企业可能购买的碳权或出售的碳权都是为了减少企业经营成本和扩大收益，而自愿减排组织可能更在意生态环境保护，这样的背景下致使他们的定价也会有所不同。

三级分类：按企业的行业性质划分，包括发电行业、热力行业、钢铁

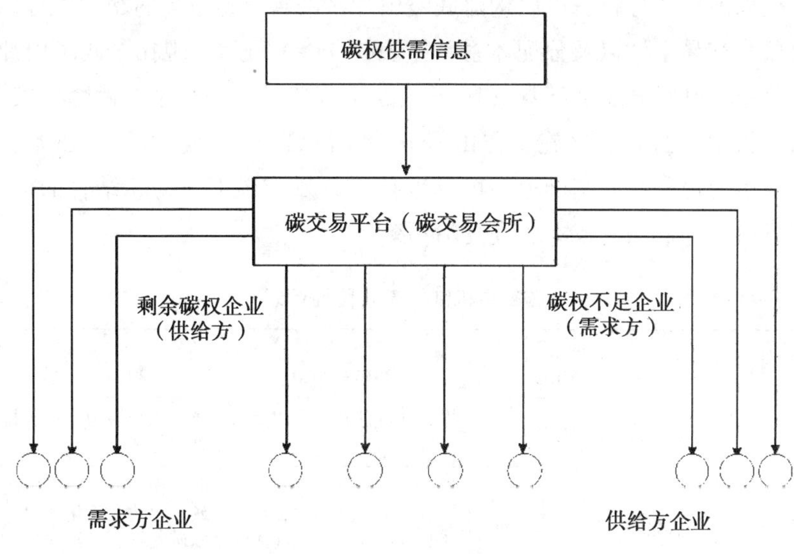

图 3-11-1　碳交易平台构建

行业、水泥制造行业和冶炼行业等，不同行业可以更有利于供需双方查找信息，而且也有利于碳交易市场的管理，方便武陵山片区统计供需双方中的行业占比，这对下一阶段的碳权划分也是一个很好的借鉴。

碳交易市场机制的运行，借助于网络平台的构建，通过三方组织（企业或组织加入、平台维护、机构审查监督）的共同协作，完成碳交易市场的公共信息平台构建。通过对国家发改委整体规划的解读，武陵山片区的碳交易市场的大致时间为：2014—2015 年为筹备阶段（第一阶段），在这段期间内主要通过借鉴外国的碳交易市场的经验然后完善相关的制度体系、运行机制、检查机制以及法律保障体系等；2016—2020 为运行完善阶段（第二阶段），全面启动实施碳交易试点工作，武陵山片区同时将大型发电冶炼以及生产加工工业作为交易主体纳入碳交易市场中，通过运行然后取长补短，摸着石头过河，从而在后期不断完善碳市场；2020 年后为拓展阶段（第三阶段），该阶段碳交易市场体系已经相当完善，这时就需要把交易主体的范围扩大到第三产业中的交通服务业，因为前期体系不够完善，第三产业的碳排放实施困难系数大，难以准确定义和核算，所以只能在稳固完善的体系下才能够准确核算。并且在体系运行中，需要保证的是纳入到交易体系中的企业的排放量需是占总排放量的 50% 以上，这样才能有效保证碳交易市场体系实施的意义。

根据前篇的分析，可以构建武陵山片区的碳交易市场的交易内容、交易对象、交易主体以及分配体系，如表 3-11-1 所示。现在，武陵山片区内部分地区已经开始低碳县（区）试点示范建设，如绥宁、武隆、安化、彭水、长阳、酉阳、恩施、秀山、五峰、洪江、新宁、黔江、建始、石柱、桑植等地。在此基础上，可开展扶贫开发与碳汇交易相结合的试点，用市场机制降低治污成本、提高治污效率。

表 3-11-1　　碳交易机制构建阶段性计划

阶段内容	第一阶段（2014—2015）	第二阶段（2016—2020）	第三阶段（2020 年以后）
交易模式	碳排放许可证为主	排放许可证和碳信用交易并行	碳信用交易为主，碳排放许可为辅
交易对象	二氧化碳气体	二氧化碳气体为主，逐渐涉及其他 5 种温室气体	6 种温室气体（二氧化碳、甲烷、氧化亚氮、氢氟碳化物、全氟化碳和六氟化硫）
交易主体	第二产业（火力发电厂、热力厂、钢铁厂、水泥厂和冶炼厂）	第二产业为主，并加入一些第三产业（如交通服务业）	第二产业和第三产业
分配体系	免费分配方式为主，10%为预留配额，用来有价竞售	有价竞售为主，总配额的 30% 出售，50% 拍卖，20%作为免费分配和调节市场（供需不平衡）	公开拍卖为主，占 70%，20%有价出售，10%作为宏观调控

五　武陵山片区碳交易市场的监管体系

通过构建交易市场平台，让交易主体加入到市场机制中来，对他们的碳权交易需要进行监控，主要监控二氧化碳排放量和剩余量。武陵山地区的企业每年都向政府机构提交碳排放报告，并接受独立的第三方验证机构验证，机构审查完成验证后出具审查报告。监管部门负责对阶段性审查报告进行复核，这样一方面保证了交易平台中企业供需信息的准确性，另一方面也有利于碳交易机构下一阶段的初始配额和分配方式的确定。通过第三方机构的核算和监管部门的审查，企业收到一份碳交易的凭证，凭证上主要显示能够购买和出售的碳权额度，凭借电子凭证企业就可以在碳交易市场购买、出售配额，同时配额在每一个阶段完成后都要清算。

具体而言碳交易中的每一个步骤流程都需要监管部门的监督，保证流程的公开公正，而监管机制主要由政府监管、社会监督、第三方审查机构监察构成。

（一）政府监管

主要制定相关的法律政策，维护系统的秩序，确保碳交易的稳序进行。对交易主体和第三方机构提供的信息进行审核，然后给予合标企业碳交易凭证，从而保证交易双方的信息准确性。

（二）社会监督

主要防止碳交易的暗箱操作，保证交易的公开、公平进行，维持交易秩序，防止企业间的恶性竞争，因为交易价格由企业间自行决定，所以供需不平衡情况下就会出现垄断竞争。

（三）第三方机构监察

主要负责对企业交付的阶段性碳排放报告的准确性进行审查，然后出具审查报告，供政府相关部门进行复核。

第十二章

武陵山片区生态环境保护保障机制构建

构建武陵山片区生态环境保护长效机制，除了运用资本化的手段进行管理、运用转移支付等方式进行激励以外，还需要对建立起来的各项制度搭建行之有效的保障体系。为此，从构建环境预警、推进生态教育、促进区域生态立法等方面构建武陵山片区生态环境保护保障机制。

第一节　武陵山片区生态环境预警保障体系构建

构建武陵山片区生态环境的预警保障机制，是生态环境保护的前哨，也是生态环境管理的第一道防线，生态环境预警是指对生态环境可能出现的危机进行监测，以此来判断当前的环境现状，并建立相应的预案对策进行及早预防和预先控制。

一　生态环境保护的预警理论

预警即预先警告，指在危机发生前以其历史发展进程中所展现的规律或相关界定标准作为评定依据，当现实监测下的数据同基本规律或界定标准存有偏差时，测度这种偏差产生的影响度，在影响度达到事先所设定的预警等级、戒备等级时，快速启动预警系统，对外发送预警信号，并及时有效地向相关部门报告预警现状，提醒相关部门开展前期预防工作，从而降低危机出现所造成的现实损失。

而生态环境保护预警就是指对生态环境的各项指标进行观察、监测与控制，结合生态环境保护所设定的各项安全标准和危险系数，在现实监测结果与设定的标准间出现偏差并达到一定的预警等级时，启动生态环境保护预警系统，并及时向生态环境保护部门发送预警信号，由生态环保部门及时对威胁生态环境的危机进行处理和整治。

生态环境保护预警分为狭义生态环境保护预警和广义的生态环境保护预警。就狭义生态环境保护预警而言，强调对环境数据的收集、监测和对环境指标的检测，通过对环境的现状及未来发展趋势的分析、估测可能使环境遭到破坏的潜在威胁，但是不包含针对这些威胁采取相应的整治措施；而广义的生态环境保护预警就不仅包含对环境威胁因素的监测与分析，更包含了探索危机源头和判定警戒程度，为采取有效的治理措施提供依据，最终有效地控制危机、解除危机。

生态环境保护的预警还可以分为事前的环境风险防范预警和实时的环境风险应急预警，这种分类结合时间因素和阶段变化界定了在风险发生前后的两种预警模式。事前的环境风险防范预警旨在增强事前的监控和预测，在危机发生以前进行数据的统计与指标的监控，确定当前的生态环境现状是否安全，并对潜在的环境危机进行监控，防范危机的发生；实时的环境风险应急预警旨在进行风险发生时的及时有效控制，是严格围绕风险进行的应急预警机制，结合环境风险状况实施实时应急预案，争取及时控制危险的范围和恶化速度，将现实危害降到最低。

随着科技的进步与社会的发展，人类活动对环境的影响越来越大，人类对环境的过度开采也越来越严重，在这种情况下，生态环境对人类活动的包容性与承受性越来越低，因此生态环境保护预警机制的建立也就越发关键。然而，人类活动在很多时候并不会造成直接的生态破坏，而是经过量的积累实现质的突破，在逐步的开发利用中对环境形成巨大的威胁与破坏。这种量的积累过程是充满变化和不确定性的，因此，如何对这种变化过程实现有效的监控至关重要。

二　预警指标体系的构建

要实现对生态环境变化过程的有效监控就必须建立完备的预警体系，对于武陵山片区而言，存在现存预测方法不完善、预测机制不健全和预测监督能力较弱等问题。因此，武陵山片区生态环境预警体系的构建，必须以生态环境预测方法的完善为基础，在科学的预测方法的基础上，结合区域特色，建立预警指标体系，全面提升对区域生态环境的预警监督能力。

首先，预警的形成以有效的预测为基础，而准确的预测不是盲目的猜测，是要依据科学的数据统计以及归纳分析方法进行总结推测。

目前被广泛运用的预测方法有统计分析法、因果分析法、类比分析法、专家系统分析法。统计分析法是立足于大量数据资料，通过运用统计数学进行分析处理，进而对数据背后隐藏的客观规律进行归纳，最后以这种客观规律为指引，对未来的环境状况进行科学预测。因果分析法则是将研究重点放在客观事物与其影响因子两者之间的因果联系上，通过对这种联系进行定量分析，归纳其内在规律，最后实现对未来生态环境的预测。类比分析法是将具有相似性的二者进行对比分析的方法，立足于将现时发展中的事物与历史上的类似案例、事件进行类比分析，进而对生态环境的下一步发展趋势进行类比预测。专家系统分析法的核心是集合众多专家对同一事物的分析预测，运用层次分析技术进行归纳分析，最后形成对未来变化的预测。基于对多种预测方法的运用，使生态环境预测的准确度得以显著提升，更使预测具有指导性与科学性。

其次，要实现科学有效的预警监督，就必须掌握环境污染、生态破坏的形成过程，把产生和形成的变化过程通过一定的变量进行分析，然后通过构建一套完备的生态环境保护预警指标体系，在充分考虑当前环境状况的情况下，预见人类活动所可能引发的环境灾难。

根据这种现实需要可以将生态环境预警指标分为警源指标、警兆指标和警情指标，如表 3-12-1 所示。警源是警情产生的源头，是生态环境问题中已经存在或者潜伏已久的威胁，而用来描述和刻画这类警源的指标就称为警兆指标；警兆指标是生态环境在恶化的过程中所表现出来的征兆，这些征兆在警情发生以前，是警源在积累变化后所表现出来的外在特性，揭示了警情即将发生；而警情指标就是生态环境预警系统研究对象的描述指标，主要针对现实环境问题已经非常突出的情况下，通过环境指标对这类生态问题进行刻画，描述预警情况。在这三层次的指标中，警兆指标最为直观，是刻画区域预警能力的基础性指标，因此在构建武陵山片区生态环境保护预警机制的过程中，警兆指标至关重要。

表 3-12-1　　生态环境预警指标分类

警情指标	警源指标	警兆指标	
武陵山片区生态环境预警总指数	自然警源	环境指数	生物丰富度指数、植被覆盖指数、土地退化指数、水网密度指数、污染负荷指数
		环境因子	气候、地质构造、土壤、水资源量、生物多样性、植被覆盖指数
	非自然警源	环境污染	废气排放量、废水排放量、市区噪声、市区工业粉尘排放总量、大气灰尘自然沉降量年月平均值
		环境治理	生活污水处理率、生活垃圾清运量、工业废水处理量、工业粉尘回收量、退耕还林面积、退耕还湖面积、矿区生态环境恢复治理率
		环境保护	环卫机械总数、环境保护投资占 GDP 比重、固体废物综合利用量、城镇人均公共绿地面积

结合武陵山片区环境的变化特征和预警指标的构建思路，从警源指标、警兆指标和警情指标三大类入手进行预警机制构建。其中，警情指标直接反映了生态环境的破坏状况，因此可以用刻画整体生态环境的一级指标——生态环境预警总指数；而警源指标可根据警情的形成原因与机制分为自然警源和非自然警源，自然警源是指源于自然环境的影响因素，包括环境指数和环境因子分析这两部分，其中环境指数包括生物丰度指数、植被覆盖指数等，而环境因子则包括区域的气候、地质构造、土壤等各项指标，而非自然警源是来自于自然以外的人类活动影响的因素，包括环境污染、环境治理和环境保护三类指标；警兆指标是直接反映生态环境各项指数的指标，因此包括废气排放量、废水排放量和生活污水处理率等指标项。

三　预警机制的运作分析

由于武陵山片区横跨多个行政区域，各区域间协调难度大，预警机制在环保工作中难以发挥统筹全局的监控作用。因此，武陵山片区生态环境保护预警机制的有效运作需要立足于区域实际，构建完善的运作体系，形成稳定的运作模式，从片区整体视角上确保预警机制的有效运作，在环保工作中切实发挥作用。基于此，尝试在武陵山生态系统内引入生态系统健康评价理论，结合行政区划进行统一管理和考核，同时加强对区域内环保资源的整合利用，强化预警力量。

关于生态系统健康理论在学术界存在多种说法，有部分学者认为生态系统的健康并不是人为可以定义的，并且评价机制是为了更好地形容和描述生态系统而建立的，因此生态健康标准是一种人类标准。一般而言，对生态系统健康与否的评定视角包括四个维度：生物维度、社会经济维度、人类健康维度和社会公共政策维度，这四个维度构成了全面的生态系统健康评价体系，全面反映了人类的健康与社会经济视角下的生态健康状况，揭示了二者的密切关系。因此，要构建武陵山片区生态环境系统健康评价的指标就必须从这四个维度着手，针对区域生物、居民、经济、社会的整体发展状况，实现区域生态环境健康状况的科学考评。

第一维度：生物维度，其从生物系统的研究角度评价生态系统的健康状况，因此武陵山片区生态环境保护预警的生物维度分析主要是围绕武陵山片区生态系统中的生物开展研究。

根据研究发现，武陵山脉的主峰——梵净山，是国家级自然保护区，这一区域生物丰富，极具代表性，比较全面地反映了该区域丰富的生物资源。从生物维度出发，对生物进行有效的监控是提升环境预警效率的重要手段。生物的多样性与健康状况直接反映了区域的环境变化情况，因此对生物的全方面监控意义重大。这种监控包括生物物种的统计、生物繁殖速度的变化趋势统计、生物疾病爆发率的统计、生物生命周期的变化情况统计，这些角度的研究与统计直观反映着区域生物系统的变化，结合外在环境对生物繁殖与生存的影响程度就能分析出环境的变化情况，进而形成环境预警。当生物物种减少、生物繁殖速度较正常水平降低、生物疾病频发、生物生病周期缩短的情况出现时，就反映出了生态环境的非健康状态。基于生态环境的健康状况就可以界定预警级别，从生态环境的整体角度定位区域的生态状况。

第二维度：人类健康维度。人类的生存依赖于所居住的生态系统，因此生态环境的变化对人类的生存和健康都会产生直接的影响，所以人类健康程度可以很形象地作为生态环境预警构建的考量维度。所谓健康的生态系统必须在最大程度上保证人类的健康，而恶劣的生态环境则会给人类带来各种疾病，威胁人类的健康与生存。从人类健康的维度构建生态系统的健康评价体系至关重要，这不仅符合以人为本的要求，更是人类对生态系统健康评价体系的基本要求。

第三维度：社会经济发展维度。社会经济发展维度立足于人类与生态环境的关系，从人类的经济行为中分析生态系统的健康与否，健康的生态环境应该有利于经济的发展，而可持续的经济发展模式同样应该确保生态环境的健康。众所周知，人类的经济活动离不开生态环境，大自然所提供的宝贵资源使人类得以生存发展，就武陵山片区而言，该区域有丰富的矿产资源，例如武陵山片区的花垣县境内丰富的锰矿资源和铅锌矿资源，探明储量分别为全国第二和第三，这些丰富的矿产资源为花垣县的经济发展和居民增收做出了巨大的贡献。在2006年，花垣县的第一、二、三产业结构为11.3∶63∶25.7；在2013年三大产业结构为9.1∶64.3∶26.6，由此可见以矿产开采、加工为支撑的第二产业在花垣县经济发展中的巨大贡献力。然而，矿产资源的开采与加工给生态环境带来了巨大的负担。这种负担直接表现为花垣县的生态环境急剧恶化，空气质量等级下降，植被破坏与水土流失。

基于人类的经济活动与生态环境的密切关系，在构建生态系统健康评价体系的过程中必须将社会经济的因素纳入考虑范畴，以人类经济活动是否可持续、社会经济的发展是否健康作为考察点构建生态环境预警机制。

第四维度：法律及公共政策维度。法律及公共政策是协调生态环境与人类社会的重要中介，随着法律的逐步完善与公共政策的逐步推进，这一维度对生态环境的影响日益增加，生态环境的健康发展离不开健康完善的法律及公共政策体系。而目前的法律及公共政策大多停留在理论层面，且将关注重点放在对生态破坏的惩治上，在预防层面上对生态环境的监管与控制力度不够大，这就导致生态环境与政策系统之间存在异步性，这种不同步性难以确保生态环境的健康。因此，从法律及公共政策维度考量生态系统的健康性能确保生态健康评价体系的准确度及效力。

环保部门可以结合四大维度对武陵山片区生态系统健康做出整体评价，针对不同的健康等级采取不同的预警强度。对生态环境处于不健康状态的地区进行重点预警监督，对于生态环境处于健康状态的地区进行基础性监督，合理配置监督资源，以区域整体为监控预警对象，形成科学的预警运作模式。

武陵山片区生态环境保护预警机制要形成科学完善的运作模式，仅仅有完善的生态系统健康评价体系是不够的，还要团结区域环保组织的力量，同时实现区域资源的整合，全面强化突破行政区划的预警系统，最后加强对预警工作的监督与管理，进一步提升预警的准确度以及预警运作的高效性。

一是加强武陵山片区环境保护组织的综合领导力。就武陵山片区整体而言，由于该片区容纳多个县市，在行政管辖上关系复杂，因此在生态环境保护上存在较大的难度，环保组织的领导力难以彰显。而片区的预警机制具有全局性和整体性，如果因行政区划而分区执行，必将使预警的效率大大降低。因此，统领片区环保工作的环保组织至关重要，要进一步加强其领导能力，实现片区内环保资源与环保力量的整合，并在预警工作上实现统一领导，分区执行。

二是强化武陵山片区内跨行政区域之间的预警配合。由于区域内经济发展水平差异较大，预警能力与预警水平参差不齐，要提升区域整体预警水平就必须进一步强化区域内的预警配合。实现预警高水平区域提携预警低水平区域，打破传统的行政区划的约束，确保区域内预警的协调统一。

三是规范区域预警工作的监督检查制度，确保预警机制的有效运转。生态预警工作由于主要侧重于生态污染、生态破坏发生质变以前的数据监测，所以容易被忽视和怠慢，因此，必须针对武陵山片区的生态环境预警工作进行全面的监督检查，进一步确保区域内生态预警工作的开展。规范环保预警工作的监督检查制度，强化环保执法部门对预警工作的监督领导职能，提升监督水平和检查技能。

第二节　构建生态教育保障体系

在现代全民性生态学教育中加入生态学理念、原则与方法以实现人类创建生态文明社会和可持续发展的过程即是生态教育。将生态教育理念引入武陵山片区生态环境保护长效机制的构建，并有效开展生态教育实践，对构建武陵山片区生态环境保护长效机制具有重要的理论意义和现实意义。

一　生态教育的必要性

武陵山片区属于全国九大生态良好区域之一，生态资源富饶、森林资源极其丰富、生物多样性良好，被誉为“华中动植物基因库”，为实现武陵山片区经济的绿色可持续发展，就需要全面落实生态文明建设、高度重视生态教育，具体原因有三点。

（一）生态教育是构建生态文明的根本途径

生态教育是以生态学为依据，为了提高人类生态保护和生态文明意识，从而不断加大生态知识和文化的传播力度。全社会公众生态意识水平的提高，离不开对社会群体开展行之有效的生态教育，生态教育的开展实施情况和教育效果直接反映社会生态意识水平。广大群众生态意识的提高可促进环境友好型生态文明社会的构建，提高生态意识水平需要生态教育；因此构建生态文明社会的根本途径即是生态教育。另外，需要科学的理论、技术和方法作为构建生态文明的基础，同样也需要教育制度体系的扶持，才能完善相关理论、方法和制度。生态教育的发展为保护生态环境提供有效的理论、技术和方法，为生态文明建设提供智力保障和支撑。

（二）生态教育水平可以衡量一个国家的社会文明水平

生态教育的目的是促进人与自然之间和谐相处，化解人与自然环境之间的各种矛盾，规范人类的行为，在社会民众中间建立起良好的生态伦理、道德观念和审美情趣，教会人们认识到环境的重要性，以及如何正确地与社会和自然融洽相处。此外，生态教育还可以教会人们认识到自身与环境之间共生存、共发展的关系，以及如何有效与自然和谐相处，在实现自身目的的同时不以牺牲环境为代价，当自然环境出现问题时，人类能够有效地解决问题和挽救对自然环境造成的损失和伤害。关注人类的环境问题早已成为全世界的共识，世界上的环境问题日趋严重，早已引起各国的高度关注，尤其是发展中国家在处理自然环境等问题上存在较大缺陷，大多还处于牺牲自然环境以求温饱和求生存的状态，发达国家早已经尝到了破坏环境造成的苦果，并耗费巨大财力、人力和物力解决系列环境问题，并取得了良好的成效。一个国家、一个地区与自然环境相处的融洽程度反映了该国或地区人类生存和自然的矛盾激化程度和处理现状。生态教育水平作为人与自然和谐相处的能力和水平，可以反映和衡量一个国家的社会文明水平。

（三）生态教育是“防范胜于救灾”的最佳手段

据《2014 中国环境状况公报》数据显示：仅有 16 个城市在 2014 年我国开展的 161 个城市空气质量新标准监测中达到年均值，达标率不到 10%，而与之相对的空气质量不达标的城市多达 145 个，占比为 90. 1%[①]。中国城市空气质量已经非常严重地危害到了公众的切身利益，此外，还有

① 环境保护部：《2014 中国环境状况公报》。http：//www. chinadaily. com. cn/hqcj/xfly/2015-06-05/content_ 13804122. html，最后访问日期：2015 年 6 月 7 日。

大量的生态危机正以潜在或隐蔽的方式威胁着人类的生存。2015 年的雾霾事件再次将环境治理问题推向了舆论浪尖，越发引起社会关注和重视。随着人类对环境问题研究的深入，已经有越来越多的人意识到治理环境问题的关键不在于处理已经造成的环境问题和危害，而是从源头上防御威胁着自然环境的生态破坏问题和环境污染问题，"防范"的意义和功效远大于"救灾"。但是环境问题是一个系统性问题，绝非单方面能够处理好的，要想彻底解决环境问题，根治环境污染和破坏，势必需要达成社会共识和构建生态型社会，让全社会参与进来，而达到此目的和效果的唯一可行性方案和对策就是对全社会开展环境教育、生态教育，因此可以说，生态教育是"防范胜于救灾"的最有效、最持久的方式和手段。

二　武陵山片区生态教育现状

武陵山片区有针对性地进行了生态教育方面的有益探索。比如重庆市教育委员会早在 2011 年就颁布了《关于切实做好中小学环境教育工作的通知》(渝教基〔2011〕80 号)，各县市纷纷按照相关精神，因地制宜地开展了有效的生态教育实践。比如，酉阳县结合县情，有针对性地开展了生态教育行动。针对小学 1—3 年级学生，学校开展了亲近、欣赏和爱护自然，感知周边环境的教育活动，并将日常生活与环境相联系，掌握基本的环境保护行为规范；针对小学 4—6 年级学生，学校开展了解家乡环境和探索家乡环境问题的教育活动，以感受自然环境变化与人民生活的联系，并培养对环境友善的习惯；针对初中学生，引导学生了解区域和全球主要环境问题及血的教训，思考环境与人类社会发展的关系，培养自觉采取对环境友善的行为习惯；针对高中学生，深入了解环境问题的复杂性，理解环境问题的解决需要社会各界在经济技术、政策法规、伦理道德等方面的共同努力，养成学生关心环境的意识和责任感。

但就武陵山片区总体而言，生态教育的现状并不乐观，多数地区尚未意识到生态教育的重要性，尚未为此采取有效手段和措施，片区开展生态教育迫在眉睫。

三　武陵山片区生态教育体系的构建

武陵山片区生态教育体系的构建需要多维度、多视角地开展，在进一步明确生态教育目标的基础上，营造良好的教育氛围，科学地开展生态教育课程，重点塑造高素质、高水平的生态教育师资队伍，形成完整的片区生态教育体系。

（一）营造氛围，达成生态教育共识

落实武陵山片区生态环境保护工作，需要把构建生态环境保护长效机制作为一个长期战略，加大对生态教育的宣传力度，积极培养片区民众对生态保护的责任感，对工作的使命感，以及激发他们对生态保护的自豪感，从而更好地为武陵山片区生态环境保护以及生态文明的创建营造良好的社会氛围，让更多市民自觉参与到生态环境保护中来。社会主流媒体（报刊、广播、电视和网络）要加大宣传力度，形成一股强有力的宣传势头，从而掀起生态环境保护的宣传热潮。宣传党和中央贯彻落实生态环境保护的决心和措施，宣传生态环境保护新动态，深入各地。另外，各区域要有计划、有策略地推进生态教育工作的开展，打造“名人牌”“竞赛牌”，用最有效的方式推进片区生态教育工作的开展。

（二）加大研究力度，明确生态教育目标

当前武陵山片区广大中小学所采用的生态教育内容和形式缺乏学理性，都是老师们按照自己的理解做出的力所能及的努力，整个生态教育没有明确的教育目标，导致生态教育对中小学生的强化功能无法得到有效发挥。另外，由于缺乏明确的教育目标，导致低年级与高年级之间、不同学校之间的生态教育出现不一致性，更导致前期的教育与后期的教育无法有效衔接，从而无法达到预期的生态教育效果。因此，应当加大对生态教育的理论研究，探索出生态教育的共同纲领和目标，并将之规范化、明确化，针对不同年级、年龄阶段的学生提供相应的阶段性目标，同时保持目标之间的连续性，这样才能确保教育的质量和效果。不同学校按照统一目标因地制宜地采取有效的生态教育措施，才能真正发挥生态教育的功能，达到长效保护生态环境的目的。

（三）夯实基础，开发生态教育课程

纵观当前武陵山片区中小学开展的生态教育课程，大多是以植树节、地球日等与环境保护相关的节日为主题，开展与之相关的环保实践与教育活动，因此，教学内容呈现碎片化、多元化、生活化等特征，没有明确的课程所应具备的系统性、逻辑性和传承性。因此，片区需要依托生态教育理念，遵循教育规律，组织相关专家学者、一线教师和基层教育工作者，依据不同年龄阶段学生的特征，制定教学大纲，设计科学规范的课程体系，并编订大众化的生态教育教材。课程体系和教材需要特别注意内容的开放性、探索性和实践性，让学生在实践中探索知识，加上老师的正确引导，确保教育的实效性。此外，除了构建系统的课程体系外，还应围绕相关节日开展特色主题活动、主题班会等，结合本校实际与特色，开展一些接地气、有深度的教育教学活动。最后，针对生态教育课程还需要一个有效的评价和监督体系，对学生的评价不再局限于学习成绩和考试分数，还应考量学生的个人素养和在生态环境保护方面的技能。

（四）高度重视，培育生态教育师资

百年大计，教育为本，教育大计，教师为本，教师是教育事业的第一资源。生态教育的落实和开展，同样离不开专业的师资团队。对于尚未进入教育行列的师范生，在师范生培养过程中融入生态教育的环节和内容，提高教师的潜在综合素质；针对已经从业的中小学教师，建立起完善的教师培训与学习制度，加强对中小学教师特别是农村教师的专项培训，可采取远程培训、置换研修、校本研修等方式，同时对教师培训学分制度进行推行。另外，大力选拔、奖励和弘扬在生态教育实践中有特别突出成绩和贡献的教师，树立典范，总结经验，发挥在该领域有特长和贡献的教师的示范带头作用，造就和集聚一批具有较大影响力的学科人才和教学创新团队，为生态教育的开展工作储备丰富的、高水平的师资资源。

（五）整合资源，全面推进生态教育

推进生态教育实践，关键在于让每一股社会力量参与进来，他们不仅是生态教育的参与者，更是生态教育的受益者和受教者，因此参与范围越广泛，教育效果就会越显著，成效越高。生态教育不仅仅是为了社会生态意识的培育，生态觉悟的提高，同时更重要的是动员人们投身到生态保护的运动中来。倘若每个公民都能够动员起来、参与进来，那么改变日益严重的生态危机状况指日可待。因此，整合社会资源，积极投身生态教育具有重要的意义。当前，我国有大量的民间社会组织和志愿服务机构正积极投身于环境保护等各个领域，武陵山片区可以充分利用这股社会力量，推动片区生态教育实践的开展，把民间社会资源整合到政府规划和学校教学中去。

（六）确保成效，建立生态教育监督机制

社会监督是权力制约的基本范式之一。用“以社会制约权力”来理解当前常常提到的“社会监督”，或人民群众对国家权力的监督，将公共

权力置于各种社会群体及社会公众的监督之下，有助于保障权力行使的公共性，这样的制约与监督还是走出“历史周期率”、避免人亡政息的根本保证。[①] 现如今我国社会监督的重要性受到越来越多的关注，开展力度也在不断加大，而对生态环境保护的社会监督也逐步受到重视。地方政府在推进环境保护和生态教育方面，可以利用社会媒体和资源，开展全民生态教育监督。一方面，利用新闻舆论工具，广泛宣传环境教育的重要性，另一方面，社会舆论应该加强对政府部门工作人员以及相关参与人员的监督，把保护生态环境的成绩与现行的绩效考核制度进行挂钩。

第三节　构建生态保护法律保障体系

武陵山片区开发是扶贫攻坚的必然趋势，但经济发展和环境保护相互依存，且我国现行统一立法体制难以满足跨行政区域环境保护的需要。对此应借鉴国内外区域生态立法经验，在武陵山片区扶贫开发中构建区域生态立法机制，制定“武陵山片区生态环境保护条例”。

一　生态环境立法的必要性

武陵山片区作为一个全新的经济一体化区域，其开发已正式上升为国家战略。“局部地区资源的耗竭可以造成更大范围的贫困化”，扶贫攻坚计划作为一项功在当代的伟大事业和宏伟工程，该规划的实施，定然不能也不会以毁坏生态环境为代价。为实现经济与环境的双重发展，科学合理、切实可行的区域生态立法必然不可或缺，而这也是武陵山片区环境保护长效机制构建的必需环节。

（一）武陵山片区生态立法现状

近年来武陵山片区所在省市的人大和政府也充分利用地方立法权，在环境保护方面出台了相当数量的地方性法规、地方政府规章及规范性文件。为方便分析，笔者搜索中国知网法律知识资源总库资源环境保护分库，整理出了该区域发布日期为2000年1月1日至2013年12月31日的省级地方法规、规章，统计数据如表3-12-2所示。

---

① 吴海红：《反腐倡廉建设中的社会监督机制研究》，《廉政文化研究》2012年第3期。

表 3-12-2 2000—2013 年武陵山片区所在省市环境保护立法统计

省（市）	地方性法规及文件/件	地方政府规章及文件/件
湖北省	14	194
贵州省	20	124
湖南省	14	210
重庆市	13	1343

资料来源：中国知网，中国法律知识资源总库法律法规库。

法律的功能在于为“人们提供一个确定性的指引和明晰的行为范式”，“如果作为人们的标准范式之一的立法不具有协调性、统一性，那它就失去了其作为行为范式的外在要件，也就失去了其存在的意义”。武陵山片区地跨四个省，在各省、市区关于环境保护的法规、规章里，也不都是统一的。从法规数量、立法文本以及调研中所了解的实施情况来看，武陵山片区地方生态立法依然存在着体系不健全、立法水平不一、相互冲突等问题，直接影响着该区域环境资源的保护。

（二）武陵山片区生态立法不足

首先是生态立法体系不健全。就武陵山片区整体生态立法体系来看，主要存在着以下三方面问题：一是立法体例不协调。武陵山片区因跨越多个行政区域，其所属各个地方均按照其本省、本市情况出台相应法规、规章，且对同一问题常以“条例”“规定”“实施办法”等不同立法条体例予以规定。二是环境保护制度不健全。根据我国立法惯例，地方立法的首要作用在于弥补中央立法较为原则性的缺陷，但从武陵山片区环境立法现状来看，不少地方政府在环境立法和管理过程中并没有将环境保护制度全面细化落实。三是缺乏综合性区域立法。武陵山片区不仅地域广阔，又跨越多个行政区域，且所属区域的行政级别参差不齐，既包括市区，又含有其他省份的县、区，分割式管理易导致出现边界区域生态保护的真空地带，使得以行政区域为单位的地方立法难以实现对该区域环境资源的全面保护。

其次是法规内容冲突。比较武陵山片区各省市环境法规，无论是各省份的环境保护条例还是单行法规，其法规内容均存在着一定差异。以环境保护条例为例，比较《湖北省环境保护条例》《贵州省环境保护条例》《湖南省环境保护条例》《重庆市环境保护条例》，发现存在以下问题：其一，立法目的冲突。湖北省对环境保护条例立法目的的描述相对具体，但其与贵州省都将目的定为“促进经济和社会发展”，表现出的依然是以人为本位的思想；重庆市则有所转变，直接将“促进人与自然和谐发展”作为环保法立法目的，已经从以人为中心的理念向以自然为中心逐步转变；而《湖南省环境保护条例》则对立法目的只字未提；其二，法律责任的冲突。以建设项目环境影响报告书（表）未经环保部门审批这一环境违法事件为例，三省一市所规定的法律责任各有差异，不仅存在区分程度上的差别，在罚款数额上也各有标准；最后是立法水平参差不齐。武陵山片区各地方在立法数量上存在着较大差异。

（三）武陵山片区经济发展一体化需要生态立法

当前，中央把集中连片特殊困难地区作为新阶段扶贫攻坚主战场的战略部署和国家区域发展的总体要求，并率先启动武陵山片区区域发展与扶贫攻坚试点工作，发布《武陵山片区区域发展与扶贫攻坚规划（2011—2020年）》（以下简称规划），这标志着武陵山片区作为一个全新的经济一体化区域，其开发已正式上升为国家战略。《规划》的获批，预示着武陵山片区开发已进入深入实践阶段，将为该区域经济社会的全面发展，尤其是扶贫工作的开展带来千载难逢的机遇。经济开发与环境保护虽然不是天生对立，但经济开发过程中必然会涉及自然资源的开发，工业化进程中也难以绝对避免带来环境污染。扶贫攻坚计划作为一项功在当代的伟大事业和宏伟工程，该规划的实施，必然不能也不会以牺牲环境为代价。为了实现经济与环境的双重发展，科学合理、切实可行的环境立法必然不可或缺。只有从法律角度构建环保制度、明确环保职责、落实相应惩罚措施，才能在开发的过程中实际贯彻落实科学发展观、推进发展方式转变、在实现区域扶贫的同时保证生态资源不被破坏，从而全面构建社会主义和谐社会。而这一伟大实践，既要依托国家生态立法的宏观指引，又离不开地方生态立法的具体规范。

二　武陵山片区生态立法的可行性

在区域开发活动中，为调整区域开发中的各种社会关系，确保区域内环境不遭受经济开发的破坏，应进行区域生态专门立法，从而达到协调区域开发和生态环境的目的，国外早有先例，且取得了良好效果。同时，我国虽然当前施行的依然是统一的法制，但随着区域经济一体化进程的加快，在区域经济合作日益密切的大环境下，我国在区域立法合作领域也做出了一些有益的探索，这既包括理论界提出的理论方案，也包括我国各地方的法制实践。这些都为武陵山片区区域生态立法提供了宝贵的经验借鉴。

我国学者们关于区域立法合作提出了多种模式，各有不同，但通过概括和梳理，可以发现除较少数学者提出打破宪法框架重新划分行政区划的方案之外，大致可以将其分为三类：以叶必丰、石佑启等为代表的“软法”类型的区域法制协调模式，以王春业为代表的“区域行政立法模式”，以宋方青为代表的“授权模式”。区域法制协调模式是指在各行政区域进行地方立法前，区域内各行政区域代表首先进行充分协商，就可能重复、冲突或需要联合的问题达成初步共识，通过行政协议、行政契约构建区域法制协调的运作模式，[①] 该模式类似于美国的州际契约模式。[②] 区域行政立法模式是指“由区域内的各行政区划政府有关人员在协商自愿的基础上组成区域行政立法委员会，作为区域行政立法机构，经中央国家权力机关或国务院授权，就同样的或类似的事项制定能适用于各行政区划的统一的区域行政立法”，区域共同规章在性质上是地方政府的联合立法，是针对经济区域内的共同事项进行的共同立法，属于特殊的地方行政立法。授权模式指“通过全国人大及其常委会专门授权，通过协商形成共识约束各自的立法模式”，其“介于共同立法模式与確商立法模式之间，既要求维持现有框架的稳定性，同时又要求区域立法合作的约束力”。授权模式的逻辑起点首先在于得到全国人大及其常委会统一授权，授权内容包括被授权机关、授权范围、磋商机制、授权时效等，被授权机关包括区域内省级地方政府和国务院，在组织机构上则由“区域立法合作办公室”参与立法合作规章草案的起草。

在地方实践中，近些年来我国多个区域都已开始通过缔结行政协议尝试区域法制协调。如东北三省签订了《东北三省政府立法协作框架协议》，长三角两省一市也开始了立法协调，而珠江三角洲各地方之间的合作则更加密切，通过协商达成了《泛珠三角区域合作框架协议》，而在环境保护方面则达成了《环境保护合作协议纲要》《泛珠三角区域环境合作协议》《泛珠三角区域水利发展协议倡议书》。

---

① 叶必丰：《长三角经济一体化背景下的法制协调》，《上海交通大学学报（哲学社会科学版）》2004年第6期。

② 石佑启、杨治坤：《试论中部地区法制协调机制的构建》，《江汉论坛》2007年第11期。

三　武陵山片区区域生态立法机制的构建

武陵山片区扶贫开发中区域生态立法机制的构建首先需要借鉴国内外生态立法实践，结合我国及武陵山片区区域特点，选择切实可行的立法模式，并据此设计立法程序及具体制度。

（一）武陵山片区扶贫开发中区域生态立法的模式选择

区域法制协调模式以协议的方式进行，充分尊重区域内行政主体，避免了与国家现行法制体系的冲突，但目前的问题是其缺少司法救济，又由于其权力来源于各主体的自愿协商，而缺乏强制执行力。区域行政立法模式能够有针对性地解决区域开发中的实际问题，又由于其增设了一级立法机构，也使得法律的执行成为现实，但这一模式目前面临的最大挑战即是立法主体的合法性问题。授权模式中的“区域行政立法委员会”属于介于中央和地方之间的立法权主体，这不仅缺乏来自《宪法》《立法法》的依据，也是对我国传统中央、地方两级立法模式的颠覆。

庆幸的是“授权模式”创造性地提出增设人大及常委会授权这一前置程序，虽然《立法法》并未明确规定人大享有授予地方政府开展立法合作的权力，“但全国人大是最高国家权力机关，其决定权与立法权可以相互补充，因此也就为区域立法合作制度设计的开端提供了制度性的保障”，故本文则拟借鉴授权模式用以构建武陵山片区区域生态立法机制。但对于享有该项立法权的主体问题，授权模式主张以地方政府作为区域立法合作的主体，考虑《宪法》及《立法法》的相关规定，本文则拟以地方人大及常委会作为区域立法合作的主体。

（二）武陵山片区扶贫开发中区域生态立法的程序构建

结合武陵山片区开发战略，按照授权模式，制定《武陵山片区生态环境保护条例》应遵循以下程序：

做出授权决定：按照授权模式，武陵山片区区域生态立法得以实现的首要环节则是得到全国人大或常委会的特别授权，全国人大或常委会可以主动做出特别规定，也可以由武陵山片区三省一市的人大代表向全国人大提出议案，要求其授予武陵山片区生态联合立法的权力。被授权主体：为保证区域生态立法的科学性、公正性，可规定由区域内三省一市的省级人大或常委会人员组建“武陵山片区域生态立法委员会”，作为区域环境立法的立法机构。授权范围：为科学地决定不同立法事项的归属，在做出授权决定的同时还应明确授权范围，这既包括时限范围又包括事项范围。授权区域立法的效力层次：虽然目前学界对于区域联合立法的效力等级尚未有统一定论，但一旦区域生态立法是得到全国人大或常委会授权后做出的，且为省级人大或常委会联合制定，其效力等级则应高于省级地方性法规。

法案起草：因《武陵山片区生态环境保护条例》的制定涉及多个省域，立法过程中的法案协调工作必不可少。首先是组建法律起草委员会，法律起草委员会的组建主要由“武陵山片区域生态立法委员会”负责，立法人员应包括：“武陵山片区域生态立法委员会”成员、各地非政府人士、企业家以及环境法专家学者。其次是搜集整理信息，这主要可通过两条途径，一是查阅我国当前所有有关环境资源保护的法律法规，同时搜集国外区域生态立法经验。二是通过广泛的实地调研，了解武陵山片区自然环境资源状况以及各地环境法律法规的实施情况，并充分收集该区域内广大群众的意见建议。最后，撰写初稿，根据所收集的大量信息，结合我国环境立法的宗旨，确定法案的宗旨、立法内容、篇章结构等，继而开始法案的撰写。

法案审议：法案审议直接关系到法案的通过，作为区域联合立法，这也是最容易引发各方利益冲突的环节。为保证法案质量，建议由国务院法制办牵头，而由武陵山片区三省一市各派出一定比例的人大代表组成审议组，最终负责法案的审议。审议内容包括该项立法的现实意义、是否可行、法案是否与上位法有所冲突、法案中是否存在对部分省市不公平的规定、法案立法机构审核是否符合逻辑、语言和概念是否清晰准确等。对于审议过程中出现的有分歧、意见不一的内容，应该组织群众听证，进一步论证。

立法监督：我国的立法监督主要指合法性监督和合理性监督。合法性监督主要在于确保区域生态立法没有超越立法权限，不与上位法冲突，且不构成垄断性立法。就武陵山片区环境立法而言，一旦通过区域生态立法，该区域的环境利益或许能够得到保障，但由于环境问题本身就具有整体性特征，如果过分强调某一区域利益，则容易忽视其他地方的利益，甚至对其他区域造成环境伤害，如此一来，其合法性就值得怀疑。因此在立法监督过程中，一定要谨防保护此区域而伤害彼区域的事情发生。而区域生态立法本身就是具有地方特色，由地方自身制定，因此其合理性问题，地方理应比中央更加熟悉实际情况，合理性审查则无须作为主要监督对象。在监督体制方面，依据授权模式，授权机关即全国人大或常委会应该享有监督权。

（三）“武陵山片区生态环境保护条例”的制度设计

制定“武陵山片区环境保护条例”，在构建立法程序制度的同时，具体制度设计同样不可或缺，主要包括以下制度：

生态规划制度。武陵山片区生态规划制度是指根据武陵山片区的生态条件、自然资源状况以及社会经济发展现状，结合《规划》确定的开发规划，对武陵山片区自然资源的开发利用、生态农业建设、生态工业建设、生态服务业建设、基础设施建设等，在一定时期内所作的整体安排，以便达到武陵山片区经济发展与环境保护相协调的可持续发展目标。这具体包括以下规划制度：自然资源规划制度、环境保护规划制度、土地利用规划制度、城镇化发展规划制度、生态农业工业服务业规划制度等。

环境影响评价制度。武陵山片区环境影响评价制度指在该区域进行开发活动、工程建设及进行其他可能影响生态环境的行为实施前，事先对该开发活动、区域内生态环境的影响进行分析、预测与评估，并提出预防不良环境影响的措施和对策。该制度是实施“预防为主”的环境法基本原则，避免“先污染后治理、先破坏后恢复”的有效武器，被认为是预期性环境政策的支柱，其既包括关于规划的环境影响评价，又包括关于建设项目的环境影响评价。

生态补偿制度。生态补偿机制是指为改善、维护和恢复生态系统服务功能，调整相关利益者因保护或破坏生态环境活动而产生的环境利益及其经济利益分配关系，以内化相关活动产生的外部成本为原则的一种具有经济激励特征的制度，既包括生态要素补偿，又包括区域生态补偿。武陵山片区生态补偿制度则应包括以下两方面，一是该区域内的生态要素补偿，即依据现有的部分补偿标准，结合武陵山片区实地情况，确定出一套科学合理的补偿手段，保证区域的公平开发。二是区域间生态补偿问题，这既涉及武陵山片区内各行政区域之间的生态补偿，也包括武陵山整个片区与其他区域之间的生态补偿。关于武陵山片区内各行政区域之间的生态补偿，在区域生态立法中应对生态资本核算标准、补偿方式、补偿标准等各项具体事宜进行规定。

第四节 构建生态保护行政保障体系

在《1992年世界发展报告》中，世界银行指出：“应较少地依赖政府，更多地依靠市场来促进经济的发展是过去20年中各国人民已经懂得的。但环境保护恰恰相反，它是私人市场几乎提不出什么鼓励性措施来制止污染而政府必须发挥中心作用的领域”。勃布·罗滨逊指出：“在保护环境方面，市场经济并不能成功，必要的政府干预是需要的”。政府在立法、执法、监察、财税和市场调节等多个方面都发挥着不可替代的作用，上文中也讲到政府在生态资源保护、生态产业发展等多方面同样发挥着关键作用，鉴于政府在生态保护中的重要性，有必要对政府的作用进行进一步的梳理和概括。

一 争取国家政策和财政支持

由于武陵山片区大部分地区处于生态禁止开发区或生态限制开发区，经济的发展受到很大的限制，地区经济活力不足，财政收支困难，这些严重阻碍了本地区的发展。为配合国家主体功能区战略的实施，中央财政实行重点生态功能区专业支付政策，2011年国家对武陵山片区的转移支付为14.24亿元，其中用于生态环境保护特殊支出补助为9.88亿元，禁止开发区补助为1.38亿元，省级引导性补助为140.00万元，其他为2.97亿元。在国家已经转移支付的资金中，用于生态工程建设资金5.29亿元，用于生态环境治理建设资金1.72亿元，用于民生保障及公共服务建设资金6.20亿元，用于禁止开发区建设1.02亿元。从政策实施情况来看，受地方经济发展水平及民生发展需要影响，财政转移支付资金中43.5%用于改善民生方面，用于生态保护与建设的比例较低，生态保护与建设面临的资金压力仍然较大。与此同时，由于保护生态形成的正外部性不仅仅被此地区享有，所以应该从国家层面或者地区层面给予其一定的政策支持和财政补偿。

二 优化地方政府的政绩考核措施

国内生产总值（GDP）作为衡量一个地区经济发展程度的重要指标，在很长的一段时间内被各级政府“神化”，很多地区出现“唯GDP”的苗头，为了片面追求 GDP 的增长，不顾当地的社会矛盾和生态环境的破坏，欠下“社会账”“环境账”，造成自然资源的浪费和环境的破坏，国家层面和地区层面都注意到这个问题，便要求在地方政府的考核方面做出优化，提出“既要金山银山，又要绿水青山”等口号，注重经济、社会、环境等全方面发展。

绿色 GDP（可持续收入）是指一个国家或地区在考虑了自然资源（主要包括土地、森林、矿产、水和海洋）与环境因素（包括生态环境、自然环境、人文环境等）影响之后经济活动的最终成果，湖南省怀化市芷江县为积极推进生态环境建设、确保“十二五”节能减排目标的完成，芷江县人民政府将“单位 GDP 能耗、建筑节能、主要污染物减排、重金属污染治理、城市污水无害化处理、城市生活垃圾无害化处理、农村清洁工程示范村建设等”列入县政府的绩效评估，对此进行精心组织、周密部署、狠抓落实，实施常态化监督考核。一是县委办县政府下发文件通知，明确责任单位、责任领导、责任目标，并制订工作方案，保证工作进度；二是建立督查责任制，定期调度工作进度，督促工作目标任务的完成；三是建立协调机制，及时协调处理工作中的矛盾和问题；四是加强台账管理，对每项工作的工作流程、工作计划、工作小结和进度报表等相关资料建立档案库，做到档案完备、资料齐全；五是实施责任追究，责任领导与责任人对责任目标的考核结果与年度考核、评优评先挂钩。

三　建立健全稳定的投入保障机制

恰当的规划和合理的投资是生态环境保护得以顺利进行的重要前提，这直接关系到生态环境保护的结果，地方政府在做出这方面决定的时候，一方面要遵循客观规律，另一方面也要根据各地的实际情况做出调整。稳定、持续的资金支持是地方经济发展的重要前提和基础，由于武陵山片区内部多属于禁止开发区或者限制开发区，地方财政拮据，需要开拓新的筹资渠道，建立新的投入保障机制。

湖南省怀化市沅陵县搭建金融服务平台，一方面积极探索金融体制改革新途径，着力解决农民专业合作社组织融资难问题，促进银企对接；同时结合“四服务”活动，充分发挥非公企业特派员政策宣传、环境协调、党建指导、招商引资等职能作用，为非公企业融资出力使劲。通过搭建“四个”服务平台，2012 年 1—4 月，沅陵县共为非公企业协调解决融资难问题12个、实现融资8000多万元，解决劳资纠纷4起，为“结姻”村公益事业发展投资50万元，完成村级公益事业项目8个[①]。

农行湘西分行有针对性地推行三项措施，服务近期国家新一轮西部大开发和武陵山片区区域发展、扶贫攻坚试点的战略部署。一是坚持“抓大不放小”，为优质大客户、大项目、个人贵宾客户开辟“绿色通道”的同时，针对湘西的实际，积极响应政府进一步做好小企业金融服务工作的要求，促进湘西州一批自主品牌小企业健康发展。二是坚持“慎贷不惜贷”，在信贷营销环节，组建专门的营销团队，打造自上而下有目标、有计划、有组织的直接营销模式，全面提升响应客户的速度和服务客户的能力，积极推进信贷业务健康快速发展。三是坚持“惠农又利民”，在“三农业务”上，把农户小额贷款做成工作亮点，通过新农合、新农保联名卡的发行，精选优质“三农”客户，为烟农、果农、菜农、茶农以及返乡农民工制订专门的金融服务方案，提供方便快捷的金融服务[②]。

四　建设环境监测、预防体系

对环境的有效治理是以全面、及时的环境检测信息为前提的，建立覆盖武陵山片区、统一协调、及时更新、功能完善的生态监测管理系统，对重点生态功能区进行全面监测、分析和评估是武陵山片区环境治理的重要支撑。

国家林业局建立生态检测评估中心，规划在省级林业主管部门设立生态监测评估站，县级单位设立生态监测评估点，形成“中心—站—点”的三级生态监测评估系统；建立由林业部门牵头，水利、农业、环保和国土等部门共同参与、数据共享、协同有效的生态监测管理工作机制，生态监测管理系统以林地、湿地、自然保护区、森林公园、风景名胜区、地质公园、世界文化遗产为主要监测对象；建立生态评估与动态修订机制，适时开展评估，提交评估报告，并根据评估结果提出是否需要调整或修订规划内容的建议。每两年开展一次林地变更调查，使林地与森林的保护落实

① 李青松、王岩：《沅陵搭建四大平台为非公经济融资》。http://www.iwuling.com/column/shengtaiwuling/ditanshenghuo/2012/0507/2407.html，最后访问日期：2014年9月22日。

② 张立政、杨黎岸：《农行湘西分行三项措施主动服务武陵山片区扶贫攻坚》。http://www.iwuling.com/column/shengtaiwuling/ditanshenghuo/2012/0402/2187.html，最后访问日期：2014年10月14日。

到山头地块，形成稳定的林地监测系统。

例如，武陵山片区的重庆市酉阳县为加强环境监管能力，配备了齐备的污染源在线监控系统，实现全县重点企业的在线监测；城区空气质量自动监测系统正式投入运行中，实现了全天候 24 小时在线监测；充实、完善人员编制，内设科室由 4 个增至 6 个，增加各类编制 34 名，总编制人数由 18 人增加到 54 人；环境监察大队升格为环境监察支队，领导班子增设支队，享受正科级待遇，单独设立环科所；先后选调各类专业技术人员 20 名，其中硕士研究生 1 名、本科生 14 名。环境监测通过三级标准化建设达标验收，环境监察通过二级标准化建设达标验收。酉阳县建立了环境监测质量管理体系，顺利取得环境监测能力认定合格证书。强化了监测工作技术规范，积极开展各项环境监测工作，全面完成了空气日报监测、地表水和饮用水源地水质监测、环境噪声监测、污染源监督性监测、比对监测和应急监测任务，取得各类监测数据 10368 个，较去年全年增长 29.6%。

第四篇

武陵山片区生态产业
发展战略研究

随着农业、工业和服务业三大产业的不断发展，对生态资源的索取力度在不断加大加深，当前的问题就是如何在保持经济社会发展的同时，充分考虑生态资源的可承受力，以实现生态环境的可持续发展。通过对前一篇的研究，针对武陵山片区的生态保护建立了生态资本化计量方法，构建了生态补偿机制、环境产权的市场交易机制及生态环境保护保障机制，对武陵山片区的生态产业发展提供了操作方法。本篇将生态资本化理念应用于产业发展之中，通过调整武陵山片区的农业、工业、服务业发展战略，实现区域转型发展，为武陵山片区生态环境的长效保护提供了可持续的路径。

第十三章

武陵山片区生态农业发展战略

生态农业是在生态学和经济学原理的基础上，通过现代化的科学技术和管理方式来实现传统农业发展的转型，进而获得较高的生态效益、经济效益和社会效益的发展模式。农业是生存之本，是将生态环境保护落到实处的关键部分。谋求一条符合地方特色的生态农业发展路径，一方面可以在兼顾生态环境保护的同时满足农业发展的经济要求；另一方面也实现了农业从注重数量向注重质量和效益的转变。本章节通过研究武陵山片区生态农业发展现状和现有生态发展模式，选取武陵山片区具有代表性的张家界市生态农业发展作为案例研究对象，对武陵山片区生态农业发展具有实践与指导意义。

第一节　武陵山片区生态农业发展现状

武陵山片区作为跨湖北、湖南、重庆和贵州四省市的重要经济协作区，跨省交界面广、少数民族聚集、贫困人口分布广，集民族地区、革命老区和贫困地区为一体。这一地区经济发展落后，生态环境良好，为保护片区及周边地区的生态环境，片区内部分县市被划为禁止或限制开发区，因此发展生态农业是片区的必然选择。

由于国家建设“两型社会”构想的提出和生态文明建设的要求，武陵山片区充分利用自身的优势，生态农业的发展取得了一定的成效，生态种植业、林业、养殖业以及生物医药业都有了一定的发展，一批以绿色食品生产为主导的生态农业企业也逐步壮大，其总量、质量、效益不断提升，农业结构明显优化，乡镇企业和龙头企业规模正在逐渐扩大，武陵山片区共有农业产业化国家重点龙头企业 14 家，占湘鄂渝黔三省一市的 9.21%，其中湖北 2 家、湖南 3 家、贵州 7 家、重庆 2 家。片区开发绿色食品、有机食品企业共 110 家，产品种类达 257 个，中国驰名商标 19 件，其中农产品中国驰名商标 6 件。武陵山片区生态农业的发展取得了显著的成绩，但仍存在许多问题亟待解决。①

第一，农业生产基础及生态环境脆弱。片区土壤瘠薄，人均耕地面积远低于全国平均水平，低产田比重大，且区内土地石漠化严重，难以实现机械化大生产；同时存在气候环境恶劣及水资源稀缺等生态环境脆弱等问题。

第二，基础设施建设落后，市场体系不完善。由于片区地理位置险峻复杂，因此交通制约着片区的对外连接片区，截至 2011 年 11 月共有 9271 个行政村不通沥青路。通过走访调查发现，片区居民在信息收集及处理方面落后，对外开放程度也较低，致使与生态农业发展相关的技术、信息、金融等市场体系不健全。

第三，经营主体素质不高，技术支撑体系落后。片区农村劳动力教育水平偏低，突发复垦严重，导致土质和土壤退化日益严重，生态环境恶化。同时片区有实践经验和年富力强的农民大多外出打工，加之农业科技装备和技术落后，致使农业科技转化效率低，给农业综合生产能力的巩固和提高带来了极大的挑战。

第四，品牌战略意识薄弱，产品市场竞争力不强。片区生态农业的发展正处于起步阶段，片区内现有名牌农产品 4 个，但是由于土地资源和生产规模制约，分散种植而集中再加工使得产品质量的稳定性很难得到保证，并且片区没有足够资金对产品品牌进行宣传，缺少对绿色产品的建设与营销，致使片区内生态农产品的品牌价值没有得到真正的体现。

第五，产业化水平不高，农民积极性不强。一方面由于财政困难使政府对龙头企业的扶持力度不足，另一方面企业规模小、专业人才少、竞争力弱致使企业带动力不足，加之区内缺乏资金、技术、人才和现代化的管理模式，导致片区农业产业化经营水平不高。龙头企业与农户、合作社之间的利益联盟关系不牢等问题严重影响了农户生产的积极性。

第六，政策延续性不强，相关政策方针变化频繁。片区普遍存在制定农业政策的决策机制不优，农业政策因人而异，随人而变的问题；并且农

① 袁亮、何伟军、安敏：《武陵山片区生态农业发展的现状及对策研究》，《当代经济管理》2015 年第 6 期。

业政策繁多政策的延续性不强，导致农业在片区经济中的地位不稳定，极大影响了龙头企业、农户、合作社等主观能动性的发挥。

片区在农业发展过程中存在的问题给农业发展和生态环境带来了严重的压力。因此，探索武陵山片区生态农业发展模式及机制是非常必要和紧急的。

第二节　武陵山片区生态农业发展模式

生态农业的理论研究在我国已经越来越成熟，并且国家在不断进行生态农业的试验、示范及全国的推广普及，取得了一些成绩，然而也不能否认，武陵山片区的生态农业发展还存在一些问题亟待解决。因此，根据武陵山片区生态农业发展的借鉴模式，制定该片区生态农业发展的战略及模式，提出具体的对策及建议显得尤为重要。

一　武陵山片区生态农业借鉴模式

生态农业概念的提出是为了克服常规农业所带来的环境问题，发展到今天许多国家提出了诸如“生态农业”“生物农业”“有机农业”等概念，虽然称谓不同但宗旨都是为了实现经济和生态两个系统的协调发展，以实现经济效益、生态效益和社会效益的统一。目前，国内生态农业发展模式主要包括契约化农业发展模式和品牌化农业发展模式两种。

（一）契约化农业发展模式

即采取“试验+示范+推广”的方案，针对片区农产品存在的问题与自身特点，培育出适合本片区的观赏性农产品，并积极与农业科学院、农业技术部门加强合作，不断提高适应性和此类农产品附加值的生产模式。该发展模式通过大范围搜集野生资源及优质品种资源，经过长期反复试验、驯化，对其抗逆性和适应性进行监测，对其观赏性进行评价，筛选出最优质的种类资源，并利用现代先进科学技术，组织培养快速繁殖进行深入推广，其本质就是将种质优良的外源基因移植到原有的观赏性农产品中，优化其综合适应性能力。在推广过程中，应以提高农民收入，带动片区经济发展为最终目的，实现农产品的规模化生产经营。

（二）品牌化农业发展模式

即以建立一批绿色环保、辨识度高、品质优良、宣传面广的农产品品牌为核心目标的发展模式。对于片区内优质蔬菜品牌，通过继续开发研究贮藏保鲜技术，降低农产品运输损耗，延长产业链，提高农产品深加工的技术水平，开发农产品附加价值，进一步提高经济效益。品牌化发展模式特别注重生态农业高新技术的投入，不仅应通过科学研发提升品牌质量，更要通过与科研单位、高等农业院校合作，培育和引进符合市场需求的优质、高附加值品牌。

二　武陵山片区农业发展战略和发展模式

武陵山片区虽具有较丰厚的生态资源，但因片区内部分地区属于国家限制开发区及禁止开发区，更加上地区长年过度开发利用及环保意识的淡薄，对生态环境造成了一定破坏，给农业的可持续发展带来了阻力，因此我们根据武陵山片区现状提出适合其发展的战略及模式。

（一）生态农业发展战略

武陵山片区生态农业建设发展战略主要由三部分组成：以产业化战略为核心，以技术升级和政策支持战略为保障，以区域推进为主要方式。

一是以产业化战略为核心。生态农业作为一种劳动力集约程度高、资源利用效率高的新型农业生产模式，必须规模化发展，这就要求武陵山片区以产业化发展作为片区生态农业发展的核心。做好农业质量标准、农产品安全检测和农产品推广建设，推动片区农业标准化，通过推广先进的管理制度，开展全面质量控制，规范农业生产的各个环节，打造地区生态农业示范基地。

二是以技术升级和政策支持战略为保障。生态农业的发展离不开发达的生产技术与稳定的政策支持，特别是武陵山片区的特殊地理位置及作为国家战略重视区，要发展生态农业，必须将技术升级和政府管理作为坚强的后盾。为此，必须加强片区教育培训体系的建设、完善片区政府发展生态农业组织结构、增强片区相关人员组织管理能力，充分借助片区生态农业发展的政策优势，大力发展生态农业。

三是以区域推进为主要方式。生态农业的发展要体现规模化优势，必须注意区域化的发展，根据地区的特征及相似性，发挥抱团区域发展优势。结合区域品牌特色向专业化发展，加强武陵山片区特色农产品地理标志知识产权保护，发展农业生态旅游和生态乡村旅游。

（二）生态农业发展模式

目前，武陵山片区生态农业发展模式主要有以下三种：以农户为主的生态农业产业模式、以企业为主的生态农业产业模式以及特色农林牧复合生态模式。

一是以农户为主的生态农业产业模式。该生态农业发展模式主要借鉴契约化农业发展模式，如图 4-13-1 所示，主要表现为以农户生态生产和龙头企业带动为依托，通过绿色产品生产、加工、营销，以市场与政府为导向，构建以区域农户为基础的生态农业体系。该体系以个体农户为主体，主要内容为依靠龙头企业进行整合，在猪沼果、桑基鱼塘、稻鱼鸭等小型生态农业模式的基础上，引导农户进行绿色粮食生产等。

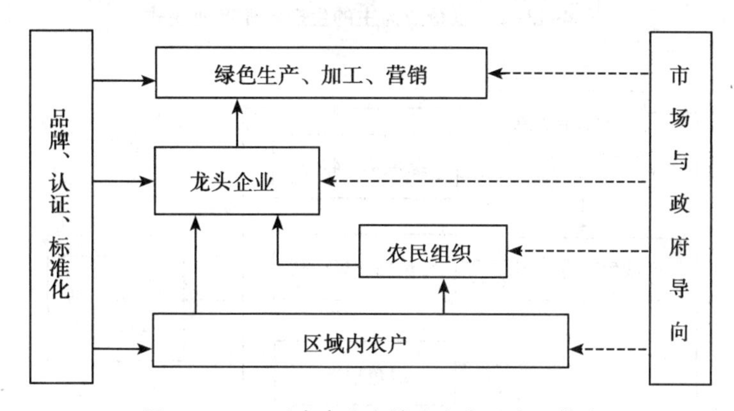

图 4-13-1　以农户为主的生态农业产业模式

二是以企业为主的生态农业产业模式。该生态农业发展模式主要借鉴于品牌化农业发展模式，如图 4-13-2 所示，该模式依托外向型龙头企业，发挥武陵山片区的区位优势，培育优良的产品品牌，通过对片区内绿色粮食作物的深加工，并进行国际化的品牌认证以显著提高相关农产品的附加值，发展武陵山片区创汇型生态农业。

三是特色农林牧复合生态模式。该生态农业的发展模式是以上两种借鉴模式的综合，如图 4-13-3 所示，该生态农业发展模式的重点方向为特色农业发展和区域生态保护并行，坚持社会、经济、人口、资源、环境等协调发展，充分利用武陵山片区复杂的地形、多样的自然条件，大力发展有明显区域特色的生态农业模式。结合武陵山片区独特的条件，宜林则林、宜草则草、宜果则果、宜粮则粮，构建具有武陵山片区特色的农林牧复合型生态农业发展模式。

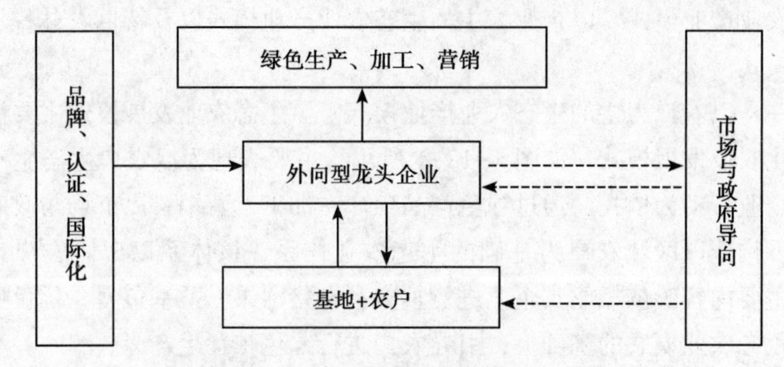

图 4-13-2　以企业为主的生态农业产业模式

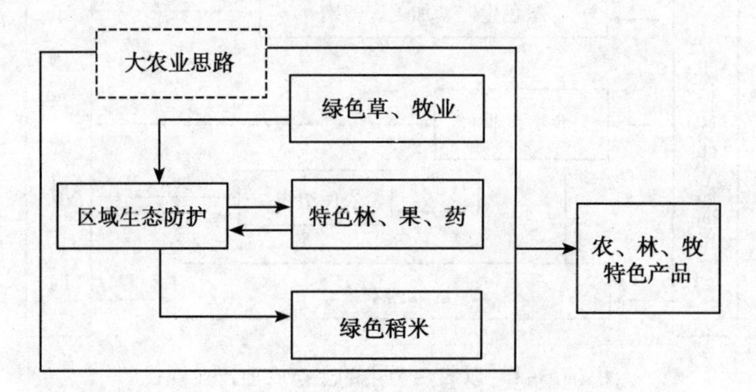

图 4-13-3　特色农林牧复合生态模式

三　案例研究：张家界市生态农业发展战略

张家界市位于武陵山片区中部，区域内农业发展态势较好，本小节通过对张家界市生态农业发展的现状研究，提出可行的生态发展战略与总体目标，为构建武陵山片区生态农业发展模式提供经验借鉴。

（一）张家界生态农业发展现状

张家界市的政策环境、动力机制、基础设施、资源条件、对外开放有利于该地区生态农业发展。截至 2014 年统计数据，张家界大力发展城市农业、旅游农业、品牌农业、生态农业，已新增水果基地 4.5 万亩、蔬菜基地 1.8 万亩、千头以上规模化养殖小区（场）8 个；成立农机作业组织 27 个，农机作业面积达 46 万亩；获得湖南省著名商标 9 件，湖南省名牌产品 3 件，有机食品认证产品 7 个，绿色食品认证产品 34 个，无公害农产品认证产品 63 个。根据统计公报数据，到 2014 年张家界农产品加工业实现年销售收入55.79亿元、利税4.68亿元，其中休闲农业接待游客500万人次，实现经营收入6.8亿元。[①] 张家界生态农业技术推广示范面积达60多万亩，建立了观光农业、生态农业、旅游农业等示范园区。同时，张家界全面实施“丰收计划”“成果推广计划”“科技兴农”战略以及“阳光工程”，大力推广高产优质高效农业新品种和适用新技术[②]，共培训农民29250人，实现转移8775人，科技进步贡献率由43%上升到47%。

（二）张家界发展生态农业的总体目标

根据张家界市生态农业发展现状，制定了产业集群引领战略、高端品牌提升战略、基础设施建设战略、科技进步推动战略、体制机制创新战略及持续安全发展战略为其生态农业发展指明方向；并将其生态农业发展目标细分为农产品供给保障能力提高，现代农业加工能力增强，现代农业物流网络完善，现代农业富民强市四个方面，以实现生态农业发展的跨越提升。

一要提高农产品供给保障能力。通过建成高档特色优质稻米和健康养殖基地，实现蔬菜、烟叶、油料、茶叶、苎麻、水产、水果等特色农产品产量快速增长。

二要增强现代农业加工能力。通过发展重点野生资源利用加工、特色茶叶加工、畜牧水产加工、薯类淀粉加工、生物医药加工、水果贮藏保鲜与加工、特色杂粮加工等企业，张家界市农产品加工转化率已达50%以上，全市农业产业化龙头企业发展到100家以上，其中年销售收入过亿元的企业10家，规模以上农产品加工企业发展到80家以上。

三要完善现代农业物流网络。张家界市已经建成1个省级特色农产品市场物流园，计划改扩建2—3个大中型农产品批发市场，新建1—2个农产品产地批发市场，80%的城乡农贸市场改造为农贸超市，全面完成“三品一标”品牌连锁营销网络建设；农产品市场设施装备不断改善，服务功能明显提升。

四要建设现代农业富民强市。截止到2014年，张家界市已经实现农

---

① 张家界市农委课题组：《张家界市“十三五”农业现代化发展研究》。http：//www.cnepaper.com/zjjrb/html/2015-07/01/content_3_1.htm，最后访问日期：2015年12月2日。

② 张家界市人民政府：《张家界市现代特色农业发展规划（2011-2020年）》。http：//www.pkulaw.cn/fulltext_form.aspx？Gid=17443619&Search_Mode&keyword，最后访问日期：2016年4月28日。

牧渔业总产值85亿元，农牧渔业增加值45亿元，农产品加工产值102亿元，农产品加工产值与原值比达到1.2∶1。全市农产品产值和加工品销售额突破145亿元，农民人均纯收入突破5000元。

（三）张家界生态农业发展布局

张家界的生态农业布局围绕其发展目标开展进行，重点围绕打造特色粮食产业，构建特色农产品优势基地，突出区域特色农产品，提升绿色蔬菜和名优果茶产业，发展现代养殖业五个方面，从而实现张家界市生态农业跨越发展。

一是打造山区特色粮食产业。突出优质特色杂粮生产经营，重点发展玉米等小杂粮产业基地，稳定粮食作物种植面积，提高地区特色农产品覆盖率，并实行集中统一管理；积极推进、引导机械化标准生产技术，从肥水、病虫防治、机收烘干、秸秆还田等方面进行统一管理，创建规模化、标准化的粮食产业化基地；转变粮食产业经营方式，提高农产品市场储藏、营销及物流水平。

二是以永定区、慈利县为主打造“双低”特色农产品优势产业基地，提升现代油菜产业发展水平。大力推广稻田、油菜轻简标准化生产技术，推进油菜产业经营模式转变，通过加大种植大户、专业合作社和相关企业的合作实现规模化订单生产；提升油菜籽炼油工艺，提高加工转化率；从采收、储存、销售等关键流程推进菜籽油品牌化营销。

三是结合张家界地区特色农产品，提高苎麻在全国市场的竞争优势，提高品质一致性，打造现代优质苎麻产业。加大科研力度，开发优质苎麻品种，实现区域化、规模化种植；推广、普及苎麻高效生产技术，优化加工工艺，推动产业升级；加快土地流转，扶持专业合作社和特色农产品种植大户，组织规模化生产，提高社会化服务水平。

四是打造现代绿色蔬菜产业和特色名优果茶产业。建立农产品种植示范园区，改良品种、提升品质、打造品牌，加快现代果蔬茶产业优化升级，形成具有地区特色的产业品牌，提升张家界地区农业发展竞争力。

五是打造现代健康养殖业。鼓励当地有条件商户发展养猪产业，政府积极引导并进行扶持；推广新型养殖技术，提高养殖环节技术生产水平和效率；贯彻落实“千区万户健康养殖示范工程”，实现肉制品多样化、规模化、精细化、标准化和市场化。

武陵山片区作为我国 11 个集中连片特困地区之一，该片区山地居多，生态环境脆弱，经济比较落后，片区居民发展经济的愿望强烈。农业，作为该片区发展的基础，寻找绿色且经济的发展模式即发展生态农业是符合当地经济环境发展要求的。因此，本小节探讨了该片区发展生态农业的途径，并以武陵山片区生态农业发展态势良好的张家界生态农业发展为例，介绍了该市生态农业的发展现状及思路，为武陵山片区生态农业的发展提供宝贵的经验。

第十四章

武陵山片区生态工业发展战略

生态工业的发展是指将工业经济因素和生态因素有机结合起来，对产业资源进行循环利用，形成总体上的“高利用经济效率和强生态功能力度”的新型工业产业发展模式。在国家主体功能区的大背景下，武陵山片区工业发展由于保护生态环境的强制性要求而受到限制。众所周知，一个地区的发展，与该地区工业的发展联系甚密。武陵山片区既要实现生态环境的保护，又要在此限制下发展工业，促进经济的发展，生态工业成为必然的选择。生态工业的发展既要求符合自然生态资源发展规律，又要求能够整合区域经济资源，保证资源的可持续利用。本章节将首先介绍武陵山片区生态工业的发展现状，然后构建武陵山片区生态工业的发展模式。

第一节　武陵山片区生态工业发展现状

武陵山片区受自然条件、历史发展等多方面因素的制约，工业发展基础设施薄弱，支柱产业缺乏，地方配套能力不足，片区工业发展水平落后于全国其他地区。2011 年国务院扶贫办、国家发改委颁布的《武陵山片区区域发展与扶贫攻坚规划》中，将黔江、恩施、张家界、吉首、怀化、铜仁列为武陵山片区六大中心城市[①]。截止到 2014 年年底，这几大中心城市工业总产值为（恩施以恩施州统计）914.49 亿元，增长 8.72%，工业占 GDP 的比重达 29.05%，远远低于全国工业贡献水平 35.82%。武陵山片区中心城市主要工业产品见表 4-14-1。

---

① 国务院扶贫开发领导小组办公室、国家发展和改革委员会：武陵山片区区域发展与扶贫攻坚规划（2011—2020 年）。http：//www.iwuling.com/column/yaowenjujiao/mingsheng/ziliaoku/2012/0322/2105.html，最后访问日期：2016 年 4 月 28 日。

表 4-14-1　武陵山片区几大中心城市主要工业产品

地区	主要工业产品
怀化	饲料、人造板、纸浆、水泥、铁合金、有色金属、黄金、锑品、水电、电子元件等
铜仁	白酒、水泥、铁合金、饲料、精制茶、卷烟、发电量、水电、火电等
吉首	白酒、冷冻水产品、果汁、有色金属、小型拖拉机、印染布、人造板、商品混凝土等
张家界	铁矿石原矿、服装、人造板、水泥、砖、玻璃、原煤、火力发电、水利发电等
恩施州	精制茶、卷烟、白酒、鲜冷藏冻肉、化学药品原药、农用化肥、水泥等

资料来源：通过整理各地 2014 年国民经济和社会发展统计公报而得。

目前该区工业产品主要集中在以金属冶炼、食品加工与医药制造业为主的三大产业集群和以非金属矿物制品业、饮料制造业、化学原料及化学制品制造业、医药制造业、电力生产供应为主的五大支柱产业。以吉首市为例，2014 年该市三大产业集群实现增加值 81392 万元，占全部规模工业的 40.4%；五大支柱产业实现增加值 116702 万元，占全部规模工业的 57.9%，其中非金属矿物制品业增长 23%、化学原料及化学制品制造业增长 11.6%、电力生产和供应增长 2.1%、医药制造业下降 4.5%、烟草制品业下降 14.7%、饮料酒制造业下降 55.2%①。

从轻、重工业来看，几大中心城市的重工业对地区经济发展贡献较大。如怀化市重工业实现增加值 218.35 亿元，增长 7.3%，重工业增加值占规模以上工业增加值的比重达 70.8%；轻工业实现增加值 89.99 亿元，下降 1.1%②。吉首市重工业增加值 132695 万元，增长 11.3%，重工业增加值占规模以上工业增加值的比重达 65%；轻工业增加值 68994 万元，下降 24.0%。同时六大高耗能行业增加值增长 8.0%，占规模以上工业的比重为 61.7%。恩施州轻工业增加值 55.6 亿元，增长 6.7%；重工业增加值 61.9 亿元，增长 13.6%，占规模以上工业增加值的比重达 52.68%③。

工业园区建设方面，无论是园区数量、规模还是产值上都远远落后于

---

① 吉首市统计局：《吉首市 2014 年国民经济和社会发展统计公报》。http：//tjj. jishou. gov. cn/show-aticle/560. aspx，最后访问日期：2016 年 4 月 28 日。

② 怀化市统计局：《怀化市 2014 年国民经济和社会发展统计公报》。http：//www. hhtj. gov. cn/article/2015/0410/articles_ 9054. html，最后访问日期：2016 年 4 月 28 日。

③ 恩施市统计局：《恩施市 2014 年国民经济和社会发展统计公报》。http：//www. estjj. gov. cn/index. php？ m=content&c=index&a=show&catid=23&id=358，最后访问日期：4 月 28 日。

沿海等经济发达地区。根据2011年的统计数据，武陵山片区入住工业园区的企业数仅为珠三角地区的1/40，工业增加值是珠三角该区的1/13。武陵山片区与珠三角地区工业园区建设比较见表4-14-2。

表4-14-2　武陵山片区与珠三角地区工业园区建设比较（2011年）

地区	入驻企业数（个）	从业人员（万人）	工业增加值（亿元）	税金总额（亿元）
武陵山片区	35	0.2845	7.78	0.95
珠三角地区	1400	8	102	42.80

资料来源：金涌，Jakob de Swaan Arons：《资源·能源·环境·社会：循环经济科学工程原理》，化学工业出版社2009年版。

这些园区在带动当地工业发展的作用较为有限。2014年怀化市实现园区（省级以上产业园区）规模以上工业增加值75.83亿元，增长8.7%，占全市规模以上工业的24.6%[①]。张家界市园区规模以上工业实现增加值12.36亿元，增长7.4%。

第二节　武陵山片区生态工业发展模式

武陵山片区生态工业发展模式的选择不仅要符合生态工业的概念和特征要求，还应适应当地的生态和经济环境，所以并非所有生态工业的模式都适合武陵山片区的实际情况。因此，本小节将结合武陵山片区的现实情况，寻求适合武陵山片区生态工业的发展模式。

一　武陵山片区生态工业借鉴模式

生态工业必须在促进可循环利用、提高经济效率、加强区域协调发展、融合高科技因素等原则的基础上发展。

（一）企业层面生态工业发展模式

发展生态工业型的企业必须具备足够的资金、较大的经营规模和先进的创新技术，相比较而言，中小型企业则容易受到企业规模和技术的限制。构建生态工业型的企业，重点在于企业的生态效益和再循环这两个关

① 怀化市统计局：《怀化市2014年国民经济和社会发展统计公报》。http://www.hhtj.gov.cn/article/2015/0410/articles_9054.html，最后访问日期：2016年4月28日。

键要素，这就要求企业进行全面改革以适应并优化企业工业生态链。现有三种方式来构建，一是通过改造企业现有技术，实现企业内部资源再利用；二是充分利用废弃物和副产品，发展新业务，实现多元化经营；三是寻求外界渠道来和其他企业形成互利互助的模式，优化原材料的来源并对废弃物及副产品再利用。

（二）园区层面生态工业发展模式

生态工业园是目前最普遍的生态工业发展模式。其存在形式主要有以下三种：一是在现有工业园的基础上，进行生态工业改造；二是以生态工业为基础，开发新的工业园区；三是建立虚拟生态工业园。虚拟生态工业园主要是由大量分散的中小型企业突破地理界限，相互合作形成网络共生关系，通过现代信息技术围绕"废物资源"这一环节建立起来的生态工业发展模式。这一类的工业园灵活性高、适应性强，有助于中小企业的共同发展。企业之间的相互信任也促进着整个园区内企业的发展，有利于实现企业的经济效益和生态效益。

（三）区域层面生态工业发展模式

区域层面的生态系统是对园区层面的进一步扩展与延伸。区域层面的生态工业涉及多个领域。其战略目标在于以产业结构的战略性调整为重点，围绕资源利用效率，通过制定规划、教育宣传、发展等手段，全方位推进生态工业的发展。主要包括四大要素：工业产业体系、基础设施、社会消费、人文生态。构建以工业共生、物质循环为特征的生态工业产业体系是最为基础的要求；与生态工业发展相关的基础设施的建设也尤为重要，如水循环利用基础设施、清洁能源体系等；人文生态的建设也必不可少，要宣传倡导绿色消费，将绿色化的理念深入到生产。

二　武陵山片区生态工业发展战略和发展模式

结合武陵山片区生态工业发展现状及可供武陵山生态工业发展的借鉴模式，本小节构建了武陵山片区生态工业发展战略、模式及发展生态工业的具体建议。

（一）武陵山片区生态工业发展战略

武陵山片区工业发展战略应切实围绕武陵山地区现状、功能定位、政策支持等方面制定出适合当地发展的新型生态工业发展策略，从生态工业链入手，提升生态工业技术，最终实现生态工业园的建设。

首先是实现组织——生态工业链。生态工业链是在生态经济系统的共生原理、长链利用原理、价值增殖原理和生态经济系统的耐受性原理指导下，仿照自然界物质循环的方式，通过不同企业或工艺流程间的横向耦合及资源共享，为废弃物找到下游的“分解者”，建立工业生态系统中的“实物链”和“实物网”，尽量延伸资源的加工链，其能够最大限度地开发和利用资源，既获得了价值增殖，又保护了环境。

其次是实现核心——生态工业技术。工业与自然相适应的过程，就像生物进化一样，也需经历一个由低到高的发展过程，其将必不可少地伴随着产业结构的调整和工业技术的升级。这些技术本着替代、循环、综合的原则，帮助实现各种资源、能源的充分合理利用和经济与环境的和谐共生。

最后是实现形式——生态工业园。目前国内外的生态工业园要么是通过从无到有的规划和建设；要么是通过对原有园区进行综合改造，如化工、冶金、炼油、生化、电子等进行综合组织，方能达到资源和能源的最佳优化配置和环境的源头保护；抑或是以某一大型企业为主导，配置地区小企业形成综合利用产业链；还可以是不同地区的成员通过数据库的信息交换实施跨地区的合作。

（二）武陵山片区生态工业发展模式的选择

生态经济效益的指标：如今生态经济效益是生态资源用于满足人类需要的效益，它被看作是一种产出与投入的比率，其概念模型为：

$$E = \frac{产出价值}{投入价值}$$

由于工业投入价值既包含了经济资源的投入又包含了对自然环境造成的影响，故可将地区工业生态经济效益 E 视为是由该地区的经济效益 E_1 和生态环境效益 E_2 构成的综合体现，ε 为随机误差项，故有：

$$E = \frac{产出价值}{投入价值} = f(E_1, E_2) + \varepsilon$$

$$E_1 = \frac{工业产品价值}{经济资源}, E_2 = \frac{工业产品价值}{污染物的排放量}$$

其中，经济效率 E_1 反映的是在工业生产过程中，投入经济资源（包含原材料、自然资源、机器设备、资金等物质资源和人力资源）产出各种工业产品价值的效率；生态效率 E_2 是指在产业经济中以牺牲生态环境所产生经济效益的效率（此处用污染物排放量进行衡量）。

通过搜集相关的经济数据，计算了 2008—2013 年武陵山片区 10 个典型州、市、县的生态经济效率，如表 4-14-3 所示。

表 4-14-3　武陵山片区部分州、县、市生态经济效率（2008—2013）

地区	指标	2008	2009	2010	2011	2012	2013
恩施州	E_1	0. 9925	0. 9878	0. 9894	0. 9873	0. 9858	0. 9871
	E_2	0. 5925	0. 5878	0. 5894	0. 5873	0. 5858	0. 5871
	E	0. 9993	0. 9898	0. 9900	0. 9897	0. 9896	0. 9897
湘西州	E_1	0. 9882	0. 9855	0. 9868	0. 9883	0. 9910	0. 9922
	E_2	0. 5882	0. 5855	0. 5868	0. 5883	0. 5910	0. 5922
	E	0. 9892	0. 9865	0. 9877	0. 9893	0. 9920	0. 9932
怀化市	E_1	0. 9625	0. 9599	0. 9611	0. 9626	0. 9652	0. 9664
	E_2	0. 6892	0. 6865	0. 6877	0. 6893	0. 6920	0. 6932
	E	0. 9991	0. 9964	0. 9976	0. 9992	1	1
铜仁市	E_1	0. 7540	0. 7519	0. 7529	0. 7541	0. 7561	0. 7571
	E_2	0. 6040	0. 6019	0. 6029	0. 6041	0. 6061	0. 6071
	E	0. 7615	0. 7595	0. 7604	0. 7616	0. 7637	0. 7646
张家界市	E_1	0. 8133	0. 8111	0. 8121	0. 8134	0. 8156	0. 8166
	E_2	0. 6933	0. 6911	0. 6921	0. 6934	0. 6956	0. 6966
	E	0. 8214	0. 8192	0. 8202	0. 8215	0. 8237	0. 8248
酉阳县	E_1	0. 9888	0. 9886	0. 9887	0. 9889	0. 8909	0. 9892
	E_2	0. 9658	0. 9656	0. 9657	0. 9659	0. 9661	0. 9662
	E	0. 9897	0. 9895	0. 9896	0. 9897	0. 9900	0. 9901
秀山县	E_1	0. 7609	0. 7588	0. 7598	0. 7610	0. 7630	0. 7640
	E_2	0. 4109	0. 4088	0. 4098	0. 4110	0. 4130	0. 4140
	E	0. 7685	0. 7664	0. 7674	0. 7686	0. 7707	0. 7716
麻阳县	E_1	0. 8027	0. 8005	0. 8015	0. 8028	0. 8050	0. 8060
	E_2	0. 2527	0. 2505	0. 2515	0. 2528	0. 2550	0. 2560
	E	0. 8108	0. 8085	0. 8096	0. 8108	0. 8130	0. 8140
晨曦县	E_1	0. 8716	0. 8692	0. 8703	0. 8717	0. 8740	0. 8751
	E_2	0. 7586	0. 7562	0. 7573	0. 7587	0. 7610	0. 7621
	E	0. 8803	0. 8779	0. 8790	0. 8804	0. 8828	0. 8839
花垣县	E_1	0. 9015	0. 8991	0. 9002	0. 9017	0. 9041	0. 9052
	E_2	0. 6885	0. 6861	0. 6872	0. 6887	0. 6911	0. 6922
	E	0. 9106	0. 9081	0. 9092	0. 9107	0. 9131	0. 9142

通过计算得到的环境指标可知，酉阳县环境指标优良；怀化市、张家界市、晨曦县、花垣县环境指标一般；恩施州、湘西州、铜仁市、秀山县环境指标较差。

同时，根据经济指标可知：恩施州、湘西州、怀化市、酉阳县、花垣县经济指标良好；张家界市、麻阳县经济指标一般；铜仁市、秀山县经济指标较差。

通过分析可知，武陵山片区酉阳县的生态工业发展模式最优，其在产业发展高速推进的同时，也在积极推进生态保护工作，走出了一条环境与经济和谐发展的道路。同时，恩施州、湘西州与麻阳县在积极推进产业经济发展的同时，忽略了对环境的保护。

表 4-14-4　　武陵山片区部分州、县、市生态经济效率指标评价

E					
优秀	恩施州	湘西州	怀化市	酉阳县	花垣县
一般	张家界市	麻阳县	晨曦县		
较差	铜仁市	秀山县			
E_1					
优秀	恩施州	湘西州	怀化市	酉阳县	花垣县
一般	张家界市	麻阳县	晨曦县		
较差	铜仁市	秀山县			
E_2					
优秀	酉阳县				
一般	怀化市	张家界市	花垣县	晨曦县	
较差	恩施州	湘西州	铜仁市	秀山县	麻阳县

发展模式的选择：为了充分挖掘生态经济效率、生态效益和经济效益三项指标间的相互作用，在二维平面构建了（E_1，E_2）中的“经济效率—生态效率”矩阵，试图反映出生态经济效率的二维结构。见图 4-14-1。

发展战略 A：区域的产业经济效率低与生态环境保护效率高。区域发展重视了对环境资源的保护，但是没有充分调动产业内生动力，经济转化效率较低。

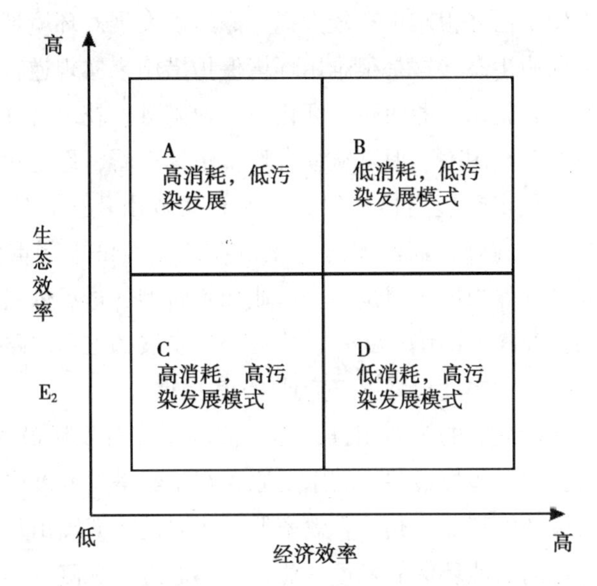

图 4-14-1　生态经济效率二维结构与地区新型工业发展模式

发展战略 B：区域的产业经济效率与生态环境保护效率都很出色。区域发展通过完善的资源配比，充分协调环境、资源与经济发展，和谐共赢。在产业发展中充分利用技术优势与产品附加值，科学合理地构建低污染、低耗能的环境友好产业链模式。

发展战略 C：区域的产业经济效率与生态环境保护效率低。区域产业单一且低效，且严重依靠自然资源，没有对环境保护采取有利措施。

发展战略 D：区域的产业经济效率高、生态环境保护效率低。区域发展重视产业经济的发展，不遗余力地扩大产业规模与生产力，但却为经济发展而牺牲了环境。由于产业资源配比的不协调，导致后期环境问题会扩大。

根据前文的计算归纳数据和分类标准，将武陵山片区的 10 个市、州、县分为了 4 个等级，具体见表 4-14-5。

表 4-14-5　　武陵山片区部分州、县、市当前工业发展模式

地区	恩施州	湘西州	怀化市	铜仁市	张家界市	酉阳县	秀山县	麻阳县	辰溪县	花垣县
模式	D	D	C	C	C	A	D	B	B	C

目前来看，武陵山片区的现有产业模式严重依靠资源经济，经济效率

在固有产业结构下已经很难再有较大提升。经济发展对环境带来的负荷已经严重改变了周边生态，这是很难用环境保护措施来实现逆转的。

综合来看，恩施州、湘西州、怀化市、酉阳县、花垣县都属于有相对高的经济环境综合利用率。但是从综合环境指标来看，恩施州、湘西州环境指标较差，怀化市环境指标一般。考虑到武陵山片区自然资源的丰富性，综合可知，恩施州、湘西州与怀化市在产业经济中严重依赖环境资源，虽然加大了环保力度，但是整个产业如不转型，最后依然会陷入经济发展与环境保护背离的困境。武陵山片区经济发展的唯一出路是尽快实现真正的产业转型，大幅度提高第三产业 GDP 比重。

其中综合指标最好的为酉阳县，为经济环境综合发展最优；恩施州、湘西州、秀山县综合指标最差，其主要原因在于经济的发展严重依赖大量的环境污染与破环性产业，其综合效率低下。对此，武陵山片区未来应积极从高污染产业向节能环保的绿色产业转型，通过对武陵山片区的调查发现其周边市、州及县环境相对一致，本地优秀的产业发展模式具有可复制性，为此可以通过对酉阳县产业发展的深度研究，推广其产业模式，应用到武陵山片区其余各地。

（三）武陵山片区生态工业发展建议

武陵山片区各地需统一产业转型的迫切认识，统一规划、相互合作、发展各区域优势产业，脱离对资源产业的依赖，大幅度提高产品附加值，从而彻底改变原有的经济局面。

一要抓好工业园区建设，发展循环经济。生态工业、循环经济不仅需要在价值观方面进行转变，更重要的是体现在物质和制度的保障上。现阶段工业园区比比皆是，但真正做到发展循环的生态工业园区却寥寥无几，需要从以下几个方面做出重点突破：根据市场需求，因地制宜，发展当地特色生态产品；对原有工业进行结构调整和技术改造，尽可能提高资源的利用效率，减少污染物的排放，解决武陵山片区在发展生态工业时所面临的技术、经济、法律、信息、组织等多方面的难题。

二要加大投资软环境建设力度，积极承接产业转移。武陵山片区的产业以资源型产业为主，其对环境的破坏是持续且不可避免的。其产业转型由于自身基础设施建设与配套服务业的不完善，变得非常困难，大幅度地削减高污染产业势必会对整个地区的经济收入带来巨大的波动。为此需要逐步改善自身基础设施建设，分批有序地向高科技、高附加值行业转型。

三要加强工业化与城市化互动。武陵山片区作为生态和民族发展的重点区域，实现生态工业发展的首要任务是促进各民族的共同繁荣，而实现各民族繁荣的关键便是要促进工业化和城市化的联动发展。针对山区耕地少、人口多、人力成本低的特性，积极发展劳动密集型产业，同时搞好县城和民族乡的小城镇、小集镇建设，将发展成果回馈于民。

四要基于资源优势，发展新型工业。武陵山片区蕴含丰富的山地资源、水能资源和中药材资源，基于这些特色资源着力发展以水和石煤发电为主的清洁能源，以绿色食品和旅游纪念品为主的旅游商品和以加工黄柏、杜仲、五倍子和黄姜为主的生物医药的三大新型产业。

五要发展飞地经济，促进工业经济发展。[①] 受区位、交通条件的限制，武陵山片区多数区域招商引资难度较大，工业经济发展基础薄弱，无论工业发展规模还是发展速度都低于其他地区，并且按照国家主体功能区的划分，武陵山片区整体为限制开发区，这对各个县市区进行工业发展产生了一定限制。因此，引入飞地经济发展模式，对解决民族地区经济发展问题有着极其重要的意义。通过跨空间的行政管理和经济开发，鼓励和引导部分县市区在区位优势明显、发展基础好的区域发展飞地经济，建设工业园区，将有力促进该区域工业经济发展，实现飞入地与飞出地共赢。

三　案例研究：酉阳生态工业发展战略

武陵山片区面临着巨大的生态环境压力，这要求该地区大力发展生态工业，通过对武陵山片区生态工业发展模式的探索，本小节以酉阳县生态工业发展为典型，从酉阳生态工业发展现状、生态工业园区的战略定位及发展对策三个方面进行案例研究。

（一）酉阳生态工业发展现状

重庆市酉阳县，地处武陵山片区腹地，是出渝达鄂、湘、黔的重要门户，面积 5173 平方公里，人口 86.04 万，为土家族、苗族的聚集地。2014 年，酉阳县实现全部工业总产值 113.40 亿元，比 2013 年增长 31.1%，规模以上工业企业 34 家；全年实现规模以上工业总产值 75.37 亿元，增长 32.8%，其中轻工业实现产值 52.37 亿元，增长 34.1%；重工

---

① 何伟军、申长庚、李为：《武陵山片区各县（市、区）经济发展水平的评价与分析》，《湖北社会科学》2014 年第 5 期。

业实现产值 23.01 亿元，增长 29.8%，工业经济综合效益指数为 327.8%[①]。

酉阳县是重庆和长沙的节点城市，也是渝怀铁路、渝湘高速、319 国道和 326 国道必经之地，龚滩水运码头通过乌江可以直达长江水道，对外交通相对便捷。该地区自然资源和矿产资源丰富，有中药材 1210 种，是全国有名的“三木”药材生产基地，其中“酉阳青蒿”更是获得了地理产品保护及国家 GAP 认证，能为发展现代制药业提供优质原料。全县矿床、矿（化）点共 79 处，其中汞矿蕴藏量极其丰富，被誉为全国“五朵金花”之一。水能蕴藏量 43.5 万千瓦，为发展矿电联产提供了重要保障。同时，酉阳还具备地处渝湘、黔楚交界的“资源腹地”优势，周边天然气、金属矿藏、水能资源和自然生物资源十分丰富。其次，该地区与沿海地区和中西部相对发达地区相比，在能源价格、劳动力成本上具有十分明显的优势。

同时，酉阳县无论是在资源开发上还是内部资源流动上都存在劣势。外部交通虽然相对畅通，但由于深处武陵山腹地，受武陵山片区地理条件的制约，与东部及沿海发达地区在资金、人才、技术、信息上的互动受限。另外，受历史发展因素的影响，该区内部还面临着基础设施薄弱，工业发展总量小、层次低，劳动教育水平低，人才短缺等不利条件。

（二）酉阳生态工业园区的战略定位

2006 年该区经重庆市政府批准，建设了具有市级特色的“一区多园”型工业园区——重庆酉阳工业园区。该工业园主要由龙江重工业园、板溪轻工业园、小坝全民创业园和渝东南现代物流园组成。2014 年，入驻规模以上工业企业 38 户，实现工业产值 48.2 亿元。通过园区节能环保改造，实现工业节能降耗 4%。

以酉阳县及武陵山片区丰富的农副资源和自然资源为基础，着力把酉阳特色工业园打造成全市一流、渝东南地区领先的冶金、建材、食品加工、林产加工中心。其中，龙江重工业园发展成渝东南地区主要的冶金、化工、建材和纺织中心；板溪轻工业园打造成渝东南地区领先的食品加工、制药、林产加工、汽摩配件、服装和体育产品加工中心；小坝全民创

① 酉阳市统计局：《酉阳市 2014 年国民经济和社会发展统计公报》。http：//www.yyxww.net/2015/0514/36502.shtml. 2015-05-14/2016-04-28，最后访问日期：2016 年 4 月 28 日。

业园着力发展机械、石材和木材加工、旅游产品加工等产业及小规模成长型企业的孵化基地；物流园则利用便利的区位条件及广阔的市场腹地，着力打造成渝东南地区乃至整个武陵山片区重要的物流中心。

通过对国内外产业转移趋势的分析，发现酉阳工业园区存在资源优势、区位优势和政策优势，酉阳工业园区正大力发展农副产品加工、制药、冶金、建材、化工、轻纺服装和机械制造几大产业，建设龙江重工业园、板溪轻工业园、小坝全民创业园和渝东南现代物流园，形成“一区四园”的产业发展格局。同时，酉阳工业园区在“一区四园”的基础上，在园区内建立科技文化人才培训中心、科技项目孵化器和研发公共平台、园区总部和企业总部经济商务区、大学生和研究生工作站、小型科技图书馆、文化娱乐室和医疗卫生服务站和园区银行储蓄网点，并充分发挥重庆科研院校的人才优势，打造酉阳工业园区专业人才教育机构。

龙江重工业园积极延伸冶金业和化工业产业链条，大力发展纺织业、建材业和机械制造业，以“企业集聚、产业集群、链条延伸、互补发展”为主要特色。同时，优化工业园区产业发展环境，发展“配送物流中心”和“研发培训中心”两大中心。

板溪轻工业园以轻工业为主导产业，着力培育制药、食品加工、木材加工、纺织服装和机械制造几大产业群，引进一批产品附加值高的电子企业，打造成产业特色鲜明、全市一流的轻工产业园。

小坝全民创业园是催生、孵化中小企业的重要基地和以石材、机械、木材、旅游产品加工为主导，服装为辅的全民招商、全民创业平台。

渝东南现代物流园是集仓储、配送、流通、中转为核心功能的综合物流园区，其包括加工区、火车货运站场区、商业贸易区、普通仓储区、生活服务区等五大功能区，并拥有渝东南最大的300万级贯通式铁路货运站。

表4-14-6　　工业园区主导产业一览表

园区名称	主导产业
龙江重工业园	冶金、化工、纺织、建材、机械
板溪轻工业园	制药、食品加工、汽摩配件、体育产品、服装、林产加工
小坝全民创业园	石材、木材加工、机械、旅游产品
渝东南现代物流园	以仓储、配送、流通、中转为核心功能的综合物流园区

资料来源：《重庆市酉阳土家族苗族自治县工业园区发展规划》。

(三) 酉阳生态工业发展对策

一方面依托生态工业园，集中优势发展工业。酉阳县不仅矿产资源丰富、交通便利，而且林地面积巨大，耕地和建设用地仅占24.32%，这虽然是酉阳县在资源开发和内部资源流动上存在的劣势，但这也是酉阳县工业发展的方向。酉阳县工业发展可以依托生态工业园区，立足于当地独具特色的自然资源优势和交通优势，适当加大本地区建设用地的面积，大力发展现代工业，与此同时，继续发挥传统工业的支撑作用。

另一方面优化产业布局，延长生态工业链。酉阳县工业要想迅速发展，必须优化产业布局，加强各产业间、板块区域间的关联度，逐步形成特色生态工业链，以此来增加资源的利用效率和产品的附加值，减少对环境的破坏。对于工业发展的外部环境建设方面，则需要进一步改造现有的软硬件环境，尤其是投资政策环境，同时还应借助便利的交通优势，围绕产业链积极走出去，与周边发达县市及沿海地区开展合作交流，以克服内陆山区带来的资金、技术、人才等方面的缺陷。

武陵山片区经济及工业的可持续发展，要求该片区工业的发展必须走生态工业的道路，以实现生态、经济和社会的协调发展。

第十五章

武陵山片区生态服务业的发展战略研究

伴随着中国经济的不断发展，服务业对经济的拉动作用越来越大，逐渐成为人们关注的焦点。在过去很长一段时间里，人们认为服务业具有低能耗、低污染的特点，因而对其给予高度评价。但随着时间的发展，因旅游业破坏了自然环境、餐饮业的废水污染了水体等现象日益凸显，如果再不重视发展生态服务业，必将影响社会经济发展。生态服务业是指结合当地生态资源，以绿色环保和减少资源浪费为宗旨，大力发展生态旅游业和现代物流业等绿色服务产业，从而保障区域经济的稳定发展，实现建立环境友好型和资源节约型社会的最终目的。

第一节　武陵山片区生态服务业的发展现状

武陵山片区的生态旅游业和现代物流业已经有了初步发展。以湖南省张家界市的旅游发展为例，2010 年张家界市文化产业增加值达到 19.39 亿元，占地区生产总值的比重达到 8%，成为张家界市支柱产业。2011 年，张家界市旅游演艺业总产值超过 4 亿元，接待观众 200 万人；慕"戏"而来，重游张家界市的"回头客"占游客总数的 30.5%。2012 年年初，张家界魅力湘西艺术团的民族舞蹈《追爱》节目成功登上央视春晚。著名电影《阿凡达》中悬浮的哈利路亚山的原型便取自于张家界的核心景区中名为"乾坤柱"的石柱。张家界、湘西等地的土家民族文化及得天独厚的风景优势为其旅游业发展奠定了良好的基石。

同时，张家界现代物流业的发展已经初具规模，该市现代物流业产值年均增长 20%以上，物流企业发展到 100 余家，物流业相关企业数量也逐渐壮大，发展极为迅速；而且随着张家界社会经济发展水平日益提高，企业发展和居民生活对物流业的需求越来越旺盛，社会消费品零售不断增加，这意味着物流业货物配送额也在同步增长，物流业的需求日益旺盛；近几年来，张家界非常重视物流基础设施的建设，综合性物流园区和商业交易市场建设都有所突破，综合性物流园区已投入使用的有盛兴钢材物流园、绿航果业物流园、慈利锦程物流园和湘西东市林业家具物流园，还有永定区运通国际商贸物流城和桑植仓储物流园正在招商建设中；随着物流业的发展，相关产业也得到了迅速发展，批发零售业、交通运输、仓储和邮政业、道路运输业、航空运输业、管道运输业、仓储业、邮政业投资增速明显，货物运输量近几年保持较高增速，2013 年公路货物周转量 369281.75 万吨公里，较上年增长 14.9%，水运货物周转量 41208.5 万吨公里，增长 3.6%。邮政业务总量 8926.02 万元，比上年增长 18.7%。这些行业伴随张家界物流业的发展而迅速壮大①。

武陵山片区作为国家扶贫攻坚的主战场之一，其发展备受关注。生态服务业的发展对其影响日益深远，虽然目前为止武陵山片区生态服务业的发展取得了一定的成效，但该片区的生态服务业的发展还存在很多问题，具有巨大的发展空间，同时，发展武陵山片区的生态服务业是一个漫长的过程，生态服务业对片区经济造成的影响也要等时间慢慢将它呈现在世人面前。当然，武陵山片区经济的发展不仅靠服务业，还受当地的农业、工业、教育、法律等多方面的影响与作用。如何处理好生态服务业与其他产业的协同发展，也是武陵山片区生态服务业发展的关键。

第二节　武陵山片区生态服务业的发展模式

武陵山片区生态服务业发展战略的制定需要符合该区域的产业形态模式，尝试将区域的生态优势转化为产业和经济优势，通过把生态资源转化为经济资本，以实现该区域的稳速发展。明确武陵山片区生态服务业的发展战略、路径以及重点目标，加大落实生态资源的产业化发展，力争将生态服务业打造成武陵山片区经济社会可持续发展的一个新引擎。

一　武陵山片区生态服务业发展战略

生态服务业的范围十分广泛，不仅包括现代物流业和生态旅游业，还

① 张家界市人民政府办公室：《张家界市“十三五”现代物流业发展研究》。http：//www.cnepaper. com/zjjrb/ html/2015-06 /04/content_ 3_ 1. htm，最后访问日期：2016 年 9 月 2 日。

包括商贸服务业、金融科技信息服务等内容。在走访调研中，发现怀化的商贸服务业较为发达，同时该地区物流及旅游业也处于发展的关键时期，并且武陵山片区生态服务业中各个产业间不是孤立的，而是相互作用、相互影响的。促进武陵山片区生态服务业内部联动发展对于生态服务业的可持续发展至关重要。

武陵山片区有其独特的民族文化，做大做强生态旅游文化产业是十分契合片区的经济发展与保护生态环境的有效措施。生态旅游文化产业，顾名思义，包括生态、旅游和文化三部分。在生态产业中，武陵山片区由于其地理位置、气候条件等适合发展特色农业，针对旅游而言，片区自然风光优美，作为国家重点生态功能区，生态环境的保护是关键。近年，武陵山片区交通不断完善，吸引了广大的旅游爱好者和对良好空气质量与优美环境追求的城市居民；武陵山片区少数民族众多，有民族特色的原生态环境文化遗产及其所包含的民俗文化受到越来越多的重视；这三者之间不是孤立存在的，而是相互融合，共同构成武陵山片区的生态旅游文化产业这一极具地域特色和发展潜力的可持续发展产业。这一产业的发展，不仅可以带动其他产业的发展，对于该片区经济发展和人民生活水平的提高也意义重大；同时这也需要当代服务业发展的支持，具体包括该片区物流业的发展为片区内外资源的交换提供平台；商贸服务业的发展为片区内外资源的交换提供市场；家庭服务业的发展为片区提供更加便利的条件，吸引更多资源；金融科技信息服务业的发展为片区内外发展提供快速便捷的信息。

二　武陵山片区生态服务业发展路径

生态服务业是生态循环经济的有机组成部分，本节通过对武陵山片区现代物流业和生态旅游业进行研究，探寻其建立的现实意义与实现路径，为生态服务业发展指明方向。

（一）武陵山片区现代物流业发展路径

现代物流业是以现代运输业为重点，以信息技术为支撑，以现代制造业和商业为基础，集系统化、信息化、仓储现代化为一体的综合性产业。它的发展有助于优化产业结构、降低企业成本、提高经济运行质量和效益、提供就业岗位及缓解就业压力。同时，发展现代物流业有助于改善投资环境，扩大对外开放。

大力引进现代物流专业人才。专业人才是发展武陵山片区现代物流的有力保障，当地政府可以通过与物流企业合作，加大对企业的支持力度，吸纳更多物流人才进入武陵山片区，为片区物流业的发展建言献策，让片区物流业更好地发展起来。通过地区高校培养更多物流人才，以物流学科为重点培养学科，打造全国知名的具有现代物流特色的高校，在引进更多人才的同时，为片区物流发展培养更多专业型人才。以怀化为例，可发展怀化学院等高校的物流学科，为当地培养更多物流专业人才，以点带面，同时可辐射怀化周边城镇物流业发展，最终带动整个区域的经济发展。

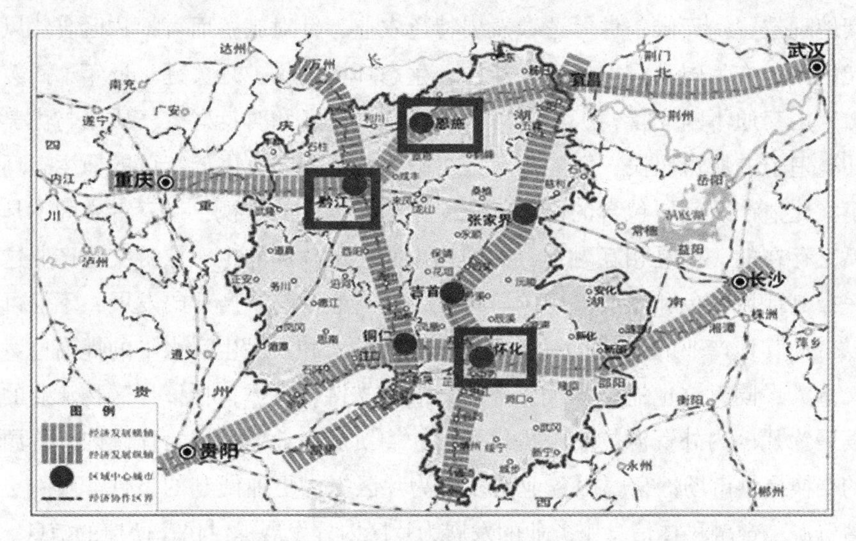

图 4-15-1 “六中心四轴线”空间结构示意图

充分发挥武陵山片区中心城区的交通优势和集散能力，建立区域综合性物流中心。以怀化、黔江、恩施为例，这三个中心城市形成一个三角形，其中黔江为武陵山片区腹地，恩施位于湖北省西南腹地，同时也是恩施土家族苗族自治州首府所在地，怀化具有“火车拖来的城市”之称，三个中心城市可积极发挥其交通优势和集散能力，选取一个最合适的地方建立综合型物流中心，同时支持企业在城镇建设物流节点，积极发展第三方物流。目前国内的物流发展还处于起步阶段，第三方物流企业是带动地区物流发展的重要因素之一，同时也是发达物流的一种重要形式。

大力发展片区农产品物流。以怀化市为例，怀化市目前有 70 多家物流企业，但具有一定规模的农产品物流企业不超过 3 家，同时农产品的物流信息化程度也较低，这反映出农产品物流还有巨大的发展潜力，政府必须从宏观上对农产品物流的发展进行有效把控。

适当建设地区综合物流园区。通过培育和建设规模较大的物流企业，吸引更多知名物流企业进驻，在本地物流企业与外来规范的物流企业的相互影响下，共同促进怀化地区的物流发展，将其建设成为国内大型物流中心。

完善与物流相配套的运输场站、仓储、商品配送、信息网络服务等综合服务平台和与物流基础设施建设相关的公路、铁路、港口、机场、流通中心以及网络通信基础等，同时提升信息化水平，加强基础建设，促使物流成本降低，促进片区物流发展。

着重培养规模较大、起带头作用的电子商务、商贸物流企业，同时鼓励民间自发组成的物流协会，如“怀化电子商务协会”。怀化市电子商务协会，是由怀化市各界有志从事电子商务的经营、管理、使用以及相关的科研、教学、设计等单位和个人自愿参加而联合组成的非营利的全市社会团体组织。协会于2005年5月30日成立，是湖南省第一家市级以上电子商务协会。鼓励电商企业发展有利于增加贸易机会、降低贸易成本、提高贸易效率，从而带动整个片区的经济结构的调整和变革，并对现代服务业产生重大影响。

（二）武陵山片区生态旅游业发展路径

依托于武陵山片区的资源优势和产业基础，重点发展旅游产业是必然选择。旅游功能化是地区发展到一定阶段的必然趋势，武陵山片区旅游业的发展将建立在生态的基础上，通过发展生态旅游业来促进区域经济发展。

大力引进生态旅游专业人才，培养复合型人才。政府方面加大引进人才的政策力度，专业人才是发展武陵山片区生态旅游业的有力保障。政府通过与地区旅游企业的合作，吸纳更多旅游专业人才进入武陵山片区，促进片区生态旅游业的良好发展。

通过地区高校培养更多专业型旅游人才。以旅游学科作为重点学科培养，依托于地区旅游资源，打造全国知名的具有生态旅游特色的高校，同时为武陵山片区输送更多专业性人才，增强片区“造血功能”。以恩施市为例，积极发展其于2012年创办的恩施市民族旅游学校，为恩施市乃至周边地区输送旅游人才。

加快旅游景区设施建设，促进生态旅游的发展。[①] 加快景区通信、道路、供电供水等基础设施的建设和完善。同时注重景区的污水和垃圾的收集处理能力，加强景区安全防护设施的建设和应急救援能力的提升。尤其是节假日，客流量与交通工具量剧增，须考虑到景区对人流量的承载能力。合理规划对外开放，完善配套交通、信息服务、餐饮等游客服务设施和功能，提升整体服务能力和水平。

改善旅游交通条件。加强片区内旅游组团之间的交通联结，合理规划道路建设方案，形成武陵山片区安全性能高、出行顺畅、容量大的旅游环线。合理规划旅游组团内部的道路建设方案，改善内部交通条件，建设便捷的旅游组团内部旅游环线。合理规划精品旅游路线的交通建设，并积极推进，最终形成以高速公路为主体、铁路为辅助的快速安全的旅游通道。

提升城镇旅游服务功能。建设武陵山片区旅游综合服务中心。结合武陵山片区景点的城镇分布及景点建设的完善程度，可将张家界作为片区旅游综合服务中心，同时也可将张家界打造成为片区对外形象窗口。随着网络时代的发展，可在客流量大的景区安装无线监控系统，从而使旅游服务功能更加科学化、准确化、规范化、智能化、信息化。

武陵山片区生态服务业发展程度对于未来可持续发展具有很大影响，同时作为国家重点扶持发展片区，其发展效率也一直广受关注。当前武陵山片区生态服务业整体发展态势良好，但是仍存在不少问题，如发挥生态旅游业、生态物流业及其他绿色服务产业对经济发展的耦合效应仍有待研究。同时，武陵山片区经济的发展也离不开生态服务业与生态农业、生态工业的有效融合与协同发展。

三　案例分析：怀化市生态服务业发展

武陵山片区的生态服务业体系的构建需要以实地情况为依托，通过对具有代表性的怀化市生态服务业发展现状进行分析，提出具有可行性的发展战略，为武陵山片区生态服务业的发展提供经验借鉴。

（一）怀化生态服务业发展现状

怀化生态服务业主要以商贸业为主，近年来发展尤为迅速，从经济总

① 戴楚洲：《武陵山片区民族文化旅游产业发展研究——以湖南省武陵山民族地区为例》，《铜仁学院学报》2013 年第 1 期。

量来看，商贸实力、物流规模、物流中心建设、固定资产、运输能力、人民生活水平、人均收入等方面相较过去都有不同程度的提升。

一是怀化经济总量持续增长，商贸实力显著增强。从 2008 年至 2012 年，怀化市的生产总值呈持续上升的趋势，综合实力也在逐步增长，经济蓬勃发展，经济发展接连实现新突破。怀化市生产总值产业分析见表 4-15-1。

表 4-15-1　　怀化市生产总值产业分析

	增加值（亿元）	增长率	拉动 GDP 增长	对 GDP 增长贡献率
第一产业	145.3	4.60%	60%	5.00%
第二产业	449.18	13.70%	610%	50.90%
第三产业	400.77	12.50%	530%	44.10%

资料来源：通过整理怀化市 2009 年至 2013 年统计数据而得。

二是商贸物流规模提升迅速，空间布局日益优化。随着经济社会的繁荣和物质的日益丰富，怀化市的国内贸易增长较快。怀化市城区商贸产业发展基础好，商贸产业的规模提升迅速，其辐射能力得到进一步的增强。怀化市商贸业发展状况见表 4-15-2。

表 4-15-2　　怀化市商贸产业发展状况

年份	2008	2009	2010	2011	2012
消费品零售总额（亿元）	166.05	199.38	233.86	274.74	316.73
增长率（%）	—	20.1	20	18.1	15.3
批零贸易业零售额（亿元）	135.99	164.04	205.60	242.8	—
增长率（%）	23.8	20.6	25.34	18.58	—
住宿餐饮业零售额（亿元）	26.26	31.09	28.25	31.94	—
增长率（%）	30.8	18.4	-0.091	13.06	—

资料来源：通过整理怀化市 2009—2013 年国民经济和社会发展统计公报而得。

目前，怀化市商贸产业的空间布局基本上能够满足居民的日常消费需求。从整体上看，商贸产业空间布局主要是“一轴两片”。一轴是指迎丰商业轴线，这里集中了怀化市可满足居民需求的大型商业项目，区域商业企业不断集聚，影响力日益扩大，成为怀化城区的中央商务区。两片是指河西片区和南部片区，河西片区以天星西路为核心，集中了 20 多个大型批发市场；南部片区依托沪昆高铁站的建设，城市道路骨架基本成形，交通便利。

三是商贸物流发展潜力巨大，商贸物流中心枢纽初步形成。从全国的城市格局来看，怀化市位于中国西南山区，是一个典型的多重过渡地带；从地理区位看，怀化市作为东、中部向西部过渡的中心地带，其在经济上华东经济区向华中经济区、华南经济区的过渡的重任。由于片区内并没有特大中心城市能承担起经济辐射的功能定位，这一空间区位优势也决定了怀化在经济上辐射西部及西南部的中转站作用。结合交通情况而言，怀化市已形成四位一体的立体交通网络，将公路、铁路与水运、航空融合为一体，服务于城市建设与发展，这种横贯东西、纵通南北的交通大枢纽在全国而言都是为数不多的。就公路而言，怀化境内有三条高速公路，分别是沪昆、杭瑞和包茂；就铁路而言，在怀化市区形成交会的有湘黔、枝柳、渝怀三条重要铁路；就航空条件而言，芷江机场已经开通；就水运而言，怀化市境内有沅水及其 6 条支流贯穿。这种四位一体的交通网络为打造区域性、综合性的商务中心、经济中心提供了有力支撑。

四是固定资产投资增长，运输能力稳步增强。随着经济的发展，其固定资产投资的总额在 5 年间也呈上升趋势，由 2008 年的 191. 15 亿元到 2012 年的 600. 95 亿元，短短 5 年就增加了 400 多亿元，平均每年增加 100 亿元左右，说明了怀化市近 5 年固定资产规模在不断扩大，各类设施设备的建设也呈发展态势。

五是人民生活明显改善，居民收入不断增加。近年来，怀化市经济社会发展较快，尤其是 2008 年以来，经济社会发展日益加快。人均 GDP 的增长速度也非常快，从 2008 年的人均 GDP 10950 元增加到 2012 年的 21018 元。经济总量的增加，为商贸产业奠定了良好的基础，而人均收入水平的提高，又为商贸产业的发展提供了动力支持。人民收入水平的提高和生活水平的改善，为怀化县商贸产业发展提供了强大的动力支持。怀化市商贸产业的后发优势明显，发展潜力巨大。怀化市商贸产业发展潜力指标分析见表 4-15-3。

表 4-15-3　　怀化市商贸产业发展潜力指标分析表

年份	2008	2009	2010	2011	2012
GDP（亿元）	503. 69	559. 15	674. 92	837. 36	1001. 7
GDP 增长率（%）	13	13. 7	14. 8	14. 1	12

续表

年份	2008	2009	2010	2011	2012
怀化人均 GDP（元）	10950	12034	15752	17642	21018
湖南省人均 GDP（元）	17883	20226	26823	29828	33480
怀化市城镇居民人均消费支出（元）	7675	8535	9013	9663	10821
湖南省城镇居民人均消费支出（元）	9945	10828	11825	13403	14609

资料来源：通过整理怀化市 2009—2013 年国民经济和社会发展统计公报而得。

近 5 年来，其消费品零售总额也得到了大幅度的提升，说明人们的生活水平在不断提高，其城镇及农村的可支配收入也逐渐增加，城乡居民消费水平明显提高，消费领域不断拓宽，消费结构更加优化，人民生活水平有了明显改善。

（二）怀化商贸物流业发展战略

怀化市商贸业良好发展态势离不开正确战略的支撑，因此怀化市长远发展应继续秉持市场主动战略，开放带动战略，创新驱动战略以及多业联动战略，推动和保持怀化市商贸业的高速发展。

一要坚持市场主动战略。围绕建设统一开放、竞争有序的市场体系，充分发挥市场在资源配置中的决定性作用，通过市场主导、改革体制机制来推动怀化市商贸物流产业的整体优化升级和跨越式发展。

二要坚持开放带动战略。以招商引资为龙头，以项目建设为载体，以全球眼光整合资源，积极向各类资本、人才、技术全方位开放，全面提升开放经济的内涵与质量，有效实施“走出去”战略，推动企业安全高效“走出去”，实现承包工程、劳务合作和境外投资的全面增长。

三要坚持创新驱动战略。要把开拓创新作为促进商贸物流业发展的动力，坚持推动怀化市商贸物流业的商业模式创新、发展方式创新、业态结构创新，积极推进原始创新、集成创新和引进创新，积极构建大开放、大市场、大流通的商务发展格局。

四要坚持多业联动战略。以加快发展怀化市商贸物流业为契机，努力推动商贸物流业与工业、农业、旅游业等联动发展，同时积极优化调整商贸物流业的内部结构，促进业态之间的融合联动发展，实现产业之间的均衡发展，从而推动经济发展方式的转变。

（三）怀化发展商贸物流实施措施

发展怀化商贸物流，政府必须从基础做起，从财政、企业扶持、法律法规、市场秩序、招商引资及企业文化等方面进行改革创新。

一要采取积极财政政策措施。通过财政方面的资金支持缓解商贸物流业企业面临的“资金难”。具体而言，可以将属于怀化市财政的部分资金进行划分和界定，定义为针对重点项目、基地构建、品牌打造等方面的专项资金，实现专款专用，最大限度地发挥财政资金的支持力和引导力，以此形式给予怀化市商贸物流产业发展所需的资金支持；建议怀化市财政以提供前期资金支持的形式，为商贸物流产业的发展提供帮助；积极吸引民间资本，鼓励商贸物流企业融资的多元化发展，创新支持商贸物流发展新模式。

二要完善税费政策措施。对城市基础商业网点设施建设和经营的企业，采取优惠的税收政策；鼓励整合社会资源；建议给予现代物流基础设施建设项目的执行企业在项目贷款上的贴息资金支持；在物流园区内投资新设立的物流企业，执行企业缴纳的所得税地方留成部分奖励给企业以及一定年限内享受免缴工商行政管理费。

三要采取企业扶持政策措施。引进大型商贸物流企业；培育壮大本地商贸物流企业，对本地商贸物流龙头企业，在商贸物流鼓励政策和其他政策范围内对其进行重点扶持；建立示范企业鼓励机制；积极争取试点商贸物流企业的相关政策优惠；建议在政府年度计划中安排专项资金，推动企业采用先进的商贸物流技术和设备；支持商贸物流企业生产设备更新改造和信息系统建设投入；鼓励在各类商品市场中逐步扩大电子商务比重，建立网上销售平台。

四要健全法律法规，实现依法行使管理商贸物流职能，完善政策法规体系。为了适应怀化市商贸物流业的发展需要，创造商贸服务业和物流业相关行业发展环境，建议各个相关的行业管理部门从加快全市商贸物流发展的整体高度出发，修改和完善运输管理法规。完善企业监管体系，规范企业登记注册制度，调整行业审批项目，规范行业行政管理，推进商贸物流企业诚信管理机制建设，营造良好的发展氛围。

五要完善相关行业协会职能，规范市场秩序。怀化市应借鉴其他省市发展商贸物流的经验，成立或重组怀化市商贸物流相关的行业协会，并赋予其相关行业协调权力。

六要扩大开放，招商引资，提高综合竞争力。在充分发挥怀化市交通优势、廉价土地和劳动力资源的基础上，主动融入周边经济圈，吸引更多资金、商品、物资和人才，形成与武陵山经济协作区域内其他城市商贸物流业共同发展的新格局。

七要加强综合运输体系建设措施。怀化市需要转变交通运输的发展方式，整合现有运输资源，实现公路、铁路、水运、航空四位一体的综合性发展，从而提升运输资源的开发效率和运输能力，避免重复建设和资源浪费。

八要建设诚信环境，弘扬优秀企业文化。深入持久开展诚信活动。提倡、鼓励“诚信促商”，信守合同，依法严厉制裁商业欺诈，切实保障消费者的购物安全和企业的物流安全；加快完善信用担保体系；创建商贸文化，培育新时代的商人。

武陵山片区要在保护生态环境、担负国家生态任务的前提下大力发展经济，那么在充分发挥武陵山片区特色的基础上的生态产业发展方式便成为必然。在生态农业、生态工业、生态服务业发展的过程中，一方面要关注基础的公共设施和信息平台的建设；另一方面要充分关注发展生态三产之间重叠的公共部分，使生态农业、生态工业、生态服务业能够和谐地耦合和发展，实现三产之间的相互促进。通过三产之间的有机互动来破除产业之间的藩篱；加快培育新型经营主体，鼓励和支持家庭农场、合作社、龙头企业、农业社会化服务组织以及工商企业开展多种形式的三产融合发展；要充分发挥政府引导协调作用，建立产业融合发展的利益协调机制；要积极稳妥推进改革创新，加快推进社会化服务体系建设，为三产融合发展提供强有力的金融、物流、技术、人才支持，实现多方共赢。

参考文献

（一）著作类

1. 外文著作

［1］Pigou A C，The Economics of Welfare，London：Macmillan Press，1960，p. 3-27.

［2］Paglola. S et al.，*Selling Forest Environmental Services：Market - Based Mechanisms for Conservation and Development*，London：Earthscan Publications Ltd，2002，p. 26.

［3］Garrod. G，Willis. K. G，*Economic Valuation of the Environment：Methods and Case Studies*，USA：Edward Elgar Publishing Ltd，1999，p. 200-300.

2. 中文著作

［4］杨桂华、钟林生、明庆忠：《生态旅游》，高等教育出版社 2010 年版。

［5］万本太、邹首民：《走向实践的生态补偿——案例分析与探索》，中国环境科学出版社 2008 年版。

［6］万霞：《国际环境法资料选编》，中国政法大学出版社 2011 年版。

［7］徐玖平：《低碳经济引论》，科学出版社 2011 年版。

［8］爱德华·B. 巴比尔：《低碳革命》，上海财经大学出版社 2011 年版。

［9］科斯：《财产权利与制度变迁》，三联书店上海分店出版社 1991 年版。

［10］王之佳：《我们共同的未来》，吉林人民出版社 1997 年版。

［11］周慕尧：《立法中的博弈》，上海人民出版社 2007 年版。

[12] 文正邦、付予堂:《区域法治建构论——西部开发法治研究》,法律出版社 2006 年版。

[13] 武春友:《资源效率与生态规划管理》,清华大学出版社 2006 年版。

[14] 李东:《资源经济与管理研究 第 8 辑》,东南大学出版社 2010 年版。

(二) 论文类

1. 外文期刊

[1] Siegel P B, Johnson T G, "Break-even Analysis of the CRP: the Virginia Case," *Land Eeonomies* 67 (1991): 447-461.

[2] Daniels A E, Bagstad K, Esposito V, et al, "Understanding the impacts of Costa Rica's PES: Are we asking the right question," *Ecological Economics*, 2010, 69 (11): 2116-126.

[3] Chevallier J, Pen Y L, Sévi B, "Options introduction and volatility in the EU-ETS," Resource & Energy Economics 33 (2011): 855-880.

[4] Qin. Y. H, Kang. M. Y, "A Review of Ecological Compensation and its Improvement Measures," *Journal of Natural Resources* 4 (2007): 557-567.

[5] Wunder. S, Alban. M, "Decentralized Payments for Environmental Services: The Cases of Pimampiro and FROFAFOR in Ecuador," *Ecological Economics*, 4 (2008): 685-698.

[6] Brian. R, William. W. W, "Policy Evaluation of Natural Resource Injuries Using Habitat Equivalency Analysis," *Ecological Economics*, 2 (2006): 421-437.

[7] Rees W, Wackernagel M. "Urban Ecological Footprints: Why Cities can not be Sustainable and Why hey Are a Key to Sustainability," *Environmental Impact Assessment Review* 16 (1996): 223-248.

[8] Wackernagel M, Rees W E. "Perceptual and Structural Barriers to Investing Innatural Capital: Economics from an Ecological Footprint Perspective," *Ecological Economics* 20 (1997): 3-24.

[9] Wackernagel M, Onisto L, Bello P, et al, "National Natural Capital Accounting with the Ecological Footprint Concept," *Ecological Economics* 29

(1999): 375-390.

[10] Wang H X, Qin L H, Huang L L, et al, "Ecological Agriculture in China: Principles and Applications," *Advances in Agronomy* 94 (2007): 181-208.

2. 中文期刊

[11] 苏维词:《武陵山集中连片特殊困难地区开发式扶贫的途径与对策》,《地理教育》2013年第3期。

[12] 刘艳芳、刘俊亮:《武陵山片区义务教育均衡发展机制研究初探》,《当代教育理论与实践》2014年第6期。

[13] 龙岳林、熊兴耀、黄璜等:《张家界市武陵源核心景区生态安全分析与理性化建设》,《建筑学报》2006年第3期。

[14] 戴楚洲:《加快武陵山经济协作区经济文化发展的思考》,《三峡论坛·理论版》2010年第1期。

[15] 孙志国、钟儒刚、刘之杨等:《武陵山片区特产与遗产资源的农村扶贫开发对策》,第三届全国农林高校哲学社会科学发展论坛,2012年。

[16] 汪劲:《中国生态补偿制度建设历程及展望》,《环境保护》2014年第5期。

[17] 宋小宁、陈斌、梁若冰:《一般性转移支付:能否促进基本公共服务供给》,《数量经济技术经济研究》2012年第7期。

[18] 黄河:《农业科技工作的方针原则与农业科技发展的目标任务》,《北方蚕业》2001年第22期。

[19] 杨晓萌:《中国生态补偿与横向转移支付制度的建立》,《财政研究》2013年第2期。

[20] 苏明、刘军民:《推进甘肃省生态补偿的财政转移支付机制创新》,《财会研究》2013年第4期。

[21] 梅雪芹:《工业革命以来西方主要国家环境污染与治理的历史考察》,《世界历史》2000年第6期。

[22] 周刚炎:《莱茵河流域管理的经验和启示》,《水利水电快报》2007年第5期。

[23] 姜双林:《欧盟农业环境补贴法律制度的嬗变及其对中国的启示》,《法治研究》2008年第6期。

[24] 赵伟：《欧盟环境政策的历史演变》，《河北理工大学学报：社会科学版》2009年第4期。

[25] 邓翔、瞿小松、路征：《欧盟环境政策的新发展及启示》，《财经科学》2012年第11期。

[26] 邓翔、瞿小松、路征：《欧盟生态创新政策及对我国的经验启示》，《甘肃社会科学》2014年第1期。

[27] 黄进、侯珊、林翎：《环境管理体系阶段性实施指南（ISO14005）促进欧盟生态管理与审核计划（EMAS）与环境管理体系体系（ISO14001）的协调实施》，《标准科学》2012年第8期。

[28] 李芸、张明顺：《欧盟环境政策现状及对我国环境政策发展的启示》，《环境与可持续发展》2015年第4期。

[29] 吴清峰、唐朱昌：《基于生态系统方法的海洋综合管理研究——〈欧盟海洋战略框架指令〉分析》，《生态经济》2014年第7期。

[30] 韩瑞光、马欢、袁媛：《法国的水资源管理体系及其经验借鉴》，《中国水利》2012年第11期。

[31] 矫勇、陈明忠、石波等：《英国法国水资源管理制度的考察》，《中国水利》2001年第3期。

[32] 李戈：《德国的水资源管理》，《中国水利》1998年第7期。

[33] 庞洪军：《德国水资源管理的经验与启示》，《山东农业：农村经济版》2003年第3期。

[34] 周刚炎：《莱茵河流域管理的经验和启示》，《水利水电快报》2007年第5期。

[35] 陈曦、李姜黎：《欧盟森林生态补偿制度探析——LIFE环境金融工具的应用与效果》，《国家林业局管理干部学院学报》2011年第12期。

[36] 吴柏海、曾以禹：《林业补贴政策比较研究——基于部分发达国家林业补贴政策工具的比较分析》，《农业经济问题》2013年第7期。

[37] Michael、Lammertz、赵文霞：《适合德国小规模森林经营的泛欧森林认证体系》，《林业与社会》2002年第1期。

[38] 鲍淑君、翟正丽、高学睿等：《欧盟流域管理模式及其经验借鉴》，《人民黄河》2013年第3期。

[39] 刘博晓：《专访　公众参与帮助英国解决了难题——访英国环

境署水资源公众参与专家马丁·格里菲斯》,《环境教育》2015第11期。

[40] 肖传成:《美国的水资源管理、保护及启示》,中国水利学会水资源专业委员会2009学术年会,2009年。

[41] Danièle P M、Patsy D、张亚玲:《森林水文服务市场开发的案例分析》,《湿地科学与管理》2002年第4期。

[42] 冷平生:《哥斯达黎加生态旅游的考察与思考》,《北京农学院学报》1997年第2期,第24页。

[43] 刘钦普:《美国土壤侵蚀治理的历史、现状和问题》,《许昌师专学报》2000年第2期。

[44] 罗思东:《美国城市的棕色地块及其治理》,《城市问题》2002年第6期。

[45] 蒙莉娜、郑新奇、王淑晴:《发达国家污染场地再开发实践经验对北京市的启示》,《资源与产业》2007年第5期。

[46] 陈久和:《生态旅游业与可持续发展研究——以美洲哥斯达黎加为例》,《绍兴文理学院学报:哲学社会科学版》2002年第2期。

[47] 周少平、陈荣坤:《关于哥斯达黎加可持续发展的思考》,《中国人口:资源与环境》1997年第2期。

[48] 裴秀丽:《我国森林生态补偿资金来源问题研究——对哥斯达黎加森林生态补偿经验的借鉴》,《黑龙江生态工程职业学院学报》2010年第2期。

[49] 李敏、柳红兵:《中美土壤污染防治立法的比较及给我国的启示》,《职业圈》2007年第23期。

[50] Dana、Hoag、韦向新:《美国的土壤保护:给中国农业借鉴》,《广西农学报》2007年第4期。

[51] 刘嘉尧、吕志祥:《美国土地休耕保护计划及借鉴》,《商业研究》2009年第8期。

[52] 赵沁娜、杨凯、徐启新:《中美城市土壤污染控制与管理体系的比较研究》,《土壤》2006年第1期。

[53] 晋海:《我国基层政府环境监管失范的体制根源与对策要点》,《法学评论》2012年第3期。

[54] 翁立达、彭彪、彭盛华:《美国水资源保护考察报告》,《水资源保护》2004年第6期。

[55] 贺缠生、傅伯杰：《美国水资源政策演变及启示》，《资源科学》1998 年第 1 期。

[56] 国部克彦、王杰：《日本的环境会计》，《中国环境保护优秀论文精选》，2006 年。

[57] 大野木升司：《环境会计在日本》，《再生资源与循环经济》2006 年第 4 期。

[58] 萨日娜、齐金鹏：《日本环境会计体系分析及对我国启示》，《环境与可持续发展》2012 年第 3 期。

[59] 杨靖、杨书臣：《日本环境会计的新进展及对我国的启示》，《现代日本经济》2005 年第 3 期。

[60] 刘仲文、张琳琳：《日本〈环境会计指南 2005〉借鉴与思考》，《经济与管理研究》2007 年第 12 期。

[61] 王杰：《日本推行企业环境会计的措施及对我国的启示》，《财会研究》2003 年第 6 期。

[62] 陈卓：《日本环境教育的特征及启示》，《贵州教育学院学报》2007 年第 2 期。

[63] 萨日娜、齐金鹏：《日本环境会计体系分析及对我国的启示》，《环境与可持续发展》2012 年第 6 期。

[64] 岳世平：《新加坡环境保护的主要经验及其对中国的启示》，《环境科学与管理》2009 年第 2 期。

[65] 陈程：《浅论〈京都议定书〉下的碳排放权交易》，《法制与社会》2007 年第 1 期。

[66] 曲如晓、江铨：《EU-ETS 的发展成效、运行机制及其启示》，《黑龙江社会科学》2012 年第 6 期。

[67] 李布：《欧盟碳排放交易体系的特征、绩效与启示》，《重庆理工大学学报：社会科学版》2010 年第 3 期。

[68] 汪燕：《欧盟碳排放权交易体系的经验借鉴》，《浙江经济》2015 年第 18 期。

[69] 常威：《浅析欧盟碳排放交易体系对于中国的借鉴意义》，《经营管理者》2015 年第 1 期。

[70] 李布：《借鉴欧盟碳排放交易经验，构建中国碳排放交易体系》，《中国发展观察》2010 年第 1 期。

[71] 林建华:《基于外部性理论的西部生态环境建设的基本思路》,《西北大学学报:哲学社会科学版》2006 年第 4 期。

[72] 张军连:《科斯产权理论的适用范围与土地产权理论的发展》,《经济研究导刊》2014 年第 31 期。

[73] 曹宝、王秀波、罗宏:《自然资本:概念、内涵及其分类探讨》,《辽宁经济》2009 年第 8 期。

[74] 李开孟:《环境影响货币量化分析的防护性支出和旅游费用法》,《中国工程咨询》2008 年第 8 期。

[75] 姚恩全、饶逸飞、李作奎:《基于重置成本法的排污权定价测算研究——以沈阳市 COD 排放为例》,《辽宁师范大学学报(自然科学版)》2012 年第 4 期。

[76] 王海滨、邱化蛟、程序等:《实现生态服务价值的新视角(三)——生态资本运营的理论框架与应用》,《生态经济》2008 年第 8 期。

[77] 谢高地、鲁春霞、冷允法等:《青藏高原生态资产的价值评估》,《自然资源学报》2003 年第 18 期。

[78] 樊毅斌、宗刚:《基于生态足迹的高寒草原圣域生态承载力分析——以普兰县为例》,《生态经济》2013 年第 2 期。

[79] 张志强、徐中民、程国栋等:《中国西部 12 省(区市)的生态足迹》,《地理学报》2001 年第 5 期。

[80] 张青、任志远:《中国西部地区生态承载力与生态安全空间差异分析》,《水土保持通报》2013 年第 33 期。

[81] 谢高地、鲁春霞、冷允法等:《青藏高原生态资产的价值评估》,《重庆第二师范学院学报》2003 年第 2 期。

[82] 蒋小荣、李丁、李智勇:《基于土地利用的石羊河流域生态服务价值》,《中国人口·资源与环境》2010 年第 6 期。

[83] 胡瑞法、冷燕:《中国主要粮食作物的投入与产出研究》,《农业技术经济》2006 年第 3 期。

[84] 杨勇、李代俊:《试论完善功能区生态补偿机制的财税政策》,《商业时代》2013 年第 23 期。

[85] 汪劲:《中国生态补偿制度建设历程及展望》,《环境保护》2014 年第 5 期。

[86] 贾若祥、高国力:《地区间建立横向生态补偿制度研究》,《宏

观经济研究》2015 年第 3 期。

[87] 陶恒、宋小宁:《生态补偿与横向财政转移支付的理论与对策研究》,《四川兵工学报》2010 年第 2 期。

[88] 袁亮、何伟军、沈菊琴等:《晋升竞标赛下的跨区域生态环保合作机理及机制研究》,《华东经济管理》2016 年第 8 期。

[89] 王冰、冯树丹、梅琳琳等:《高校大学生生态教育探析》,中国生态学学会 2011 年学术年会,2012 年。

[90] 朱国芬:《建构有中国特色的生态教育体系》,《环境教育》2006 年第 10 期。

[91] 吴海红:《反腐倡廉建设中的社会监督机制研究》,《廉政文化研究》2012 年第 3 期。

[92] 叶必丰:《长三角经济一体化背景下的法制协调》,《上海交通大学学报(哲学社会科学版)》2004 年第 6 期。

[93] 石佑启、杨治坤:《试论中部地区法制协调机制的构建》,《江汉论坛》2007 年第 11 期。

[94] 王春业:《构建区域共同规章:区域行政立法一体化的模式选择》,《西部法学评论》2009 年第 5 期。

[95] 宋方青、朱志昊:《论我国区域立法合作》,《政治与法律》2009 年第 11 期。

[96] 袁亮、何伟军、安敏:《武陵山片区生态农业发展的现状及对策研究》,《当代经济管理》2015 年第 6 期。

[97] 孙志国、钟儒刚、刘之杨等:《武陵山片区中国名牌农产品与农业品牌化探讨》,《浙江农业科学》2013 年第 2 期。

[98] 孙志国、钟儒刚、刘之杨等:《武陵山片区农业资源优势及区域产业化发展对策》,《湖南农业科学》2013 年第 2 期。

[99] 何伟军、曾雅蓉、安敏:《武陵山片区产业结构演进及其对经济增长贡献的实证分析》,《三峡大学学报(人文社会科学版)》2016 年第 2 期。

[100] 卢平:《武陵山片区经济发展面临突出问题》,《东方企业文化》2012 年第 24 期。

[101] 何伟军、申长庚、李为:《武陵山片区各县(市、区)经济发展水平的评价与分析》,《湖北社会科学》2014 年第 5 期。

[102] 曹立明、平先秉:《后发展山区农产品物流体系构建研究——以湖南省怀化市为例》,《物流工程与管理》2010 年第 9 期。

[103] 戴楚洲:《武陵山片区民族文化旅游产业发展研究——以湖南省武陵山民族地区为例》,《铜仁学院学报》2013 年第 1 期。

[104] 杜晓芸:《武陵山片区生态服务业发展的现状及对策研究》,《价值工程》2015 年第 32 期。

[105] 付伟、赵俊权、杜国祯:《循环经济型生态城市理论研究》,云南省第三届生态文明与生态经济学术大会,昆明,2012 年 12 月。

3. 学位论文

[106] 储永新:《全面建成小康社会进程中地方利益协调与共享机制建构分析——以武陵山片区龙凤示范区为例》,硕士学位论文,重庆大学,2013 年。

[107] 唐秀丹:《欧盟环境政策的演变及其启示》,硕士学位论文,大连理工大学,2005 年。

[108] 张丽:《试论东部中小城市水资源特征与一体化管理途径——以张家港市为例》,硕士学位论文,南京大学,2004 年。

[109] 朱青隽:《长江流域机构的民事主体地位及制度构建》,硕士学位论文,华中科技大学,2007 年。

[110] 陈曦:《欧盟森林生态补偿制度及其借鉴》,硕士学位论文,浙江农林大学,2012 年。

[111] 李长亮:《中国西部生态补偿机制构建研究》,博士学位论文,兰州大学,2009 年。

[112] 王美飞:《上海市中心城旧工业地区演变与转型研究》,硕士学位论文,华东师范大学,2010 年。

[113] 赵春光:《我国流域生态补偿法律制度研究》,博士学位论文,中国海洋大学,2009 年。

[114] 李长亮:《中国西部生态补偿机制构建研究》,硕士学位论文,兰州大学,2009 年。

[115] 冯毅:《森林资源生态补偿法律制度研究》,硕士学位论文,山西财经大学,2008 年。

[116] 刘丹丹:《借鉴日本环境教育的成功经验构建我国环境教育模式》,硕士学位论文,辽宁师范大学,2006 年。

［117］曹智勇：《新加坡环境保护制度借鉴研究》，硕士学位论文，中国地质大学（北京），2011 年。

［118］黄珏：《新加坡环境问题研究》，硕士学位论文，厦门大学，2002 年。

［119］赵洁敏：《新加坡特色的环境治理模式研究》，硕士学位论文，湖南大学，2011 年。

［120］李通：《碳交易市场的国际比较研究》，博士学位论文，吉林大学，2012 年。

［121］卫荣华：《浅析〈京都议定书〉之联合履约机制》，硕士学位论文，中国政法大学，2007。

［122］李丽萍：《国际碳排放交易机制研究》，硕士学位论文，中南大学，2009 年。

［123］王陟昀：《碳排放权交易模式比较研究与中国碳排放权市场设计》，硕士学位论文，中南大学，2011 年。

［124］贾茹：《欧盟碳排放权交易体系的运行及启示与借鉴》，硕士学位论文，吉林大学，2012 年。

［125］刘刚：《中国碳交易市场的国际借鉴与发展策略分析》，硕士学位论文，吉林大学，2013 年。

［126］胡冰阳：《我国碳排放交易价格机制研究》，硕士学位论文，西安电子科技大学，2013 年。

［127］陈鹏：《欧美碳交易市场监管机制比较研究及对我国的启示》，硕士学位论文，华东政法大学，2012 年。

［128］赵祥祥：《洞庭湖生态经济经济发展与环境保护协调研究》，硕士学位论文，湖南师范大学人文地理学，2013 年。

［129］沈田华：《三峡水库重庆库区生态公益林补偿机制研究》，博士学位论文，西南大学，2013 年。

［130］贾书玲：《基于主体功能区的鄱阳湖生态经济区生态补偿机制研究》，硕士学位论文，江西农业大学，2012 年。

［131］薛丽敏：《生态农业发展模式研究》，硕士学位论文，山东农业大学，2014 年。

附

调查问卷表（扫描件）

1. 武陵山片区生态环境调查问卷表

武陵山片区生态环境调查问卷

地区别		
湖北 自治区、省		
恩施市咸丰县 自治县、旗、市、区		
高木山镇 乡、镇		
白地坪 村		
调查时间	开始时间	9月1日 11:40
	结束时间	12:10

调查员：申长庚

一、姓名：刘渝艳

二、性别：女

三、年龄：33

四、民族：苗族

五、文化程度：1.硕士及以上　2.本科　3.高中（中专）　4.初中　5.小学　6.文盲半文盲

六、你家里共有几口人（包括户籍人口和外来半年以上人口）5 人，他们分别是：父亲、老公、子、女

七、2012年你全家的收入为 22000 元（包括政府补贴和社会救济）

八、制约你家农业收入增长的主要原因（限选三项）

1.自然灾害　2.市场（销路、价格）　3.政策扶持力度不够　4.缺乏劳动力　5.失去土地　6.缺少资金、技术、信息等　7.缺少项目　8.不存在

九、2012年你全家收入来源情况：

职业	收入（元）	职业	收入（元）
种植业	2000	乡镇就业工资	
畜牧养殖业		外出打工	20000
家庭手工业		政府补贴和社会救济金	
渔业		出租耕地林地房屋等	
旅游业		其他经营收入	
运输业		合计	

十、2012年你家的农作物、牲畜、家禽情况：

种类	亩数	折算价值（元）	种类	亩数	折算价值（元）	种类	规模	折算价值（元）
水稻			瓜果			猪		
玉米	1		花草			羊		
薯类			棉花			马		
油菜			茶叶			牛		
蔬菜			药材			家禽		
大豆			油料			渔业		

十一、你家的土地承包情况：

总面积	水浇地面积	旱地面积	良田面积	柴草山
		3		2

十二、你家的住房类型是什么？住房面积为 120.00 平方米

1. 竹木结构　2. 土坯房　3. 砖瓦石房　4. 钢筋水泥房

十三、你家的饮用水的主要类型是什么？

1. 自来水　2. 泉水　3. 井水

十四、你家做饭的主要燃料是什么？

1. 木柴　2. 煤炭　3. 煤气　4. 电　5. 沼气

如果建有沼气池，那么建沼气池户数占全村总户数的比例大概为________

十五、你家农业生产水源情况？

1. 湖泊水　2. 降雨　3. 井水　4. 河流水　5. 泉水　6. 其他

十六、你家的生产性固定资产数量情况（单位：个）：

汽车	拖拉机	收割机	机动三轮车	牛车	水泵	其他

十七、2012年你家的支出情况：

总支出	生产性	服装	食品	医疗	教育	娱乐	红白喜事		交通	通信		住房	
							办事	随礼		手机	固话	新建	修缮
60000					20000			10000					

十八、如果你们这有新型农村合作医疗制度，你是否参加？

1. 已参加　2. 没参加　3. 不参加

十九、如果你们这有养老保险，你是否会参加？

1. 已参加　2. 没参加　3. 不参加

二十、目前你家耐用品消费情况（单位：个）：

项目	个数	项目	个数
电视机	1	农用车	
电冰箱	1	电脑	
洗衣机	1	小轿车	
照相机		电话	
影碟机	1	组合音响	
电动车		手机	2
摩托车	2	自行车	
空调		其他	

二十一、近三年来你家接受国家、集体和社会的补贴救济资金情况：________

退耕还林（840元）5.8亩

二十二、如果你家是贫困家庭，难以脱贫的主要原因（限选三样）

1. 疾病或工伤　2. 教育费用　3. 建房或者结婚负债　4. 劳动力少

5. 自然灾害及自然条件差　6. 失去土地　7. 文化水平低　8. 不存在

二十三、如果你家土地被占用，得到了什么补偿？（限选三样）

1. 金钱　2. 食物　3. 牲畜　4. 土地　5. 没补偿　6. 工作

二十四、你认为你的土地被占用的补偿标准是否合理？

1. 合理　2. 不合理　3. 说不清

二十五、你家外出劳动力情况：

姓名	性别	年龄	文化程度	外出时间	外出地区	从事工作	月收入（元）
汪德华	男	35	初中	1年	咸丰	装潢	2000

二十六、你对自己当前的生活状况是否满意？

1. 很满意　2. 比较满意　3. 一般　4. 不满意

二十七、你是如何了解国家和地区的相关方针政策？

1. 村委传达　2. 传闻　3. 报纸　4. 电视　5. 广播　6. 网络　7. 其他

二十八、你认为村集体为本村已经解决的问题有哪些？

1. 水　2. 电　3. 交通　4. 通信　5. 就业　6. 其他

二十九、你认为当前家里迫切需要解决的问题有哪些？

1. 资金　2. 科学技术　3. 社会地位　4. 文化知识

5. 治病　6. 子女就业　7. 子女教育　8. 其他

三十、关于土地使用权问题，你认为最好怎么样处理？

1. 平均分配到户　2. 改革后，组建发展规模专业户　3. 说不清

三十一、你对该村的生活环境的态度？

1. 满意　2. 不太满意　3. 很不满意　4. 无所谓

三十二、该村的生活垃圾是怎样处置的？

1. 扔到路边或沟道里或家门外空地　2. 扔到地里

3. 扔到垃圾池（桶），自己处理　4. 卖、回田、烧等分别回收利用处理

5. 扔到垃圾池（桶），并有专人收集清运

三十三、该村的生活污水，如何处理？

1. 泼到院子里　2. 浇到地里　3. 通过排水沟排到屋外

4. 下水道收集后排外　5. 排入自家挖的污水下渗池

6. 下水道收集后并统一净化　7. 将污水集中，喂养家畜

三十四、该村使用过的废弃农用薄膜，是如何处理的？

1. 直接丢在使用过的田里　2. 从田里取出后随意弃置

3. 交给薄膜收集站统一处理　4. 混同生活垃圾扔进垃圾箱

5. 卖给收废品的　6. 该村不用薄膜

三十五、该村收割后的秸秆（稻秆），是如何处理的？

1. 在田里焚烧秸秆　2. 随意弃置秸秆　3. 直接把秸秆烂在田里做肥料

4. 交给秸秆收集站（厂）　5. 发酵秸秆产生沼气　6. 使用秸秆烧饭

7. 其他处理方式

三十六、该村因使用农药造成的影响？

1. 使人畜饮用水变质，不能使用　2. 使人畜饮用水受到影响，但还能使用

3. 使用规范、保护得当，对人畜没有危害　4. 使用的是无害农药

三十七、该村有没有乡镇集体或私有工业企业？

1. 有　2. 没有　3. 不知道

三十八、你觉得当地的企业存在污染吗？

1. 有　2. 没有　3. 不知道

三十九、该村工业废弃物主要是？

1. 工业废水　2. 工业废气　3. 固体废弃物　4. 其他

四十、如果该村有工业废弃物（废水、废气、废固体物），其排放情况？

1. 没有经过任何处理　2. 经过了简单处理但仍有污染

3. 经过了严格程序处理

四十一、如果该村的工业废弃物排放没有经过任何处理，原因是？

1. 企业认为没有污染　2. 知道有污染，但治理成本太高，企业承担不了

3. 知道有污染，但治污技术上过不了关，处理不了　4. 知道有污染，但企业不愿花钱处理　5. 知道有污染，但治污是政府的事，企业不用管

四十二、当工业企业在为你带来经济效益的同时，对环境造成了严重破坏，你支持下列哪种做法？

1. 关闭工业企业　2. 保留工业企业，但其污染物需达标排放

3. 保留工业企业，牺牲环境　4. 其他

四十三、你认为你居住地的环境质量在以下哪个方面存在问题？（多选）

1. 水源不够洁净　2. 空气不够清新　3. 周围存在黑臭水体

4. 垃圾随处可见　5. 其他

四十四、你认为农村的生态破坏程度如何？

1. 非常严重，急需治理　2. 比较严重，需及时治理

3. 不严重，但需定期维护　4. 不严重，无须维护与治理

四十五、你认为农村存在哪些环境污染问题？（多选）

1. 空气污染　2. 水源污染　3. 土壤污染　4. 噪声污染

5. 固体废弃物污染　6. 粪便污染　7. 其他

四十六、你认为农村中最严重的环境污染问题是哪个？

1. 空气污染　2. 水源污染　3. 土壤污染　4. 噪声污染

5. 固体废弃物污染　6. 家禽家畜粪便污染　7. 其他

四十七、你认为造成农村环境空气污染的原因有哪些？（多选）

1. 焚烧秸秆与木柴产生的烟尘　2. 圈养家禽家畜产生的恶臭

3. 堆放垃圾产生的恶臭　　　　4. 焚烧垃圾产生的有害气体

5. 工厂生产排放出的废气　　　6. 其他

四十八、你认为造成农村环境水源污染的原因有哪些？（多选）

1. 生活污水未经处理直接排放　　　　　2. 家禽家畜散养在水源区

3. 农田污水排入河流　　　　　　　　　4. 工厂废水未经处理直接排放

5. 过度利用河湖水，超过了其自净能力　6. 其他

四十九、你认为造成农村环境土壤污染的原因有哪些？（多选）

1. 生活及工厂废水直接排放　2. 生活及工厂固体废弃物随意堆放

3. 农药及化肥大量使用　　　4. 家禽家畜随处排泄粪便

5. 矿区缺少绿化与防护措施　6. 其他

五十、你认为造成农村环境固体废弃物污染的原因有哪些？（多选）

1. 生活及工厂废弃物随意堆放　　　　2. 缺少固定的废弃物堆放地点

3. 缺乏相应的废弃物处理技术与设施　4. 没有及时处理废弃物　5. 其他

五十一、你认为造成农村生态破坏与环境污染的原因有哪些？（多选）

1. 村民缺乏环境保护意识　2. 相关环保机构缺乏对工厂企业的监督

3. 村委会失责，没有及时发现并处理问题

4. 乡镇政府对农村环境保护不够重视　5. 其他

五十二、如果为了保护环境需搬迁，你是否会同意集中建镇？

1. 同意　2. 考虑　3. 不同意

五十三、搬迁之后，哪个问题是你最关心的？

1. 土地　2. 补偿款　3. 就业　4. 交通　5. 子女教育　6. 养老　7. 其他

五十四、你在多大程度上愿意参加退耕还林工程？

1. 非常愿意　2. 比较愿意　3. 不愿意

五十五、你是否参与了退耕还林工程？

1. 没有参与　2. 参与

五十六、如果参与，原因是：

1. 增加收入　2. 改善生产条件　3. 改善居住环境　4. 不清楚　5. 其他

五十七、退耕还林工程对你产生了哪些影响？

1. 收入　2. 农产品产量　3. 生产条件　4. 居住环境　5. 其他

五十八、如果你没有参与退耕还林工程，原因是：

1. 有其他更好的机会　2. 劳动力不足　3. 村里没有安排

4. 收入少，没兴趣　5. 其他

五十九、退耕面积及现金补偿情况

（1）退耕还林以前你家有多少亩耕地？___3.8___亩

（2）目前你家还有多少亩耕地？___2.8___亩

（3）愿意退耕的面积是___4___亩

（4）实际退耕面积___2.8___亩

（5）拿到林权证的退耕面积有___2.8___亩

（6）获补偿的面积是___2.8___亩

（7）获补偿的标准是___115___元/亩

（8）你希望获补偿的标准应为___800___元/亩

（9）你每年退耕还林的补贴每年___115×2.8___元

六十、与退耕工程实施前的土地收益相比，你认为退耕的补助标准怎样？

1. 高一些　2. 低一些　3. 差不多　4. 说不好

六十一、根据你的观察，在你村里，是否有人在退耕还林以后偷偷到树林里砍树？

1. 有　2. 没有　3. 不清楚

六十二、与退耕还林以前相比，你觉得，退耕还林以后你家的经济状况发生了什么变化？

1. 家庭经济状况不如以前了　2. 差不多　3. 比以前更好了

六十三、国家停止补贴以后，你是否会采取如下措施：

1. 继续保持用来退耕还林的面积　2. 复耕了小部分
3. 复耕了大部分　4. 全部复耕

六十四、复耕的原因是什么？

1. 口粮不足　2. 收入不够
3. 模仿别人　4. 其他（请标明）

六十五、你家的沼气池的建设费用是多少？

1. 500～1000元　2. 1000～1500元　3. 1500～2000元　4. 2000元以上

六十六、你认为沼气能源给你及家人的生活带来的影响是？

1. 利大于弊　2. 弊大于利　3. 好坏参半　4. 不清楚

六十七、你认为积极推广沼气能技术的理由有：

1. 节能减排　2. 环保安全　3. 节省开支　4. 干净卫生　5. 简单操作

六十八、你认为不需要推广沼气能技术的理由有：

1. 占地面积　2. 肥料不足　3. 稳定性差　4. 季节限制　5. 花费开销大

六十九、你家沼气的建设是否有当地政府的资金支持或补助（补助金额________）？

1. 有　2. 没有　3. 少量　4. 大部分

七十、你认为导致你居住地环境质量状况发生变化的主要原因是什么？（多选）

1. 公众环保意识　2. 环境管理　3. 工业污染治理
4. 社会经济发展　5. 其他

七十一、你对你居住地的环境管理政策和力度满意吗？

1. 满意　2. 一般　3. 不满意

七十二、居住地进行环境保护宣传和教育吗？

1. 经常　2. 偶尔　3. 极少　4. 没有

七十三、你认为政府可采取哪些措施加强对农村环境的保护？（多选）

1. 加大对环境保护的资金与技术支持　2. 加强对污染源的监督与治理
3. 加大环境保护的宣传力度，提高村民的环保意识
4. 健全环境保护的相关法律法规　5. 其他

七十四、你对“家电下乡”是否了解？

1. 参与过　2. 听说过　3. 没听说

七十五、对“家电下乡”产品的质量是否信任？

1. 信任　2. 有待观察　3. 不信任

七十六、“家电下乡”的补贴政策对你是否购买该电器的影响有多大？

1. 很大　2. 比较大　3. 一般　4. 很小　5. 没影响

七十七、如果有环保活动，你愿意参加吗？

1. 非常愿意　2. 愿意，但要视情况而定　3. 从不参加

七十八、如果当地的环境受到严重污染，你会怎么办？

1. 不理不睬　　2. 设法搬走　　3. 向有关部门投诉　　4. 自己清理

七十九、你怎么看待随意弃置农用薄膜、秸秆及禽畜粪便，烧柴等行为

1. 破坏了环境　　2. 没有破坏环境　　3. 没有想过　　4. 无所谓

八十、你是否担心后代人的生活环境越来越差？

1. 非常担心，并且想为环保做自己力所能及的事　　2. 担心，但没有办法

3. 不担心　　4. 无所谓

八十一、你关心农村的生态破坏与环境污染现象吗？

1. 非常关心　　2. 比较关心　　3. 不太关心　　4. 不关心

1、沼气池　沼气是否够用

2、退耕还林　推进过程有严重问题　应退未退，平整土地不该退而退

对树种限制过严格

3、退耕还林，林木是否成活，检查情况

4、垃圾箱，垃圾车都有　为配套设施，无资本运营

5、没有资金进行环境保护相关措施

6、宅基地，户口有限制，人口集中安置是重要原因

2. 武陵山片区生态环境保护——条件价值法调查问卷表

武陵山片区生态环境保护
——条件价值法调查问卷

时间：　　　　　　　　　　填表人：肖昆林

一、被调查人基本情况

1. 您的性别 ☑ 男 □ 女，您的年龄为 50 岁
2. 您现居住地（××省××市××县××镇）湖北恩施龙凤镇
3. 您的文化程度为 ☑ 中专、高中及以下 □ 大专 □ 本科 □ 硕士及以上
4. 您的职业是： □ 农民 □ 工人 □ 务工人员 □ 个体经营者 □ 教师 □ 公务员 □ 事业单位员工 □ 企业管理人员 □ 专业技术人员 □ 非政府组织、社会团体成员 □ 其他（请具体说明）________
5. 您个人的年收入大约为
□5000 元以下 □5000 元～8000 元 □8000 元～12000 元 □12000 元～20000 元 ☑20000 元～30000 元 □30000 元～50000 元 □50000 元～80000 元 □80000 元～100000 元 □100000 元以上
6. 您的家庭年收入大约为
□5000 元以下 □5000 元～8000 元 □8000 元～12000 元 □12000 元～20000 元 ☑20000 元～30000 元 □30000 元～50000 元 □50000 元～80000 元 □80000 元～100000 元 □100000 元以上
7. 您家庭的人口数为 3 。
8. 您是否参加过环保教育和培训： □ 是 □ 不是

二、居民的环境保护意识和态度

9. 您认为环境保护在社会发展中的地位如何？
☑ 非常重要的问题，关系到社会的未来发展 □ 只是社会发展中需要关注的问题
□ 环境保护不重要
10. 您认为谁应对环境保护负有责任？
□ 中央政府 ☑ 省市政府 □ 企业 □ 社会团体 □ 个人
11. 您怎样看待经济发展与环境保护之间的关系呢？
□ 为了环境保护，应该放慢经济发展速度 ☑ 环境保护与经济发展要相协调进行 □ 不管任何时候，经济发展都排在第一位
12. 您认为改善环境对您自身有什么影响？
☑ 受益颇多 □ 可能会受益 □ 没有影响
13. 迄今为止，您是否参与过有关环境保护的活动？
□ 参与过 ☑ 未参与过
14. 如果有机会，您会参与环境保护的行动吗？
☑ 一定会参与 □ 可能会参与 □ 不会参与，不感兴趣
15. 您对当地的生态环境是否满意？
□ 满意 □ 基本满意 ☑ 不满意
16. 您认为该地区首要解决的环境问题是什么？
□ 水污染 □ 空气污染 □ 噪声污染 ☑ 固体废物污染 □ 其他污染
17. 据您了解，目前该地区空气污染的主要是？

☑ 扬尘污染 □ 煤烟污染 □ 机动车尾气污染
□ 扬尘、煤烟和机动车尾气混合型污染特征
18. 若工业生产影响了个人正常生活时，您会：
□ 找厂方交涉向法院起诉 向环保局或政府投诉 □ 向新闻媒体求助
☑ 忍一忍，等别人反映 □ 其他：________
19. 碰到有人在做污染环境的事情时，你会怎样处理？
□ 制止他的行为 □ 可能会过问但不会采取行动 ☑ 一般不去过问，原因是：
三、生态环境保护支付/经济损失受偿意愿调查部分
20. 您是否愿意每年为该地区生态环境质量变好支付一定的费用？
□ 愿意[回答第 20-①②小题] □ 不愿意[回答第 20-③小题]
①如果愿意支付，您家愿意每月从收入中给政府上缴多少税收来使该地区生态环境变好？（请在对应的数值下面画上钩）
1% 2% 3% 4% 5% 6% 7% 8% 9% 10%
其他数额请您填在横线上________
②如果您发现由于您对生态环境保护的支付导致地区生态环境变好了，是否愿意提高支付比例？
□ 愿意，比例提高为________
□ 不愿意
③如果不愿意支付，您的理由是？
□ 如果收入增加就能支付
□ 生态环境污染对我的影响不大
□ 我认为我不该为生态环境质量付钱
□ 生态环境应该由他人支付，包括政府、造成污染的单位和个人
□ 担心支付的钱无法达到改善生态环境质量的目的
21. 您认为当地是否应该限制开发或者禁止开发？
□ 是
理由：□ 当地生态环境压力大 □ 从全局出发，牺牲小我
其他________
☑ 不是
理由：☑ 收入下降 □ 补偿不足 □ 生态环境保护效果不明显
22. 您是否愿意接受政府每年因为限制或禁止开发本地而每年给您的一定数额的赔偿？
□ 愿意[回答 23-①小题] ☑ 不愿意[回答第 23-②小题]
①如果愿意接受赔偿
100 200 300 400 500 600 700 800 900 1000
超过 1000 元的金额及理由，请您填在横线上________
②如果不愿意接受，您的理由是________

3. 关于国家重点生态功能区转移支付的调查问卷表

调查问卷

关于国家重点生态功能区转移支付的调查问卷

您好！

我们是三峡大学经济与管理学院暑期社会实践团队，正在进行一项关于国家重点生态功能区转移支付的调查，旨在了解您对国家重点生态功能区转移支付政策的看法及意见。您的回答没有对错，只要能真正反映您的想法就可以达到我们这次调查的目的。希望您能积极参与，调查会耽误您几分钟的时间，敬请谅解。谢谢您的配合和支持！

1. 财政部于 2009 年开始对国家重点生态功能区进行转移支付的试点工作，您是否了解这一政策？

A 很了解　B 了解 ✓　C 一般　D 不了解　E 很不了解

2. 在您看来，实施国家重点生态功能区转移支付是不是国家重点生态功能区保护与发展最重要的举措？

A 肯定是　B 是 ✓　C 基本上是　D 不是　E 不清楚

3. 就您所知，您所在县域获取的财政转移支付主要用于哪一块的建设？

A 社会保障（医疗卫生、教育、公共基础设施建设）　B 新农村建设 ✓
C 生态环境保护（森林保护、水土保持、污水治理等）✓　D 发放行政事业单位工资

4. 您认为，国家重点生态功能区财政转移支付的实施对于您所在县域生态环境质量改善是否有作用？

A 作用明显 ✓　B 作用一般　C 没有作用

5. 您认为国家重点生态功能区财政转移支付对于您所在县域社会经济发展是否有作用？

A 作用明显 ✓　B 作用一般　C 没有作用

6. 您认为国家重点生态功能区财政转移支付补助金额是否合理？

A 很满意　B 满意　C 一般 ✓　D 不满意　E 很不满意

7. 您认为国家重点生态功能区转移支付是否向财力较弱县域和生态环境较差的县域倾斜？

A 很倾斜　B 有倾斜　C 倾斜不明显 ✓　D 没有倾斜　E 不清楚

8. 您认为国家重点生态功能区转移支付是否有必要向整个武陵山片区地域推广？

A 非常值得 ✓　B 一般　C 不值得

9. 您认为《国家重点生态功能区县域生态环境质量考核办法》是否合理？若不合理，您认为该如何改进？

A 很合理　B 合理 ✓　C 一般　D 不合理　E 很不合理

10. 您认为国家重点生态功能区转移支付办法在实际运行中还可以从哪些方面继续完善？

从农村生态综合整治方面，进一步完善体制、机制方面相关工作

4. 武陵山片区生态旅游调查问卷表（个人）

生态旅游调查问卷（个人）

亲爱的游客：

你们好！我们是三峡大学的研究生，我们现在在为国家社会科学基金课题《武陵山片区生态环境保护长效机制研究》《沟域经济视野下西部民族地区生态产业系统耦合模式研究》做一份关于发展生态旅游的调研报告，需要了解一下大家对于发展生态旅游的一些看法，此次调查问卷采取匿名填写方式，请大家如实回答以下问题，如果给您带来任何不便，我们在此表示真诚的歉意。在此，我们真诚地感谢大家对于本次调研的支持，谢谢！

1. 您每年去相对原始的自然区域旅游几次？

A 1-3 次 B 3-4 次 C 多于 4 次

2. 请问您到自然型旅游地出游通常为几天？

A 1 天及以下 B 2-3 天 C 4-5 天 D 6 天及以上

3. 您每次到自然型旅游地出游时消费大概是？

A 500 元以内 B 500～1000 元 C 1000～3000 元 D 3000 元以上

4. 您眼中的生态旅游更接近哪种旅游方式？

A 资金投入较多，商业开发和建设较好的经济旅游
B 无过多人工修造开发景区
C 完全欣赏纯正自然风景的原生态旅游

5. 如果有机会，您会选择生态旅游吗？

A 会 B 不会 C 会考虑

6. 您是否赞成限制游客人数以减少对环境的损害？

A 赞成 B 不赞成 C 无所谓

7. 您是否赞成旅游景区内发展观光游憩比资源保护更为重要？

A 赞成 B 不赞成 C 无所谓

8. 您认为我国生态保护建设中，哪方面还有待加强？

A 污染废弃物的正确处理 B 野生动植物的保护 C 矿产资源的合理开发
D 森林海洋等生态的保护 E 对工业发展的适度控制

9. 您认为“生态旅游”计划的实施，能否改善现存的旅游开发和生态保护矛盾现状？

A 不能 B 能，但效果不大 C 不知道，无法预计

10. 请问您的性别？

A 男 B 女

11. 请问您的年龄？

A 18 岁以下 B 18-30 岁 C 31-40 岁 D 41-59 岁 E 51-59 岁 F 60 岁以上

12. 请问您的职业？

A 工人　B 农民　C 教师　D 学生

E 军人　F 公务员　G 私营业主　H 待业或下岗

I 公司职员　J 离退休人员　K 专业技术人员　L 店员/服务人员

M 企事业管理人员　N 其他

13. 您是否赞成生态旅游中自然资源与当地居民文化是相关的？

A 强烈反对　B 反对　C 无所谓　D 支持　E 坚决支持

14. 若需要捐款用于旅游环境保护和污染治理工程，您愿意为此捐献多少钱？

A 0 元　B 1-50 元　C 50-500 元　D 500-1000 元以上

E 1000 元以上　F 不捐钱 只捐物

15. 您选择到生态旅游地旅游的目的是（多选）？

A 呼吸清新空气　B 度假、休闲　C 认识动植物　D 娱乐、游玩

E 疗养、保健　F 露营　G 风光摄影　H 户外运动

Y 其他________

16. 你认为旅游对环境造成的主要负面影响是？

A 人造景观喧宾夺主　B 水污染　C 空气污染　D 垃圾多

E 自然保护对象受损害　F 当地文化受冲击　G 其他__________

17. 您选择到自然区域旅游的目的是？

A 欣赏山水风光　B 呼吸清新空气　C 度假、休闲　D 认识动植物

E 娱乐、游玩　F 露营　G 疗养、保健　H 了解乡土人情

I 风光摄影　J 户外运动　K 商务活动如开会等　L 其他______

18. 你认为旅游对环境造成的主要负面影响是？

A 人造景观喧宾夺主　B 水污染　C 空气污染　D 垃圾多

E 自然保护对象受损害　F 当地文化受冲击　G 其他________

19. 下列自然型旅游地中，您去过的有哪些？

A 自然保护区　B 森林公园　C 风景名胜区　D 地质公园

E 湿地公园　F 水利风景区　G 矿山公园　H 世界自然遗产地区

I 国家公园　J 其他自然型景区

20. 你是否愿意接受景区门票价格中包含地区生态环境保护的支出？

A 不能够接受门票中包含地区生态环境保护的支出

B 能够接受地区生态环境保护的支出占门票价格的 10%以内

C 能够接受地区生态环境保护的支出占门票价格的 10%-20%

D 能够接受地区生态环境保护的支出占门票价格的 20%以上

5. 武陵山片区生态农业调研问卷表

关于生态农业调研问卷

亲爱的居民们：

你们好！我们是三峡大学的在校生，我们现在在为国家社会科学基金课题《武陵山片区生态环境保护长效机制研究》《沟域经济视野下西部民族地区生态产业系统耦合模式研究》做的是一份关于发展生态旅游的调研报告，需要了解一下大家对于发展生态农业的一些看法，此次调查问卷采取匿名填写方式，请大家如实回答以下问题，如果给您带来任何不便，我们在此表示真诚的歉意。在此，我们真诚地感谢大家对于本次调研的支持，谢谢！

1. 您的性别：
A 男　B 女

2. 您的年龄段：
A 18 岁以下　B 18－30 岁　C 31－45 岁　D 46－60 岁　E 60 岁以上

3. 您的文化程度：
A 小学及以下　B 初中　C 高中　D 大专　E 大学及以上

4. 您所从事的主要农业活动：（多选）
A 种植业　B 林业　C 养殖业（牧业）　D 渔业　E 副业

5. 您对生态农业了解吗?
A 了解　B 不是很了解　C 没听说过

6. 您如何评价生态农业产品?
A 抵制　B 一般　C 支持　D 喜爱

7. 您家庭收入的主要来源：
A 传统农业　B 生态农业　C 打工所得　D 个体经营　E 其他行业

8. 您的家庭一个月总收入大概：
A 1000 元以下　B 1000-3000 元　C 3000-5000 元　D 5000 元以上

9. 您认为目前提高自己收入的主要困难在于：（多选）
A 文化水平低　B 缺乏销售途径　C 消息闭塞　D 成本太大　E 其他

10. 您目前所从事的生态农业的主要农产品品种是：（多选）
A 葡萄　B 水稻　C 玉米　D 果树　E 韭菜　F 五味子　G 草莓
H 蘑菇　I 茶叶　J 魔芋　K 猕猴桃　L 家禽　M 牲畜　N 其他______

11. 您认为生态农业的发展是以市场需求为导向的吗?
A 是　B 否

12. 您对所从事生产的农业产品是否进行深加工：
A 是　B 不是

13. 您的家庭的主要耕作工具有哪些：（多选）

A　拖拉机　　B 铁锹/犁　　C 铲车　　D 喷雾剂　　E 其他________

14. 残留农膜对生态环境的危害主要表现有哪些：（多选）

A 破坏土壤渗透自重力　　B 使农作物减产　　C 残膜影响环境美观

D 残膜阻隔牲畜食道消化　　E 其他__________

15. 禽畜粪便处理综合利用率达到：

A 几乎没有　　B 很少　　C 一半　　D 大部分　　E 几乎全部

16. 您主要使用什么肥料？（多选）

A　有机肥　　B 农家肥　　C　无公害化肥　　D　复合肥　　E 其他______

17. 您认为哪个环节影响生态农业的发展：（多选）

A　认识不到位　　B 资金短缺　　C 基础设施不配套　　D 农作物间搭配不合理

E　生态农业的模式上　　F 技术落后　　G 政策支持方面　　H 其他

18. 您认为现在生态农业发展最需要哪方面的帮助：（多选）

A 资金　　B 政策　　C 土地环境　　D 技术　　E 信息　　F 其他

19. 如果有一套新的生态农业的模式，您是否愿意尝试？

A　不愿意　　B　愿意　　C　非常愿意　　D 不好说

20. 您觉得政府对发展生态农业宣传力度：

A 很到位　　B 有宣传，但还不够　　C 基本没有

21. 当地政府对发展生态农业的激励措施：

A 有很多激励措施　　B 有，但还不够　　C 基本没有

22. 您所从事的农业活动在本地有没有一条完整的产业链？

A 有，很完善　　B 有，但不是很完备　　C 基本没有

23. 您认为发展生态农业本地首先要解决的问题是什么？

A 政府的支持力度不够　　B 农民理解、配合不够　　C 村干部能力不足

D 资金技术等资源不足　　E 缺少带头能人　　F 其他

24. 您认为本地的发展方向是怎样的：

A 农业发展为主，加大工业发展力度　　B 工业发展取代农业主导地位

C 农业生产规模扩大，更加生态化，技术化　　D 其他__________

25. 您认为当地的工业发展对发展生态农业有何影响？

A 有积极作用，更好地推动生态农业的发展

B 有消极影响，工业产生的垃圾阻碍了生态农业的发展

C 两者都有，但积极作用多

D 两者都有，但消极影响多

E 两者之间没什么联系

26. 本地工业垃圾如何处理?

A 随意排放　　　　B 集中无害化处理

27. 生活污水如何排放?

A 随意排放　　　　B 排放到附近的水沟或河里

C 通过管道集中净化处理，粪尿污水处理后用作农肥

D 排放到沼气池　　E 其他__________

28. 生活垃圾去向如何?

A 随意堆放　　　　B 集中无害化处理　　　　C 有机垃圾入沼气池

29. 农户的人畜粪便及污水如何处理?

A 随意堆排放　　　B 入沼气池资源化　　　C 制作有机肥　　　D 其他________

30. 您采取农业病虫害防治措施?

A 使用高毒高残留农药　　　B 使用生物农药　　　C 使用高效低毒新农药

D 利用耕作、栽培、育种等措施　　　E 利用生物技术和种植转基因作物

F 应用光、电、微波、超声波、辐射等物理措施

31. 您如何施农肥?

A 大量施撒化肥　　　B 农家肥和化肥混合使用　　　C 施微生物肥料

D 施有机肥　　　　　E 测土配方施肥　　　　　　　F 施长效缓释肥

32. 养殖场禽畜粪便及污水如何处理?

A 随意堆排放　　　B 入沼气池资源化　　　C 制作有机肥　　　D 其他无害化处理

33. 本地的企业大多数集中于哪些行业?

A 果业、林业、养殖业　　　B 纺织服装产业　　　C 电子电器

D 新能源　　　　　　　　　E 物流服务　　　　　F 其他________________

34. 您所生产的农产品的处理方式:

A 自用　　　B 销往当地　　　C 销往外地　　　D 出口

35. 您在不同季节种植的农产品:

春季:

夏季:　主要从事生态养殖业，部分土地种植蔬菜

秋季:

冬季:

36. 您所种植的农产品的空间分布:

种植在高海拔地段:

种植在平地:

种植在低洼地段:

其他____________________________

后　记

本书为国家社科基金项目“武陵山片区生态环境保护长效机制研究”的研究成果，该课题于2013年申报获批，项目号为“13BMZ057”，2016年8月申请结题，2017年8月，全国哲学社会科学规划办公室同意结题，并在其网站上正式公布。

本课题获批之后，课题负责人何伟军教授主持确定了调研方案，编写撰写提纲并组织实施，并组织课题组成员定期讨论课题研究方案、落实分解任务。

理论研究方面，课题组全体成员对“生态环境保护”和“生态资本”相关的国内外文献进行全面的检索、搜集、阅读和整理，结合武陵山片区的特殊性对课题进行多次讨论，对课题的理论基础、研究内容、研究方法、基本思路和研究目标加以明确，并制订各个专题的详细研究计划。

实地调研方面，何伟军教授、袁亮博士等带队，课题组成员先后10次、60余人（次）参加，深入到武陵山片区进行实地的调研和走访，分别走访湖北的恩施（鹤峰、咸丰、来凤、宣恩、利川、建始等）、秭归、长阳，湖南的湘西（龙山、古丈、吉首、花垣、凤凰等）、怀化（洪江、中方、芷江）、张家界（慈利、桑植、永定等），重庆的秀山、酉阳、黔江，贵州的铜仁等地，对片区内的经济与社会发展状况、资源利用情况、环境保护状况等方面进行实地调研，先后发放《武陵山片区生态环境调查问卷表》《武陵山片区生态环境保护——条件价值法调查问卷表》《关于国家重点生态功能区转移支付的调查问卷表》《武陵山片区生态旅游调查问卷表（个人）》《武陵山片区生态农业调研问卷表》（5份）等调查问卷近600余份，对调查问卷进行系统整理、消化、统计与分析，并在此基础上撰写调研报告。

数据收集方面，本课题组基本完成对武陵山片区涉及湖北、湖南、重庆、贵州四省市交界地区的71个县（市、区）宏观数据收集，主要参考资料包括各县市的统计年鉴、政府工作报告、国民经济和社会发展统计公报、环境状况公报和经济社会发展规划，并且通过多次实地走访调研获得部分数据资料。通过与政府相关部门官员、企业领导和片区居民的访谈对课题有了进一步的认识和启发。课题组成员还对资料进行分类、整理和归纳，建立了武陵山片区数据库，为课题后续阶段的深入研究提供基础性数据保障。

研究分工方面，本课题负责人积极组建研究队伍，形成了四个专题研究小组。平时十分重视课题研讨，尤其是各个专题之间内部的研讨。课题组每月召开一次课题汇报和讨论会，各小组每两周召开一次讨论会，确保项目研究扎实推进。

经过三年的理论研究和实地调研，课题组成员先后在《中国民族报》《环境科学与技术》《生态科学》《湖北社会科学》《Environmental Engineering Research》等学术期刊上发表学术论文20篇，其中SCI期刊论文1篇、CSSCI论文5篇、CSSCI（扩展版）论文2篇、CSCD论文2篇、中央级综合性报纸1篇、CPCI检索6篇，论文被引用11次。另外在相关学术会议上宣读交流的论文也得到了相关专家的肯定。

本课题研究具有以下方面的特色：

（1）从研究广度来看，宏观与微观的结合。研究中不仅关注基于主体功能区规划的武陵山片区生态补偿机制构建，同时也关注到武陵山片区生态产业的发展，从宏观上和微观上构建片区生态环境保护长效机制。

（2）从研究深度来看，基础理论研究与应用对策研究的结合。研究中，既介绍了外部性理论和科斯定理等相关基础理论，还着重对武陵山片区生态环境保护的现状和国内外生态环境保护的经验和实践进行分析，同时结合武陵山片区的特征提出了发展“造血”，兼顾“输血”的生态环保长效机制。

（3）从研究视角来看，经济视角和社会视角的结合。在研究中不仅关注了武陵山片区的生态环境保护这一社会命题，同时也关注武陵山片区的可持续发展这一经济问题，结合经济效益和社会效益构建武陵山片区生态环境保护的长效机制。

（4）从研究的区位特点来看，共性和个性的结合。基于我国主体功能区规划和武陵山片区的特殊地理区位，武陵山片区具有其特殊性，因此不能完全借鉴国内外环境保护的经验和方法，在机制构建上要从其特殊性出发。

本课题十分注重研究方法的创新，这主要表现在：一是多学科多领域的交叉研究。在研究过程中把社会学、经济学、管理学、民族学、资源与环境经济学、区域经济学和生态学等多学科的方法结合起来。通过查阅和梳理文献，深入研究武陵山片区生态环境保护方面的问题和特点。二是定量分析与定性分析相结合。本课题对武陵山片区的生态环境各方面的研究不仅有定性分析，还运用统计学、数学建模和数据分析的方法，使用matlab，eviews，spss等软件进行数据分析，使研究结论更加具有说服力和科学性。具体包括构建武陵山片区生态经济评价指标体系；建立武陵山片区生态资本计量模型与生态补偿模型；通过市场交易理论来探索生态资本运营方法等。

本课题在进行理论研究的同时，还积极组织专家学者开展学术交流，参加高水平学术会议。项目负责人何伟军教授先后在"2014中国社科论坛·经济（CASS）"（2014年9月）、"中国社会科学论坛——三峡城市群·长江经济带"国际研讨会（2015年9月）上做了主题发言；课题组成员先后参加了"2014第三届武陵山片区发展高峰论坛""第二届民族地区新型城镇化建设与发展论坛""The 2015 International Conference on Sustainable Energy and Environment Protection"等学术会议并做了交流发言。课题组还通过向政府报送研究报告、在报刊上发表文章等方式推广研究成果，产生了良好的社会效益，也为武陵山区域发展、扶贫规划制定和经济社会发展提供了智力支持。

由于武陵山片区是跨行政区域，数据收集存在较大难度，并且部分地区存在统计口径的差异，加之研究的时间有限，导致研究中的样本数量偏少，研究内容的可比性不够，这对整体区域分析不够全面，案例分析存在碎片化的问题。今后需要进一步构建经济、社会、文化等各方面的数据库，分门别类按照统一统计口径完善和补充相关数据。要进一步加强武陵山片区生态环境保护系统性研究。由于武陵山片区71个县市覆盖范围较大，涉及经济、文化、自然、政治等多方因素影响，各地区的经济基础不同，财力不同，需要统筹考虑区域之间的经济发展和环境保护问题，避免造成生态环境的报复性毁坏。

武陵山片区是国家重点扶持的连片贫困区，是典型的"老、少、边、山、穷”地区，如何解决好生态环境保护和经济社会发展的矛盾，促进该地区的科学发展，武陵山片区的各级政府任重道远。

本书在研究和撰写过程中，湖南省张家界民宗局的戴楚洲同志参与了课题的申报及研究工作，三峡大学友师袁亮及本人在河海大学指导的博士研究生、安敏同学协助组织调研工作和全书的统稿，并撰写了部分内容，本人指导的博士研究生张兆方，硕士研究生秦弢、申长庚、杨淼、吴君、彭华超、刘梦瑶、邹广东、孔阳和方媛等同学也参与课题的研究和部分内容的撰写任务，在此一并表示感谢。

本课题在申报和解题过程中得到了三峡大学民族学院黄柏权教授的大力支持，三峡大学科技处（社科处）的周卫华、王显峰等同志也给予了支持，在此也表示衷心感谢！